Die integrierte Anlagenzulassung

Europäische Hochschulschriften
Publications Universitaires Européennes
European University Studies

Reihe II
Rechtswissenschaft

Série II Series II
Droit
Law

Bd./Vol. 3232

PETER LANG
Frankfurt am Main · Berlin · Bern · Bruxelles · New York · Oxford · Wien

Peter Beyer

Die integrierte Anlagenzulassung

Zur Umsetzung der IVU-Richtlinie im Bundes-Immissionsschutzgesetz sowie im Entwurf der Sachverständigenkommission zum UGB und ihren Auswirkungen auf die Struktur des Verwaltungsrechts

PETER LANG
Europäischer Verlag der Wissenschaften

Die Deutsche Bibliothek - CIP-Einheitsaufnahme

Beyer, Peter:

Die integrierte Anlagenzulassung : zur Umsetzung der IVU-Richtlinie im Bundes-Immissionsschutzgesetz sowie im Entwurf der Sachverständigenkommission zum UGB und ihren Auswirkungen auf die Struktur des Verwaltungsrechts / Peter Beyer. - Frankfurt am Main ; Berlin ; Bern ; Bruxelles ; New York ; Oxford ; Wien : Lang, 2001
(Europäische Hochschulschriften : Reihe 2, Rechtswissenschaft ; Bd. 3232)
Zugl.: Freiburg (Breisgau), Univ., Diss., 2001
ISBN 3-631-38395-9

D 25
ISSN 0531-7312
ISBN 3-631-38395-9

www.peterlang.de

Inhaltsverzeichnis

Einleitung

Gesetzgeberische Aktivitäten auf dem Gebiet des Umweltrechts sind in Deutschland häufig auf europäische Vorgaben zurückzuführen, die es umzusetzen gilt. Die Legislative gestaltet und schafft Recht im Rahmen der engen Spielräume, die ihr die europäischen Richtlinien lassen. Diese Aufgabe wirft größere Probleme auf als die originäre Rechtssetzung. Richtlinien sind nicht immer das Ergebnis einer rechtsvergleichenden Studie, sondern gehen nicht selten auf die Initiative eines Mitgliedstaates zurück und tragen den Charakter des Rechtssystems, dem sie entstammen. Dies führt zu Problemen bei der Umsetzung und zu Brüchen mit den jeweiligen nationalen Rechtsordnungen.

Da von Deutschland seit geraumer Zeit nur noch wenige umweltpolitische Initiativen ausgehen und eher die Tendenz besteht, neue Entwicklungen in Brüssel zu bremsen, haben andere die führende Rolle übernommen. Der deutsche Gesetzgeber sieht sich so mit Rechtsakten konfrontiert, die mit der traditionellen Dogmatik nur schwer zu vereinbaren sind. Dies ist ein Grund dafür, warum Deutschland Richtlinien regelmäßig zu spät oder nur mangelhaft umsetzt. Es fehlt die Kraft und der Wille, sich von althergebrachten Rechtsinstituten zu lösen. Konflikte mit den europäischen Regelungsansätzen trägt man nicht aus, sondern versucht, ihnen durch Minimallösungen zu entgehen.

Dieser Strategie sind jedoch Grenzen gesetzt. Im Falle der IVU-Richtlinie läßt sie sich kaum durchhalten. Das ihr zugrunde liegende integrierte Konzept macht einen Paradigmenwechsel notwendig. Geplant war daher auch, die Richtlinie im Zuge einer Reformierung des Umweltrechts durch eine Kodifikation auf der Grundlage des Entwurfs der Sachverständigenkommission zum Umweltgesetzbuch umzusetzen.[1] Von diesem Vorhaben hat die Bundesregierung jedoch Abstand genommen. Als Grund für das Scheitern des Umweltgesetzbuches hat sie angegeben, daß kompetenzrechtliche Bedenken bestünden.[2] Diese allein haben aber

---

1 Vgl. den Arbeitsentwurf für ein Umweltgesetzbuch – Erstes Buch, Stand 5. März 1998 des Bundesumweltministeriums, veröffentlicht in: RENGELING, Auf dem Weg zum Umweltgesetzbuch I, S. 273-315; dazu im gleichen Band: GALLAS, S. 17 (23-29); SCHMIDT-PREUẞ, S. 115-145; RENGELING, in: CZAJKA, FS Feldhaus, S. 313-325; PRESCHEL, NJ 1999, 404-407.

2 Presseerklärung des Bundesministers für Umwelt, Naturschutz und Reaktorsicherheit vom 2. September 1999; Begründung des Artikelgesetzes, A. VI., S. 82 (Fn. 4). Die Bundesregierung prüft, ob wegen des Gewässerschutzes zunächst eine Bundeskompetenz für ein Umweltgesetzbuch geschaffen werden muß, vgl.

wohl kaum den Ausschlag gegeben.[3] Kurzfristig hat die Bundesregierung die IVU-Richtlinie nun durch ein Artikelgesetz (Gesetz zur Umsetzung der UVP-Änderungsrichtlinie, der IVU-Richtlinie und weiterer EG-Richtlinien zum Umweltschutz) umgesetzt.

Das Bundesumweltministerium hatte im Januar 2000 einen Entwurf vorgelegt, der in erster Linie Änderungen des Gesetzes über die Umweltverträglichkeitsprüfung und des Bundes-Immissionsschutzgesetzes vorsah. Dieser Entwurf wurde noch mehrfach überarbeitet und am 14. November 2000 von den Koalitionsfraktionen in den Bundestag eingebracht.[4] Gleichzeitig leitete die Bundesregierung ihn dem Bundesrat zu, der ihn nach Beratungen mit rund 350 Änderungsanträgen an den Bundestag überwies.[5] Nachdem im Januar im Umweltausschuß eine letzte Expertenanhörung stattfand[6], verabschiedete der Bundestag das noch einmal modifizierte Gesetz in dritter Lesung mit der Mehrheit der Koalitionsfraktionen.[7] Der Bundesrat hingegen rief den Vermittlungsausschuß an, der in seiner anschließenden Beschlußempfehlung einige weitere Änderungen vorschlug. Am 22. Juni 2001 nahmen der Bundestag und der Bundesrat diese Beschlußempfehlung an.[8] Das Gesetz tritt am Tag nach der Verkündung in Kraft, Art. 25 des Gesetzes.

Der Untersuchung liegt der Entwurf in der Fassung vom 14. November 2000 zugrunde. Das verabschiedete Gesetz stimmt mit diesem Entwurf hinsichtlich der hier behandelten Normen überein, so daß sich die Ausführungen auf die neue Rechtslage übertragen lassen.

Die Arbeit hat zum Ziel, den europäischen Einfluß auf das deutsche Verwaltungsrecht anhand des Beispiels der IVU-Richtlinie darzustellen. Es wird zunächst untersucht, was für Änderungen die Richtlinie im

---

dazu RENGELING, in: RENGELING, Auf dem Weg zum Umweltgesetzbuch I, S. 237-265.

3 Siehe WAHL, NVwZ 2000, 502 (502).

4 Entwurf für ein Gesetz zur Umsetzung der UVP-Änderungsrichtlinie, der IVU-Richtlinie und weiterer EG-Richtlinien zum Umweltschutz, BT-Drs. 14/4599; zur Fassung des Entwurfs vom November 2000: WAHL, ZUR 2000, 360-367; WASIELEWSKI, ZUR 2000, 373-378; ERBGUTH/STOLLMANN, ZUR 2000, 379-383; STAUPE, ZUR 2000, 368-372; BEYER, UPR 2000, 434-438.

5 BR-Drs. 674/00; Gegenäußerung der Bundesregierung, BT-Drs. 14/5204.

6 Stellungnahmen der Experten zum Gesetzentwurf der Bundesregierung, Drs. 14/458 des Ausschusses für Umwelt, Naturschutz und Reaktorsicherheit.

7 BT-Drs. 14/5750; Plenarprotokoll des Deutschen Bundestages 14/164; vgl. auch das Entschließungsprotokoll in BT-Drs. 14/5772.

8 Beschlußempfehlung des Vermittlungsausschusses, BT-Drs. 14/6357; Annahme durch den Bundesrat, BR-Drs. 498/01.

Anlagenzulassungsrecht erforderlich macht und inwieweit und auf welche Weise die Sachverständigenkommission im Entwurf zum UGB und die Bundesregierung mit dem Artikelgesetz diesen Anforderungen nachgekommen sind. Anschließend wird analysiert, wie sich die IVU-Richtlinie auf die Struktur des Anlagenzulassungsrechts auswirkt.

Teil 1: Der integrierte Ansatz der IVU-Richtlinie

§ 1 Integrierter Umweltschutz

A. Einführung

Am 30. Oktober 1996 ist die *Richtlinie 96/61/EG des Rates vom 24.09.1996 über die integrierte Vermeidung und Verminderung der Umweltverschmutzung* (*IVU-Richtlinie*)[9] in Kraft getreten. Sie stellt die Ausübung bestimmter industrieller Tätigkeiten unter Genehmigungsvorbehalt (Art. 4 IVU-RL). Betroffen sind vor allem großtechnische Anlagen, die dem BImSchG unterfallen (Anhang I). Wie sich aus der Überschrift, den Erwägungsgründen Nr. 2, 3, 8, 9, 15 und den Art. 1, 7, 9 Abs. 8 IVU-RL ergibt, wird dabei ein integriertes Konzept zur Vermeidung und Verminderung von Umweltverschmutzung verfolgt. Eine Definition oder konkrete Beschreibung dieses Konzepts liefern weder die Richtlinie selber noch die Materialien.

Vom Wortsinn her bezeichnet integrieren die Eingliederung in ein größeres Ganzes bzw. die Herstellung einer Einheit aus verschiedenen Elementen.

In der Umweltpolitik wird der Begriff in Verbindung mit konzeptionell verschiedenen Ansätzen verwendet. Ihnen allen ist zu eigen, daß es um eine umfassende Betrachtung der Umwelt geht.[10] Synonym wird daher auch häufig von ganzheitlichem, gesamthaftem oder medienübergreifendem Umweltschutz gesprochen. Es geht beispielsweise um Konzepte, die den gesamten Lebenszyklus eines Produkts von der Produktion bis zur Entsorgung behandeln (*cradle to the grave-Prinzip*) und die Auswirkungen auf die Umwelt bereits in der Planung berücksichtigen.[11] Als

---

9 ABlEG 1996, Nr. L 257, S. 26-40.

10 Vgl. MASING, DVBl. 1998, 549 (550); VOLKMANN, VerwArch Bd. 89 (1998), 363-399; IRWIN, Environmental Law 1992, Vol 22, 1 (2 ff.); GURUSWAMY, Wisconsin Law Review 1989, 463 (492-501); OECD Council Recommendation C (90) 164 (FINAL); OECD Working Papers Vol IV No 15; THE CONSERVATION FOUNDATION, Controlling Cross-Media Pollutants, S. 1-5; WWF International Discussion Paper, Integrated Pollution Control; HAIGH/IRWIN, Integrated Pollution Control; DI FABIO, NVwZ 1998, 329 (330); BOHNE, in: RENGELING, Integrierter Umweltschutz, S. 105 (107-114).

11 OECD Council Recommendation C (90) 164 (FINAL); IRWIN, Environmental Law 1992 Vol 22, 1 (8, 21); Begründung der Kommission zum Vorschlag der IVU-Richtlinie, KOM (93) 423 endg. v. 14.9.1993, S. 13-14.

integriert bezeichnen viele auch medienübergreifende Ansätze, die die Schadstoffeinträge in alle Umweltmedien in einer Genehmigung behandeln.[12] Unter integrierter Umweltpolitik versteht man die Beteiligung aller von einer Maßnahme betroffenen Gruppen und Personen[13] oder Instrumente wie Umweltabgaben und Öko-Audit.[14]

In Anbetracht der Vielzahl der Zusammenhänge, in denen der Begriff *integriert* verwendet wird, ist offensichtlich, daß er einer juristischen Definition nur schwer zugänglich ist. Es handelt sich nicht um einen präzisen Terminus, sondern um ein innovatives Leitbild für eine umweltgerechte Umgestaltung der wirtschaftlichen Produktionstätigkeit.[15] Dieses Leitbild ist mit der IVU-Richtlinie vom Programmatischen ins Rechtliche erhoben worden, so daß man um eine Begriffsbestimmung nicht mehr umhin kommt, wie immer man auch zu der Sinnhaftigkeit des Begriffes stehen mag.[16] Das politische Leitbild des integrierten Umweltschutzes ist die der IVU-Richtlinie zugrunde liegende Idee und das sie beherrschende juristische Prinzip.[17] Als solches ist es für die Auslegung und das Verständnis der Vorschriften der Richtlinie maßgebend und für die Umsetzung von essentieller Bedeutung.

Um den Inhalt des integrierten Konzepts erfassen zu können, müssen zunächst die Grundlagen der IVU-Richtlinie kurz vorgestellt und analysiert werden. Vor diesem Hintergrund werden die verschiedenen Merkmale der integrierten Anlagengenehmigung nach der IVU-Richtlinie herausgearbeitet und mit der Rechtslage nach dem BImSchG, dem UGB-KomE und dem Gesetzentwurf der Bundesregierung zur Umsetzung der IVU-Richtlinie verglichen (Teil 1).

Anschließend wird geprüft, inwieweit die einzelnen Regelungen des integrierten Konzepts Umsetzungsbedarf im deutschen Recht hervorrufen und wie die Sachverständigenkommission diesen Anforderungen im UGB-KomE und die Bundesregierung im Gesetzentwurf zur Umsetzung der IVU-Richtlinie nachgekommen sind (Teil 2).

---

12 So das System der IPC in England und Wales, vgl. Teil 1, § 1 C I.

13 WEBER, elni-Newsletter 1/1993, 25 (27); VOLKMANN, VerwArch Bd. 89 (1998), 363 (367).

14 Vgl. DI FABIO, NVwZ 1998, 329 (330); BOHNE, in: RENGELING: Integrierter Umweltschutz, S. 105 (107-108); SELLNER, in: RENGELING, Integrierter Umweltschutz, S. 79 (82-84).

15 Vgl. STRÜMPEL/LONGOLIUS, S. 73 (74); SOLBACH, S. 8-17; KARL/ORWAT, ZfU 1997, 343 (357).

16 Nicht eingegangen wird daher auf die generelle Diskussion um die Sinnhaftigkeit des Konzepts des integrierten Umweltschutzes.

17 Vgl. VOLKMANN, VerwArch Bd. 89 (1998), 363 (368-373); SCHREIBER, S. 65.

Auf der Grundlage der einzelnen Ergebnisse wird im dritten Teil untersucht, in welcher Weise sich die IVU-Richtlinie auf die Struktur des Anlagenzulassungsrechts auswirkt.

B. Die Grundlagen der IVU-Richtlinie

Einer der entscheidenden Denkanstöße ging von dem Bericht der Weltkommission für Umwelt und Entwicklung von 1987 (Brundtland-Report) aus. Die Weltkommission kam darin zu dem Schluß, daß die herkömmlichen Instrumente zum Umweltschutz ihrer Aufgabe nicht gerecht würden, da sie einem überkommenen sektoralen Denken verhaftet seien und nicht den tatsächlichen Verflechtungen des ökologischen und des ökonomischen Bereichs entsprächen.[18] Darauf bezieht sich die Europäische Kommission auch in der Begründung der IVU-Richtlinie. Sie will mit der Richtlinie einen Beitrag für eine dauerhafte und umweltgerechte Entwicklung, wie sie im Brundtland-Report gefordert wird, erbringen.[19]

Während der Brundtland-Report allgemein das notwendige politische Programm für eine dauerhafte Entwicklung skizziert, hat die OECD im Jahre 1991 eine detaillierte Darstellung der Idee des integrierten Umweltschutzes geliefert. Die *OECD Council Recommendation*[20] zur *Integrated Pollution Prevention and Control* stellt die wichtigste theoretische Grundlage für die IVU-Richtlinie dar. Auf sie nimmt die Europäische Kommis-

---

[18] WELTKOMMISSION FÜR UMWELT UND ENTWICKLUNG, Brundtland-Bericht, S. 11, 42, 49.

[19] Vgl. Erwägungsgrund Nr. 9 und die Begründung der Kommission zum Vorschlag der IVU-Richtlinie, KOM (93) 423 endg. v. 14.9.1993, S. 2. Die Kommission bezieht sich weiter auf das fünfte Umwelt-Aktionsprogramm der Gemeinschaft (Erwägungsgrund Nr. 2 der IVU-RL und S. 2 der Begründung des Vorschlags der Kommission), in dem bereits dezidiert ein *System von Genehmigungen, die an die integrierte Verhütung von Umweltverschmutzung und deren Überwachung gebunden sind,* gefordert wurde. (Zu diesem Zeitpunkt bereitete die Kommission bereits einen Entwurf für die IVU-Richtlinie vor), ABlEG 1993, Nr. C 138, S. 5 (29).

[20] OECD Council Recommendation C (90) 164 (FINAL). 1996 präsentierte die OECD einen Bericht über die bis dahin erfolgte Umsetzung der Empfehlung in den Mitgliedstaaten, OECD Working Papers Vol IV No 15. Bei der Erstellung der Empfehlung hat sich die OECD u.a. auf die Arbeiten der Conversation Foundation und des Instituts für europäische Umweltpolitik gestützt, OECD Council Recommendation C (90) 164 (FINAL), S. 7. Zu erwähnen sind insbesondere THE CONSERVATION FOUNDATION, Controlling Cross-Media Pollutants und das von der Conversation Foundation und dem Institut für europäische Umweltpolitik vertriebene Werk von HAIGH/IRWIN, Integrated Pollution Control in Europe and North America.

sion in der Begründung des Richtlinienvorschlags mehrfach Bezug.[21] Sie ist damit eine wichtige Quelle für Analyse des integrierten Ansatzes der IVU-Richtlinie. Praktisch ist die IVU-Richtlinie an das englische System der *Integrated Pollution Control* (IPC)[22] angelehnt.[23] Die Endfassung der Richtlinie unterscheidet sich zwar in einigen Punkten von dem System der IPC, so wurden gegenüber dem Vorschlag der Kommission die Verfahrensregelungen zurückgenommen und materielle Genehmigungsanforderungen verstärkt, das Grundkonzept stimmt aber nach wie vor mit dem der IPC überein.[24] Auf europäischer Ebene setzt die IVU-Richtlinie das medienübergreifende Konzept der UVP-Richtlinie[25] fort und baut auf ihm auf,[26] so daß man bei der Interpretation verschiedener Regelungen ergänzend auf die UVP-Richtlinie zurückgreifen kann.

I. Die OECD-Empfehlung zur integrierten Vermeidung und Verminderung von Umweltverschmutzung

Die OECD fordert die Mitgliedstaaten in der *Council Recommendation* auf, integrierte Vermeidung und Verminderung von Umweltverschmutzung zu praktizieren. Sie begründet ihren Ansatz mit drei Argumenten[27]:

---

21 Begründung der Kommission zum Vorschlag der IVU-Richtlinie, KOM (93) 423 endg. v. 14.9.1993, S. 3, 13, 14, 17.

22 Wird im Rahmen dieser Arbeit auf das britische Umweltrecht eingegangen, so bezieht sich dies allein auf die Rechtslage in England und Wales, nicht jedoch auf die geringfügig abweichende in Schottland.

23 Vgl. DEPARTMENT OF THE ENVIRONMENT, First Consultation Paper, S. 2; SCHNUTENHAUS, NVwZ 1994, 671 (672); DERS., ZUR 1994, 299 (299); MASING, DVBl. 1998, 549 (552); RENGELING, in: CZAJKA, FS Feldhaus, S. 313 (318); KRACHT/WASIELEWSKI, § 35 Rn. 7; MARTINI, S. 191.

24 Vgl. MASING, DVBl. 1998, 549 (552); RENGELING, in: CZAJKA, FS Feldhaus, S. 313 (318); KRACHT/WASIELEWSKI, § 35 Rn. 7; MARTINI, S. 191.

25 Richtlinie des Rates 85/337/EWG vom 27. Juni 1985 über die Umweltverträglichkeitsprüfung bei bestimmten öffentlichen und privaten Projekten, ABlEG 1985 Nr. L 175, S. 40; geändert durch Richtlinie 97/11/EG vom 3. März 1997, ABlEG 1997 Nr. L 73, S. 5.

26 So stellen die Erwägung Nr. 10, Art. 9 Abs. 2 IVU-RL und Art. 2 Abs. 2 a UVP-RL die Verknüpfung zwischen den beiden Richtlinien her. Durch die UVP gewonnene Informationen können in den IVU-Antrag aufgenommen werden, vgl. Begründung der Kommission zum Vorschlag der IVU-Richtlinie, KOM (93) 423 endg. v. 14.9.1993, S. 4; vgl. zum übereinstimmenden Regelungsansatz VOLKMANN, VerwArch Bd. 89 (1998), 363 (370); EPINEY, in: KOCH, Probleme des Immissionsschutzrechts, S. 7 (12).

27 OECD Council Recommendation C (90) 164 (FINAL), S. 9.

- Stoffe breiten sich in den verschiedenen Umweltmedien aus und können von einem Medium zum anderen wandern;
- die sich auf ein Medium konzentrierende Emissionskontrolle kann dazu führen, daß die Belastung lediglich von einem Medium auf ein anderes verlagert wird;
- medienspezifische Programme wie sie in den Mitgliedstaaten überwiegend betrieben werden, stellen nicht notwendig die effizienteste und effektivste Möglichkeit dar, die Umwelt zu schützen.

Die Mitgliedstaaten sollen die Auswirkungen der industriellen Produktion auf die Umwelt als Ganzes sowie die wirtschaftlichen und ökologischen Lebenszyklen der Stoffe bei der Risikoabschätzung und der Entwicklung und dem Einsatz von Verminderungsmaßnahmen berücksichtigen.[28] Ziel ist, das Risiko einer Schädigung der Umwelt als Ganzes zu verhindern oder zu minimieren, indem alle Auswirkungen von Substanzen oder industriellen Aktivitäten auf die drei Umweltmedien Luft, Wasser und Boden, die lebenden Organismen, den Menschen und das kulturelle Erbe berücksichtigt werden.[29]

Die OECD will über die integrierte Vermeidung und Verminderung von Umweltverschmutzung dazu beitragen, Umweltprobleme wie gefährlichen Abfall, Sauren Regen und den globalen Klimawandel erfolgreicher zu bekämpfen, als dies bisher über einzelne und fragmentarische Umweltschutzprogramme geschehen ist. Diese haben nach Meinung der OECD zu Fehleinschätzungen hinsichtlich der Ursachen und Folgen von Umweltverschmutzung geführt. Als Beispiel führt die OECD die Nordsee und die nordamerikanischen Großen Seen an. Um diese zu schützen, reiche es nicht aus, auf die direkten Schadstoffeinleitungen in die Gewässer abzustellen, da ein großer Teil der Belastung auf Einträge über Niederschläge, Ablagerungen, das Grundwasser und Ausspülungen zurückzuführen sei.[30] Eine andere Folge der bisherigen Umweltpolitik ist nach Ansicht der OECD die indirekte Förderung von *end-of-the-pipe* Technologien, die lediglich zu einer Verlagerung der Belastung führen. Anstatt den Schutz auf ein Umweltmedium zu konzentrieren, sei es sinnvoller, die Wirtschafts- und Lebenskreisläufe einer chemischen Sub-

---

28 OECD Council Recommendation C (90) 164 (FINAL), S. 10; OECD Working Papers Vol IV No 15, S. 8, 12.

29 OECD Council Recommendation C (90) 164 (FINAL), S. 11; OECD Working Papers Vol IV No 15, S. 7.

30 OECD Council Recommendation C (90) 164 (FINAL), S. 16. Dieses Beispiel hat die Kommission übernommen und führt es in der Begründung der IVU-Richtlinie an, Begründung der Kommission zum Vorschlag der IVU-Richtlinie, KOM (93) 423 endg. v. 14.9.1993, S. 3.

stanz zu analysieren und durch Änderungen des Produkts oder des Produktionsprozesses Emissionen zu verhindern. Dies könne auch zu einer Kostensenkung für die Industrie führen.[31] Der Saure Regen und die Zerstörung der Ozonschicht seien Beispiele dafür, daß die traditionellen Ansätze die Lebenskreisläufe und Fernwirkungen von Emissionen nicht hinreichend berücksichtigen würden. Es fehle an langfristigen Umweltschutzstrategien und einer Kooperation zwischen den verschiedenen Politikfeldern. Der Umweltschutz müsse als Ziel in allen Politikfeldern beachtet werden. Verschiedene Gesetze, die dem Schutz einzelner Elemente der Umwelt dienen, mehrere zuständige Behörden und mangelnde Koordinierung führten zu einem komplexen Verwaltungssystem, das einem effektiven Umweltschutz im Wege stünde.[32]

Dem sektoralen und medialen Ansatz setzt die OECD das Konzept des integrierten Umweltschutzes entgegen. Danach müssen für die Evaluierung der Risiken die Emissionsquellen identifiziert, die Eigenschaften der chemischen Substanzen und die verschiedenen Wege, über die sie auf den Menschen und die Umwelt einwirken, analysiert und die gefährdeten Umweltgüter ermittelt werden. Die Umwelt ist dabei als Ganzes zu betrachten.[33] Im Mittelpunkt der Politik stehen dabei:

- die Stoffe, das heißt die chemischen Substanzen;
- die Quelle der Umweltverschmutzung, das heißt das Produkt, der Produktionsprozeß oder ein ökonomischer Sektor wie die Land- oder Energiewirtschaft oder die chemische Industrie und
- die geographische oder ökologische Region.[34]

Die in die Umwelt freigesetzten Substanzen werden auf ihrem gesamten Lebensweg begleitet, um das Risiko für die Umwelt beurteilen zu können. Die Quelle der Schadstoffe muß analysiert werden, um dann entweder auf das Produktdesign, den Produktionsprozeß oder auf den ökonomischen Sektor einzuwirken. Der Blick auf bestimmte Ökosysteme oder Regionen dient dazu, nicht nur die Emissionen zu verringern, sondern auch ein bestimmtes Umweltqualitätsniveau zu sichern.[35]

Wege, um die Ziele des integrierten Umweltschutzes zu verwirklichen, gibt es viele. Die OECD nennt beispielsweise die industrielle Forschung, die Entwicklung von Technologien, die weniger Rohstoffe und Energie verbrauchen und weniger Emissionen und Abfall produzieren, Planungsinstrumente, Grundlagenforschung, Umweltverträglichkeitsprü-

---

31 OECD Council Recommendation C (90) 164 (FINAL), S. 16.

32 OECD Council Recommendation C (90) 164 (FINAL), S. 17.

33 OECD Council Recommendation C (90) 164 (FINAL), S. 17-18.

34 OECD Council Recommendation C (90) 164 (FINAL), S. 18.

35 OECD Council Recommendation C (90) 164 (FINAL), S. 18-20.

fungen, ökonomische Instrumente wie Steuern und Abgaben, Umweltqualitätsziele, Emissionsgrenzwerte und Anlagengenehmigungen, die die gesamten Emissionen in alle Umweltmedien abdecken.[36]

Die Beschreibung der OECD enthält alle für den integrierten Umweltschutz charakteristischen Ansätze.

1. Ganzheitlich-medienübergreifender Ansatz

Im Vordergrund steht der medienübergreifende Ansatz. Es müssen alle Umweltmedien berücksichtigt werden, um die sog. Verlagerungseffekte zu vermeiden, die durch sektorale Umweltschutzmaßnahmen entstehen können.[37] Die einseitige Ausrichtung von Umweltschutzmaßnahmen auf ein Medium führt zu Belastungsverschiebungen, beispielsweise durch Reinigung von Abluft oder Abwasser. Es entstehen toxische Filterrückstände bzw. Schlacke, die als Sondermüll deponiert werden müssen und so den Boden oder durch spätere Auswaschung das Grundwasser belasten. Um derartige Verlagerungseffekte zu vermeiden, sollen Maßnahmen auf die emittierten Stoffe statt auf die Umweltmedien zielen.[38]

Dabei genügt es nach der OECD nicht, nur die Auswirkungen des Stoffes auf das Medium zu berücksichtigen, in das er emittiert wurde. Stoffe verändern ihre Konsistenz und wandern durch die verschiedenen Medien, wo sie unterschiedliche Wirkungen entfalten. Derselbe Stoff kann auf ein Schutzgut über verschiedene Belastungspfade einwirken. Zu berücksichtigen ist daher der gesamte Stoffkreislauf, denn ohne die Untersuchung der Stoffzyklen kann eine Risikobewertung nicht erfolgen (medienübergreifender Umweltschutz).[39]

---

36 OECD Council Recommendation C (90) 164 (FINAL), S. 21-26; OECD Working Papers Vol IV No 15, S. 12.

37 OECD Council Recommendation C (90) 164 (FINAL), S. 15, 16.

38 Vgl. OECD Council Recommendation C (90) 164 (FINAL), S. 16; OECD Working Papers Vol IV No 15, S. 15; THE CONSERVATION FOUNDATION, Controlling Cross-Media Pollutants, S. 6-20; ROYAL COMMISSION ON ENVIRONMENTAL POLLUTION, Twelfth Report, S. 15; Begründung der Kommission zum Vorschlag der IVU-Richtlinie, KOM (93) 423 endg. v. 14.9.1993, S. 2-3.

39 OECD Council Recommendation C (90) 164 (FINAL), S. 15, 19; OECD Working Papers Vol IV No 15, S. 15; vgl. auch THE CONSERVATION FOUNDATION, Controlling Cross-Media Pollutants, S. 3, 15; GURUSWAMY, Wisconsin Law Review 1989, 463 (474); IRWIN, Environmental Law 1992 Vol 22, 1 (42); kritisch DI FABIO, NVwZ 1998, 329 (330).

Diese Risikobewertung anhand der Stoffzyklen erfordert die Berücksichtigung der Umwelt als Ganzes.[40] Man kann die Folgen von Emissionen nur beurteilen, wenn man berücksichtigt, wie sich die Stoffe auf die Zusammenhänge innerhalb der Ökosysteme auswirken. Dafür müssen die natürlichen Interdependenzen im Gesamtgefüge der Natur erfaßt werden.[41] Grundlage dafür ist die Schaffung des nötigen Wissens.[42]

Integrierter Umweltschutz versucht deshalb, die Komplexität der Umwelt, die natürlichen Zusammenhänge und Abhängigkeiten innerhalb der Ökosysteme und zwischen den Ökosystemen rechtlich abzubilden. Im Gegensatz zum Schutz einzelner Bereiche soll die Umwelt als Gesamtsystem bewahrt werden (ökosystemarer oder ganzheitlicher Umweltbegriff). Diesem Begriffsverständnis ist ein medienübergreifender Ansatz immanent; er erschöpft sich jedoch darin nicht.

2. Moderne Umwelttechnik

Die OECD will über das Konzept des integrierten Umweltschutzes die Gesamtbelastung der Umwelt verringern.[43] Primäre Bedingung ist dafür die Betrachtung der Umwelt als Ganzes. Die Verwirklichung dieses Ziels soll über Techniken erfolgen, bei denen weniger Emissionen entstehen, weniger Abfall anfällt, weniger gefährliche Stoffe verwendet, weniger

---

[40] OECD Council Recommendation C (90) 164 (FINAL), S. 15, 18; OECD Working Papers Vol IV No 15, S. 8; so auch die Begründung der Kommission zum Vorschlag der IVU-Richtlinie, KOM (93) 423 endg. v. 14.9.1993, S. 2-3.

[41] Vgl. RITTER, DÖV 1992, 641 (641); FÖRSTER, S. 11, 22; IRWIN, in: HAIGH/IRWIN, S. 3 (11); GURUSWAMY, Wisconsin Law Review 1989, 463 (509-510); Begründung der Kommission zum Vorschlag der IVU-Richtlinie, KOM (93) 423 endg. v. 14.9.1993, S. 2-3. Diese Vernetzung der Umweltgüter kann man unter den Begriff der Wechselwirkungen fassen, vgl. ERBGUTH/SCHINK, § 2 Rn. 27, 28.

[42] Wie entscheidend dies für die Risikoabschätzung ist, zeigen zwei Beispiele: FCKW galten in der Verwendung lange als ungefährlich, bis sich herausstellte, daß sie nachhaltig die Ozonschicht schädigen, wenn sie in die Atmosphäre gelangen.
Messungen an Bord von Verkehrsflugzeugen haben gezeigt, daß die Schadstoffbelastung in der Unterwelt der Stratosphäre höher ist als erwartet und die Troposphäre folglich nicht, wie ursprünglich angenommen, eine Barriere für Schadstoffe darstellt. So wurde in der Stratosphäre beispielsweise Methan aus den Reisfeldern Südostasiens nachgewiesen, Süddeutsche Zeitung vom 9.2.1999, Beilage Umwelt, Wissenschaft, Technik, S. V2/11.

[43] OECD Council Recommendation C (90) 164 (FINAL), S. 19; OECD Working Papers Vol IV No 15, S. 7-8; IRWIN, Environmental Law 1992 Vol 22, 1 (16, 35); RENTZ, in: JUNKERNHEINRICH/KLEMMER/WAGNER, S. 64-69.

Rohstoffe und Energie benötigt werden und an deren Ende umweltverträglichere Produkte stehen.

Bislang dominieren im Bereich des Umweltschutzes additive Techniken. Diese setzen als spezielle Anlagen oder Aggregate am Ende eines Produktionsprozesses an (*end-of-the-pipe*-Technologien wie Filtersysteme oder Kläranlagen) und verhindern oder reduzieren die Abgabe von Produktions- oder Konsumtionsrückständen in die Umwelt und überführen sie in eine weniger umweltgefährdende Form. Die Maßnahmen betreffen in der Regel einen oder mehrere Schadstoffe und ein Medium. Die Emissionen werden in andere, leichter zu kontrollierende und zu entsorgende Stoffe umgewandelt (beispielsweise aus Abgasen gefilterte Flugasche). Dies führt zu einer medialen Belastungsverschiebung, da hochtoxische Filterrückstände entstehen, die als Sondermüll den Boden und die Gewässer belasten. Zudem sind entsprechende Maßnahmen energieintensiv und erfordern häufig die Zusetzung von Reinigungssubstanzen, die ihrerseits entsorgt oder wiederaufbereitet werden müssen.[44]

Integrierter Umweltschutz bedeutet, daß Verfahren entwickelt und verwendet werden, die, anstatt zunächst Schadstoffe zu produzieren und diese dann mit hohem technischen Aufwand zu isolieren, das Emissionsaufkommen direkt an der Quelle verringern.[45] Bei Wahl der Produkteigenschaften und des Produktionsprozesses sind der Rohstoff- und Energieverbrauch zu berücksichtigen und durch Modifikationen der Einsatzstoffe, des Reaktionsablaufs und des Energieeinsatzes oder der Energiezufuhr zu vermindern.[46] Reststoffe werden nach Möglichkeit produktionsintern recycelt und wieder in den Stoffkreislauf eingespeist. Neuerlicher Ressourceneinsatz wie Energie für Filtertechnologien oder die Zusetzung von Reinigungssubstanzen sind nicht notwendig. Damit verringert sich die Gesamtemissionsbelastung und der entstehende Abfall und durch Umstellung des Herstellungsprozesses die Emissionsmenge pro Produktionseinheit (produktionsintegrierter Umweltschutz).[47] Das Endprodukt wird hinsichtlich seiner Umweltverträglichkeit optimiert. Es kann beispielsweise die umweltgerechte Entsorgung durch Recycling berücksichtigt oder der Emissionsausstoß bei Weiter-

---

44 COENEN/KLEIN-VIELHAUER/MEYER, S. 33; GURUSWAMY, Wisconsin Law Review 1989, 463 (499-500).

45 OECD Council Recommendation C (90) 164 (FINAL), S. 16; STRÜMPEL/LONGOLIUS, S. 73 (74); STREBEL, S. 3 (9).

46 COENEN/KLEIN-VIELHAUER/MEYER, S. 34; Begründung der Kommission zum Vorschlag der IVU-Richtlinie, KOM (93) 423 endg. v. 14.9.1993, S. 3-4.

47 Vgl. OECD Council Recommendation C (90) 164 (FINAL), S. 20; KARL/ORWAT, ZfU 1997, 343 (357-358); VIEREGGE, S. 87 (90-91); FÖRSTER, S. 2; SOLBACH, S. 10, 112-116; Beispiele in: BMWI, Neue Technologien, S. 39.

verwendung des Endprodukts verringert werden wie bei der Produktion von bleifreien und schwefelarmen Treibstoffen (produktintegrierter Umweltschutz).[48]

Auf additive Technologien kann man allerdings nicht vollständig verzichten. Gesamtökologische Lösungen verlangen den Einsatz beider Technologien.[49] So ist beispielsweise auch bei einem sog. Drei-Liter-Auto der Einsatz eines Katalysators sinnvoll.

Im Gegensatz zu additiven Technologien beinhalten integrierte Maßnahmen in der Regel einen Eingriff in das Produktionsgeschehen, da Einsatzstoffe substituiert oder die Reaktionsführung geändert werden. Integrierte Technologien benötigen daher längere Entwicklungszeiten und verursachen einen höheren Investitionsaufwand.[50] Dafür haben sie aber über ihren Nutzen für die Umwelt hinaus das Potential, volks- und betriebswirtschaftliche Kosten einzusparen.[51] Gegenüber dem heute erreichten Stand an Vorsorgemaßnahmen ist eine weitere Verminderung der Gesamtbelastung der Umwelt – zumindest in Deutschland – mit den bisher vorherrschenden Sekundärtechnologien nur unter sehr hohen Kosten zu erreichen. Setzt man hingegen auf einen produktionsintegrierten Ansatz entsteht zwar ein höherer Planungs- und Investitionsaufwand, diese Kosten lassen sich jedoch ökologisch durch die erzielten Umweltqualitätsvorteile rechtfertigen. Die Ressourcen- und Energieeinsparung sowie das verringerte Abfallaufkommen vermindern die betriebswirtschaftlichen Kosten. Im Gegensatz zu additiven Techniken, die die Kapitalproduktivität senken, vermeiden integrierte Techniken zusätzliche Kosten.[52] So konnte Siemens die jährlichen Stromkosten im Relaiswerk Berlin-Mariendorf durch die Umstellung auf energiesparende Verfahren um DM 350.000 senken.[53] Dieser Effekt ist um so größer, je teurer die Rohstoffe, die Energie und die Entsorgung von Abfall sind. Durch die verminderte Gesamtemissionsbelastung der Umwelt verringern sich langfristig die volkswirtschaftlichen Kosten, die durch den hohen Umweltverbrauch entstehen und die bisher zum größten Teil die

---

48 Vgl. OECD Council Recommendation C (90) 164 (FINAL), S. 19; FÖRSTER, S. 2; SOLBACH, S. 10, 112-116.

49 COENEN/KLEIN-VIELHAUER/MEYER, S. 8.

50 RENTZ, in: JUNKERNHEINRICH/KLEMMER/WAGNER, S. 66-67.

51 OECD Council Recommendation C (90) 164 (FINAL), S. 16; VON HAUFF/SOLBACH, ZfU 1999, 67 (69); FESER, S. 41-56.

52 COENEN/KLEIN-VIELHAUER/MEYER, S. 9-10; STEGER, S. 33 (34); STREBEL, S. 3 (9); VIEREGGE, S. 87 (91); BMWI, Neue Technologien, S. 39; ROYAL COMMISSION ON ENVIRONMENTAL POLLUTION, Twelfth Report, S. 3.

53 BMWI, Neue Technologien, S. 39.

Allgemeinheit und nicht der Verursacher trägt.[54] Gemessen an der erreichten Umweltqualität ist integrierter Umweltschutz daher billiger als sektorale oder mediale Regelungen.[55]

* * *

Das Prinzip des integrierten Umweltschutzes setzt sich, wie sich aus der Begründung der OECD-Empfehlung ergibt, aus verschiedenen Grundsätzen zusammen. Umweltschutz muß sich in jedem Fall auf die Umwelt als Ganzes beziehen. Jedes Umweltschutzprogramm, jedes Gesetz und jede einzelne Maßnahme muß im Hinblick auf den Schutz der Umwelt als Ganzes erfolgen. Ziel ist die Verringerung der Gesamtbelastung der Umwelt. Dies kann erreicht werden durch die Modifikation des industriellen Herstellungsprozesses und der Endprodukte. Das setzt voraus, daß Umweltschutz schon beim Entwurf des Produkts selber und bei der Konzeption des Herstellungsprozesses und der Errichtung einer Anlage eine entscheidende Rolle spielt. Anstatt zunächst eine Anlage zu konzipieren und anschließend am Ende des Herstellungsprozesses Umweltschutz zu betreiben, müssen gezielt Verfahren entwickelt werden, die insgesamt umweltverträglicher sind. Nicht festgelegt sind die politischen Instrumente zur Verwirklichung des integrierten Umweltschutzes. Integrierter Umweltschutz wird damit durch vier Elemente charakterisiert:

- Umweltschutz muß medienübergreifend ausgestaltet sein (medienübergreifender Umweltschutz).
- Die Lebenszyklen und Kreisläufe der Stoffe sind bei der Risikoabschätzung einzubeziehen. Regelungen müssen die tatsächliche Komplexität der Natur berücksichtigen und den Schutz der Umwelt als Ganzes im Gegensatz zum Schutz einzelner Bereiche anstreben (ganzheitlicher Umweltschutz).
- Bei der Gestaltung der industriellen Produktionsprozesse wird von vornherein versucht, die Auswirkungen auf die Umwelt zu minimieren. Umweltschutzmaßnahmen werden in den Produktionsprozeß eingegliedert, um so bereits die Entstehung von Emissionen zu ver-

---

54 VON HAUFF/SOLBACH, ZfU 1999, 67 (69); FESER, S. 41-56.

55 KARL/ORWAT, ZfU 1997, 343 (358); OECD Working Papers Vol IV No 15, S. 8; zustimmend aus der Perspektive der Wirtschaft, FAURE/LEFEVERE, European Environmental Law Review 1996, 112 (113); zu den Kosten der IPC in England MEHTA/HAWKINS, Journal of Environmental Law 1998 Vol 10, 61 (71-73).

meiden und den Rohstoff- und Energieverbrauch zu senken (produktionsintegrierter Umweltschutz).

- Endprodukte sind umweltverträglich zu gestalten (produktintegrierter Umweltschutz).

Integrierter Umweltschutz erschöpft sich damit nicht in der Berücksichtigung von Verlagerungseffekten und einer medienübergreifenden Betrachtungsweise. Entsprechende Konzepte sind zwar zwangsläufig medienübergreifend, gehen jedoch in ihrer Zielsetzung darüber hinaus. Die beiden Begriffe sind daher nicht synonym zu verwenden. Die Begriffe *ganzheitlich, gesamthaft* oder *holistisch* hingegen treffen die Sache eher. Darunter kann man sowohl die Betrachtung der Umwelt als komplexes Gebilde fassen als auch die Einbeziehung der Umwelt als Faktor des industriellen Produktionsprozesses.

II. Das System der Integrated Pollution Control in England

Praktisches Vorbild für die IVU-Richtlinie war das englische System der *Integrated Pollution Control.*[56] Mit dem *Part I* des *Environmental Protection Act 1990* (EPA) wurde in England und Wales ab 1991 schrittweise ein neues System der Umweltaufsicht eingeführt.[57] Mit dem EPA und den nachfolgenden Rechtsakten[58] wurde das bis dahin defizitäre britische Umweltrecht grundlegend reformiert, um unter anderem europäischen Anforderungen nachzukommen.[59] Die Regelung geht zurück auf den fünften Bericht der *Royal Commission on Environmental Pollution* aus dem Jahre 1976, die das traditionelle System der britischen Umweltaufsicht kritisierte und ein integriertes Konzept vorschlug.[60]

Der EPA 1990 etabliert zwei Systeme, um die Emissionskontrolle zu verbessern. Anlagen, die geeignet sind, in mehr als ein Umweltmedium zu emittieren, unterliegen der *Integrated Pollution Control,* kleinere Anlagen,

---

56 Vgl. DEPARTMENT OF THE ENVIRONMENT, First Consultation Paper, S. 2; SCHNUTENHAUS, NVwZ 1994, 671 (672); DERS., ZUR 1994, 299 (299); MASING, DVBl. 1998, 549 (552); RENGELING, in: CZAJKA, FS Feldhaus, S. 313 (318); KRACHT/WASIELEWSKI, § 35 Rn. 7; MARTINI, S. 191.

57 Siehe zu den Neuerungen: BELL, S. 299-305; LOMAS, DVBl. 1992, 949-956.

58 Insbesondere der *Water Industry Act* 1991, *Water Resources Act* 1991, *Clean Air Act* 1993, *Radioactive Substances Act* 1993, *Environment Act* 1995.

59 SMITH, S. 106; BELL, S. 309.

60 ROYAL COMMISSION ON ENVIRONMENTAL POLLUTION, Fifth Report: Air Pollution Control - An Integrated Approach; siehe auch DIES., Twelfth Report: Best Practicable Environmental Option; BELL, S. 305.

die lediglich Luftverunreinigungen verursachen, der *Local Authorities Air Pollution Control* (LAAPC).[61] Das System der IPC sieht für bestimmte industrielle Prozesse eine medienübergreifende Genehmigungspflicht vor. Die Neuregelung überwindet damit das sektorale System, das Verlagerungseffekte zwischen den Medien begünstigt hat.[62]

Genehmigungsziele sind die Verwendung der *best available techniques not entailing excessive costs* (BATNEEC) zur Vermeidung der Freisetzung von gefährlichen Stoffen (*pollution*)[63] in die Umwelt als Ganzes und, soweit es um IPC-Prozesse geht, die Verwirklichung der *best practicable environmental option* (BPEO).[64] Die zuständige Behörde ermittelt die BATNEEC und die BPEO für jede einzelne Anlage und berücksichtigt dabei die individuellen Gegebenheiten – sowohl die Anlage selbst als auch die geographische Situation betreffend.[65] Der BPEO entspricht *the option, which in the context of releases from a prescribed process, provides the most benefit or least damage to the environment as a whole, at acceptable cost, in the long term as well as in the short term.*[66] Um dies zu erreichen, beurteilt die Behörde die Gesamtauswirkungen der Anlage auf die Umwelt. Aspekte wie der Rohstoffeinsatz und die Energieeffizienz finden keine Berücksichtigung,[67] gesucht wird die Option, die die Emissionen in alle drei Umweltmedien minimiert.

Die Behörden müssen die Auflagen in Abständen von höchstens vier Jahren überprüfen[68] und können die Genehmigung inhaltlich jederzeit

---

61 Vgl. Section 6 (1) EPA 1990.

62 BELL, S. 303-304.

63 Unter *pollution* fällt die Einleitung von Stoffen, Elektrizität oder Wärme in die Umwelt, nicht aber Lärm und Erschütterungen, Section 1 (13) EPA 1990; vgl. aber die an die IVU-Richtlinie angeglichene Defintion in Section 2 der *Pollution Prevention and Control (England and Wales) Regulations 2000.*

64 Section 7 (2 und 7) EPA 1990. Das Konzept der BPEO wurde von der ROYAL COMMISSION ON ENVIRONMENTAL POLLUTION entwickelt, Fifth Report: Air Pollution Control - An Integrated Approach und Twelfth Report: Best Practicable Environmental Option; dazu GURUSWAMY/TROMANS, Journal of Planning and Environmental Law 1986, 643 (655); MEINKEN, NuR 1999, 616-621; zur Ermittlung der BPEO siehe ENVIRONMENT AGENCY, Best Practicable Environmental Option Assessments for Integrated Pollution Control.

65 BELL, S. 325; WAGNER, S. 124; CASTLE/HARRISON, S. 62, 71.

66 ENVIRONMENT AGENCY, Best Practicable Environmental Option Assessments, S. 8. Die Definition basiert auf der der ROYAL COMMISSION ON ENVIRONMENTAL POLLUTION (Twelfth Report, S. 38) und wurde an die Bedürfnisse des Systems der IPC angepaßt.

67 EMMOTT/HAIGH, Journal of Environmental Law 1996 Vol 8 No 2, 301 (306); BELL, S. 337; CASTLE/HARRISON, S. 23.

68 Section 6 (6) EPA 1990.

ändern und durch nachträgliche Auflagen an die Genehmigungsziele anpassen.[69] In Betracht kommt vor allem die Anpassung an die BAT-NEEC, die nicht nur als Genehmigungsziel ausgestaltet sind, sondern in jedem Genehmigungsbescheid dem Betreiber auch als allgemeine Pflicht auferlegt werden.[70]

Während die LAAPC in die Kompetenz der *local authorities* fällt, obliegt die Aufsicht über die IPC-Anlagen seit dem 1. April 1996 der durch den *Environment Act 1995* geschaffenen *Environment Agency*.[71] Diese zentrale Umweltbehörde löst die vorher sektoral und medial ausgerichtete Behördenstrukur ab und vereinigt deren Kompetenzen in einer Hand.[72] Ihr Auftrag ist unter anderem die Entwicklung eines medienübergreifenden Ansatzes zum Schutz der Umwelt als Ganzes.[73]

Nach dem integrierten Konzept der IPC werden damit, wie es die OECD verlangt, die Auswirkungen eines Vorhabens auf die gesamte Umwelt medienübergreifend bewertet. Die Schadstoffeinträge in die verschiedenen Medien sind über die BPEO verhältnismäßig zueinander zu begrenzen. Angesetzt wird an der Konstruktion der Anlage und den verwendeten Verfahren, um die Produktion von Schadstoffen von vornherein zu verhindern. So wird der Einsatz von integrierten Techniken favorisiert.

Vom deutschen Recht unterscheidet sich das System der IPC – wie das englische Verwaltungsrecht generell – durch seine relative Armut an materiellen Voraussetzungen, die kompensiert wird durch die Betonung des Verfahrens und der Regelungsziele. Es besteht kein gesetzlicher Anspruch auf die Erteilung der Genehmigung wie in Deutschland.[74] Die Behörden sind bei der Gestaltung des Genehmigungsinhalts sehr frei. Sie können den Bescheid mit allen ihnen geeignet erscheinenden Nebenbestimmungen versehen.[75] Die Gerichte führen nur eine Plausibilitätskontrolle durch.[76]

---

69 Section 10 (1) EPA 1990.

70 Section 7 (4) EPA 1990; vgl. WAGNER, S. 117, 205-206.

71 Ausführlich dazu: JANKOWSKI, ZUR 1998, 237-245; CASTLE/HARRISON, S. 38-43.

72 Siehe Section 2 und 3 Environment Act 1995. Die ENVIRONMENT AGENCY entstand aus HER MAJESTY'S INSPECTORATE OF POLLUTION, der NATIONAL RIVERS AUTHORITY und den WASTE REGULATION AUTHORITIES.

73 Section 4 und 5 Environment Act 1995; dazu CASTLE/HARRISON, S. 39-40.

74 JANKOWSKI, NuR 1997, 113 (118).

75 Section 7 (1 c) EPA 1990.

76 WAGNER, S. 21-23, 287.

Im Hinblick auf einen integrierten Umweltschutz fehlen im System der IPC Aspekte wie die Energieeffizienz und die Ressourcenschonung sowie bestimmte Emissionen wie Licht, Lärm und Erschütterungen, so daß der Ansatz begrenzt ist. Die BPEO erfaßt bei weitem nicht alle Auswirkungen der Anlage auf die Umwelt. Unklar bleibt auch der Umweltbegriff.[77]

Die IVU-Richtlinie ist an das System der IPC angelehnt,[78] geht aber darüber hinaus. So erfaßt sie auf England bezogen ungefähr 5000 Anlagen mehr als die IPC.[79] Seit Juli 1997 hat das DEPARTMENT OF THE ENVIRONMENT vier *Consultation Paper* herausgegeben, in denen mit den Betroffenen die Umsetzung der Richtlinie diskutiert wurde.[80] In den beiden letzten hat das DEPARTMENT einen Gesetzentwurf vorgestellt, der in vielen Punkten die Regelungen der Richtlinie wörtlich übernimmt.[81] Das gilt auch für die den Entwürfen im wesentlichen entsprechende endgültige Umsetzung durch die *Pollution Prevention and Control (England and Wales) Regulations 2000*, die am 1. August 2000 in Kraft getreten sind.[82]

III. Die Richtlinie zur Umweltverträglichkeitsprüfung

Die IVU-Richtlinie baut auf dem medienübergreifenden Konzept der am 27. Juni 1985 vom Rat verabschiedeten Richtlinie 85/337/EWG über die Umweltverträglichkeitsprüfung bei öffentlichen und privaten Projekten[83] auf und setzt es fort.[84] Die UVP-Richtlinie verfolgt das Ziel, Umweltbelastungen von vornherein zu vermeiden, anstatt nachträglich die Auswirkungen zu bekämpfen. Um dies zu erreichen, sollen bei Planungs- und Entscheidungsprozessen die Auswirkungen auf die Umwelt so früh wie möglich berücksichtigt werden, Erwägungsgrund Nr. 1. Dem dient die Einführung einer Umweltverträglichkeitsprüfung auf eu-

---

77 Die Umwelt besteht gemäß Section 1 (2) nur aus *the air, water and land.*

78 Vgl. DEPARTMENT OF THE ENVIRONMENT, First Consultation Paper, S. 2; SCHNUTENHAUS, NVwZ 1994, 671 (672); DERS., ZUR 1994, 299 (299); vergleichend: DOOLITTLE/SECKER, Environmental Law and Management 1994, 168-174.

79 SMITH, S. 219.

80 DEPARTMENT OF THE ENVIRONMENT, First - Fourth Consultation Paper.

81 DEPARTMENT OF THE ENVIRONMENT, Third Consultation Paper, S. 17-84, Fourth Consultation Paper, S. 29-129, vgl. nur die Definitionen in Section 2, 3 und Schedule 2.

82 Statutory Instrument 2000 No. 1973; verfügbar unter http://www.legislation.hmso.gov.uk/si/si2000/20001973.htm.

83 ABlEG 1985 Nr. L 175, S. 40, geändert durch die Richtlinie des Rates 97/11/EG vom 3.3.1997, ABlEG 1997 Nr. L 73, S. 5-15.

84 Siehe Fn. 26.

ropäischer Ebene. Sowohl öffentliche als auch private Projekte, die sich erheblich auf die Umwelt auswirken können, dürfen erst dann genehmigt werden, wenn der Projektträger Angaben gemacht hat, die es der Behörde ermöglichen, die Auswirkungen auf die Umwelt zu beurteilen, Erwägungsgrund Nr. 6. Die UVP-Richtlinie verlangt gemäß Art. 3, daß bei der Planung eines Vorhabens alle unmittelbaren und mittelbaren Auswirkungen des Vorhabens auf die Umwelt vorsorgend ermittelt, beschrieben und bewertet werden. Diese Beurteilung nimmt die Behörde anhand der von dem Projektträger gemäß Art. 5 UVP-RL eingereichten Daten vor. Art. 5 Abs. 2 UVP-RL verpflichtet die Mitgliedstaaten dazu, dem Projektträger bevor er den Genehmigungsantrag einreicht, die Gelegenheit zu geben, gehört zu werden. Im Anschluß daran muß die Behörde eine Stellungnahme dazu abgeben, welche Angaben der Projektträger einreichen muß. Die Beschreibung des geplanten Projekts muß gemäß Art. 5 Abs. 1 i.V.m. Anhang IV der Richtlinie umfassend sein. Dazu gehören die direkten, indirekten, sekundären, kumulativen, kurz-, mittel- und langfristigen, ständigen und vorübergehenden, positiven und negativen Auswirkungen des Vorhabens (vgl. Fußnote zu Anhang IV). Zunächst ist eine Bestandsaufnahme des gegenwärtigen Zustands der Umwelt im Einwirkungsbereich des in Rede stehenden Projekts vorzunehmen, anschließend sind die Auswirkungen des Vorhabens auf diesen Zustand der Umwelt zu prognostizieren und zu bewerten. Der Antragsteller muß die wichtigsten von ihm geprüften Lösungsmöglichkeiten angeben, Art. 5 Abs. 3 Spiegelstrich 4 der geänderten UVP-RL. Er ist damit zur Prüfung von Alternativen verpflichtet.[85] Diese Frage war vor Erlaß der Änderungsrichtlinie umstritten, da der Projektträger gemäß Anhang III Nr. 2 nur *gegebenenfalls* Angaben zu den von ihm geprüften Lösungsmöglichkeiten machen mußte. Daraus wurde der Schluß gezogen, daß die Prüfung von Alternativen für den Projektträger fakultativ sei.[86] Gemäß Art. 3 UVP-RL sind Schutzgüter der Mensch, Fauna und Flora, Boden, Wasser, Luft, Klima und Landschaft, Sachgüter und kultu-

---

85 So auch SCHREIBER, S. 167; BUND, UVP-report, 1997, 247 (248); wohl a.A. BayVGH, Urt. v. 31.1.2000, DVBl. 2000, 822 (823). Eine Pflicht der Behörde, Alternativen zu prüfen wird bislang verneint. Das BVerwG hat entschieden, daß sich die Pflicht zur Prüfung von Alternativen seitens der Behörde nur aus dem zugrunde liegenden materiellen Recht ergeben kann: BVerwG, Beschluß v. 16.8.1995, NVwZ-RR 1996, 68 (69); Urt. v. 25.1.1996, BVerwGE 100, 238 (243); Urt. v. 14.5.1996, BayVBl. 1996, 666 (668); BayVGH, a.a.O.; zustimmend HIEN, NVwZ 1997, 422 (427); HOPPE-APPOLD, UVPG, § 1 Rn. 7; a.A. HEITSCH, NuR 1996, 453 (455); HOPPE/PÜCHEL, DVBl. 1988, 1 (6); SOELL/DIRNBERGER, NVwZ 1990, 705 (710); ERBGUTH/SCHINK, § 2 Rn. 23.

86 SCHINK, NuR 1998, 173 (177); HIEN, NVwZ 1997, 422 (428); Hoppe-HANEKLAUS, UVPG, § 6 Rn. 30; Hoppe-BECKMANN, UVPG, § 12 Rn. 125.

relles Erbe sowie die Wechselwirkungen zwischen den genannten Faktoren. Die Mitgliedstaaten müssen gemäß Art. 6 Abs. 2 UVP-RL dafür Sorge tragen, daß die Genehmigungsantrag und die nach Art. 5 UVP-RL vom Antragsteller eingereichten Informationen der von dem Projekt betroffenen Öffentlichkeit zugänglich gemacht werden, und diese die Möglichkeit hat, sich zu äußern. Die Ergebnisse der Anhörungen und die Ergebnisse der eingeholten Angaben sind gemäß Art. 8 UVP-RL im Rahmen des Genehmigungsverfahrens zu berücksichtigen.

Die Richtlinie ist in Deutschland durch das UVP-Umsetzungsgesetz vom 12. Februar 1990[87] umgesetzt worden, das in Art. 1 das Gesetz über die Umweltverträglichkeitsprüfung (UVPG) enthielt. Danach ist die Umweltverträglichkeitsprüfung Teil des jeweiligen Verwaltungsverfahrens, das die Zulassung der Errichtung, des Betriebs oder der wesentlichen Änderung solcher technischer Anlagen zum Gegenstand hat, die im Anhang der UVP-Richtlinie aufgeführt sind. Das Verfahren beginnt mit der Unterrichtung der Behörde von dem geplanten Vorhaben. Vor dem Eintritt in das förmliche Verfahren sollen gemäß § 5 UVPG der Vorhabenträger und die Behörde gemeinsam den voraussichtlichen Untersuchungsrahmen abstimmen, sog. *scoping*-Verfahren. Dabei können Dritte hinzugezogen werden. Reicht der Vorhabenträger im Anschluß den Zulassungsantrag ein, so muß er die für die Umweltverträglichkeitsprüfung erforderlichen Umweltunterlagen vorlegen, § 6 UVPG. Diese müssen gemäß § 6 Abs. 3 UVPG mindestens die Beschreibung des Projekts, insbesondere der anfallenden Emissionen und Nebenprodukte, sowie die vorgesehenen Maßnahmen zur Vermeidung von Auswirkungen auf die Umwelt enthalten. Die Behörde muß gemäß § 9 UVPG der Öffentlichkeit die Gelegenheit geben, sich auf der Grundlage der eingereichten Unterlagen zu äußern. In der nächsten Phase erarbeitet die Behörde auf der Grundlage der vom Antragsteller eingereichten Unterlagen eine Darstellung der Auswirkungen des Projekts auf die Umwelt als Ganzes § 11 UVPG. Dabei fließen die im Beteiligungsverfahren vorgebrachten Aspekte und die eigenen Erkenntnisse der Behörde ein. Anschließend sind die Auswirkungen anhand ökologischer Maßstäbe zu bewerten. Diese Bewertung ist gemäß § 12 UVPG bei der Genehmigungsentscheidung nach Maßgabe der geltenden Gesetze zu berücksichtigen.[88]

---

87 BGBl. I 205; Amtliche Begründung, BT-Drs. 11/3919.

88 Im Zusammenhang mit diesem auf Art. 8 UVP-RL zurückgehenden Berücksichtigungsgebot ist umstritten, ob das materielle Zulassungsrecht durch die UVP-Richtlinie eine Anreicherung erfahren hat oder ob die Richtlinie nur verfahrensrechtliche Anforderungen stellt und die Umweltverträglichkeitsprüfung damit ergebnisneutral ist, siehe Teil 2, § 3 A. 1.

Die UVP-Richtlinie stellt damit ein Instrument des integrierten Umweltschutzes dar. Vor der Genehmigung industrieller Anlagen müssen Auswirkungen auf die gesamte Umwelt und zwar sowohl die unmittelbaren als auch die mittelbaren evaluiert werden. Die Richtlinie geht von einem ganzheitlichen Umweltbegriff aus und berücksichtigt alle Umweltmedien. Sie folgt damit einem für den integrierten Umweltschutz charakteristischen Ansatz und entspricht den Forderungen der OECD.[89] Sie zielt darauf, eine breite Wissensgrundlage für die Genehmigungsentscheidung zu schaffen, mit deren Hilfe die Behörde im Genehmigungsverfahren dafür Sorge tragen soll, daß die Auswirkungen insgesamt soweit wie möglich verhindert und von vornherein die für die Umwelt schonendste Lösung gefunden wird.

C. Das Artikelgesetz zur Umsetzung der IVU-Richtlinie

Mit ihrem Gesetzentwurf will die Bundesregierung insbesondere die UVP-Änderungs-, die IVU- und die Deponie-Richtlinie in deutsches Recht umsetzen. Darüber hinaus wird den Urteilen des EuGH Rechnung getragen, die bezogen auf die UVP- und Umweltinformationsrichtlinie zu einer Verurteilung der Bundesrepublik Deutschland geführt haben.[90]

Die Umsetzung der IVU-Richtlinie erfolgt primär über Änderungen des BImSchG. Die Bundesregierung hat erheblichen Umsetzungsbedarf festgestellt, so sieht der Gesetzentwurf die Novelle von insgesamt vierzehn zumeist zentralen Normen des BImSchG vor. Neu gefaßt wird auch der Katalog der 4. BImSchVO und die 9. BImSchVO über das Genehmigungsverfahren. Hinzu kommen Änderungen des Wasserhaushalts- und des Kreislaufwirtschafts- und Abfallgesetzes. Von Bedeutung für die vorliegende Arbeit sind insbesondere die Anpassungen der Zielbestimmung des § 1 BImSchG, der Definition des Standes der Technik in § 3 Abs. 6 BImSchG, der Grundpflichten des § 5 Abs. 1 BImSchG, der Anforderungen an die Rechtsverordnungen gemäß § 7 BImSchG, der Beteiligung anderer Behörden gemäß § 10 Abs. 5 BImSchG, des § 7a Abs. 5 WHG und der Verfahrensregelungen der 9. BImSchVO. Auf die einzelnen Regelungen wird jeweils in Zusammenhang mit der Rechtslage nach dem BImSchG eingegangen.

---

89 Siehe Teil 1, § 1 B. I.; vgl. VOLKMANN, VerwArch Bd. 89 (1998), 363 (370); FELDMANN, in: Handbuch zum europäischen und deutschen Umweltrecht, § 34 Rn. 5.

90 Begründung des Gesetzentwurfes der Bundesregierung, BT-Drs. 14/4599, A. I., S. 64.

§ 2 Die integrierte Anlagenzulassung

Im folgenden wird vor dem Hintergrund der Rechtsgrundlagen untersucht, was sich hinter der integrierten Anlagenzulassung der IVU-Richtlinie verbirgt. Ausgehend vom Umweltbegriff der Richtlinie wird herausgearbeitet, inwieweit ein medienübergreifender Ansatz verwirklicht wird und welche Umweltauswirkungen die von der IVU-Richtlinie vorgeschriebene Vorhabengenehmigung erfaßt.

A. Der ökosystemare Umweltbegriff

Die IVU-Richtlinie selber enthält keine Legaldefinition des Umweltbegriffes. Sie soll die Umwelt insgesamt (Erwägungsgrund Nr. 8, 9, Art. 12 Nr. 11, 9 Abs. 1, Abs. 4 S. 2 IVU-RL) schützen. Das deutet darauf hin, daß der europäische Rat von einem umfassenden Umweltbegriff ausgegangen ist und den Schutzbereich auf die gesamte Umwelt in allen ihren Erscheinungsformen und Ausprägungen ausdehnen wollte.

Art. 2 Nr. 2 IVU-RL definiert den Begriff der Umweltverschmutzungen. Dies sind *[...] die durch menschliche Tätigkeiten direkt oder indirekt bewirkte Freisetzung von Stoffen, Erschütterungen, Wärme oder Lärm in Luft, Wasser oder Boden, die der menschlichen Gesundheit oder der Umweltqualität schaden oder zu einer Schädigung von Sachwerten bzw. zu einer Beeinträchtigung oder Störung von Annehmlichkeiten und anderen legitimen Nutzungen der Umwelt führen können; [...]*

Es werden damit zum einen Aussagen über die Schutzgüter und zum anderen über die unerwünschten Phänomene getroffen. Darin liegt aber keine Definition des Umweltbegriffs, sondern eine nicht erschöpfende Aufzählung verschiedener Umweltgüter.[91] So nennt die Richtlinie Boden, Wasser, Luft als Belastungspfade, über die Schadstoffeinträge transportiert werden. Die Aufzählung der Schutzgüter in der IVU-Richtlinie beginnt erst mit dem durch *die* eingeleiteten Relativsatz. Oberbegriffe sind die menschliche Gesundheit und die Umwelt. Daneben stehen die Sachwerte und die Annehmlichkeiten und anderen legitimen Nutzungen[92]. Letztere gehören indes nicht zum Schutzbereich, sondern beziehen sich ihrerseits auf den übergeordneten Begriff der Umwelt. Es geht um die Art der Beeinträchtigung, nicht um die Weite des Umweltbegriffes. Der im deutschen Recht gebräuchliche Gegenbegriff zu An-

---

91 So auch die Aufzählung in Art. 3 UVP-RL, vgl. PETERS, UVP-Richtlinie, S. 22.

92 Dabei handelt es sich offensichtlich um eine mißverständlichen Übersetzung von *utilisations légitimes* der französischen Fassung bzw. von *legitimate uses* der englischen Fassung. Gemeint sind *rechtmäßige* Nutzungen.

nehmlichkeit ist Belästigung in Abgrenzung zu Gefährdung. Eine Umweltverschmutzung ist schon dann gegeben, wenn bloße Annehmlichkeiten oder rechtmäßige Nutzungen gestört oder beeinträchtigt werden. Die Richtlinie schützt die menschliche Gesundheit, Sachwerte und die Umweltqualität. Damit ist noch nicht geklärt, was unter Umwelt im Sinne der Richtlinie zu verstehen ist.

I. Das Schutzgut Umwelt im Sinne der IVU-Richtlinie

Das Ziel der Richtlinie, *ein hohes Schutzniveau für die Umwelt insgesamt zu erreichen* (*environment as a whole / l'environment dans son ensemble*)[93], verlangt eine weite Auslegung des Begriffs. Seine Grenzen findet er aus kompetenzrechtlichen Gründen in Art. 174 Abs. 1 Spiegelstrich 1 EGV, der von *der Umwelt sowie Verbesserung ihrer Qualität* spricht. Zunächst ist also der Umweltbegriff des europäischen Primärrechts insoweit zu bestimmen, als sich daraus Beschränkungen für den Schutzbereich der IVU-Richtlinie ergeben können.

1. Der europäische Umweltbegriff

Die durch die Einheitliche Europäische Akte eingeführten Art. 174 - 176 EGV definieren den Begriff der Umwelt nicht, sondern haben ihn bewußt offengehalten. Der überarbeitete Kommissionsvorschlag zu Art. 174 EGV stellte auf die natürliche und vom Menschen geschaffene Umwelt ab, dies wurde jedoch nicht übernommen. Ausgeschlossen ist die Arbeitsumwelt, die speziell in Art. 95 Abs. 4, 138 EGV geregelt ist.[94] Aus den Art. 174 - 176 EGV ergeben sich weiter keine zwingenden Einschränkungen des Umweltbegriffes. Angestrebt wird der Schutz der Umwelt in allen ihren Ausprägungen. Der Begriff umfaßt den Schutz des Menschen, der Tiere und Pflanzen, der natürlichen Lebensräume, die Schonung der Ressourcen und den sparsamen Umgang mit Energie sowie die Raumordnung und das kulturelle und archäologische Erbe.[95] Die Kommission kann aufgrund dieser Kompetenznorm jede die Umwelt betreffende Sachfrage aufgreifen. Der sekundärrechtliche Umweltbegriff erfährt daher kaum Einschränkungen und ist auch nicht durch das Primärrecht in eine bestimmte Richtung vorgeprägt.[96] Daher erüb-

93 Erwägungen Nr. 8, 9, 14, 16, 17, Art. 1, 9 Abs. 1 IVU-RL.

94 Groeben/Thiering/Ehlermann-KRÄMER, Art. 130r Rn. 5.

95 Groeben/Thiering/Ehlermann-KRÄMER, Art. 130r Rn. 3; CALLIESS stellt auf den Schutzbereich der UVP-Richtlinie ab, Calliess/Ruffert-CALLIESS, Art. 174 Rn. 8.

96 Groeben/Thiering/Ehlermann-KRÄMER, Art. 130r Rn. 5.

rigt sich an dieser Stelle eine genauere Analyse des primärrechtlichen Umweltbegriffs.

Auch der sekundärrechtliche europäische Umweltbegriff hilft bei der Interpretation der IVU-Richtlinie nur bedingt weiter. Wie im deutschen Recht ist der sekundärrechtliche Umweltbegriff uneinheitlich und wechselt je nach Ziel der jeweiligen Regelung.

So müssen nach der Umweltaudit-Verordnung[97] die teilnehmenden Unternehmen ihre Managementsysteme so ausgestalten, daß bei der Prüfung und Beurteilung der Umweltauswirkungen einer Anlage die Atmosphäre, die Gewässer, das Erdreich, die Nutzung von Boden, Wasser, Brennstoffen, Energie und anderen natürlichen Ressourcen sowie Auswirkungen auf bestimmte Teilbereiche der Umwelt und auf Ökosysteme berücksichtigt werden können.

Unter Informationen über die Umwelt fallen nach Art. 2 lit. a der Umweltinformationsrichtlinie[98] Informationen über den Zustand der Gewässer, der Luft, des Bodens, der Tier- und Pflanzenwelt und der natürlichen Lebensräume. Im Gegensatz zur Audit-Verordnung wird nicht von Ökosystemen gesprochen, sondern von natürlichen Lebensräumen.

Art. 3 UVP-RL erfaßt die Auswirkungen eines Projekts auf den Menschen, die Fauna und Flora, den Boden, das Wasser und die Luft, das Klima und die Landschaft, Sachgüter und das kulturelles Erbe sowie die Wechselwirkungen zwischen den genannten Faktoren.

Unter den Umweltbegriff der von der IVU-Richtlinie abgelösten Industrieanlagen-Richtlinie[99] fallen die menschliche Gesundheit, lebende Schätze und Ökosysteme und Sachwerte (Art. 2 Nr. 1).

Wie auch in der IVU-Richtlinie werden jeweils nur einzelne Aspekte der Umwelt genannt, ohne daß der Begriff abschließend bestimmt wird. Aus den verschiedenen Rechtsakten lassen sich aber Rückschlüsse auf das allgemeine Umweltverständnis ziehen. Boden, Wasser, Luft, sowie die Tier- und Pflanzenwelt[100] gehören generell zu den geschützten Umweltgütern. Der Vergleich der unterschiedlichen Rechtsakte ergibt aber, daß, obwohl alle Rechtsakte die Umwelt schützen, uneinheitlich von Ökosy-

---

[97] Verordnung (EWG) Nr. 1836/93 des Rates vom 26.6.1993 über die freiwillige Beteiligung gewerblicher Unternehmen an einem Gemeinschaftssystem für das Umweltmanagement und die Umweltbetriebsprüfung, ABlEG Nr. L 168, S. 1, ber. ABLEG 1995, Nr. L 203, S. 17.

[98] Richtlinie 90/313/EWG des Rates vom 7.6.1990 über den freien Zugang zu Informationen über die Umwelt, ABlEG Nr. L 158, S. 56.

[99] Richtlinie 84/360/EWG des Rates vom 28.6.1984 zur Bekämpfung der Luftverunreinigungen durch Industrieanlagen, ABlEG Nr. L 188, S. 20; geändert durch die Richtlinie 91/692/EWG, ABlEG Nr. L 377, S. 48.

[100] A.A. EPINEY/PFENNINGER/GRUBER, S. 187.

stemen, natürlichen Lebensräumen und im Fall der UVP-Richtlinie von Wechselwirkungen gesprochen wird. Das erklärt sich auch nicht aus den unterschiedlichen Zielrichtungen der Rechtsakte. Möglich ist, daß die verschiedenen Begriffe sich lediglich sprachlich unterscheiden, sich inhaltlich aber sehr viel näher stehen, als dies zunächst den Anschein hat. Dabei kann man von dem Begriff der natürlichen Lebensräume der Umweltinformationsrichtlinie ausgehen. Ein natürlicher Lebensraum ist ein durch bestimmte Pflanzen- und Tiergesellschaften geprägtes Biotop wie beispielsweise Moore, Hecken, Teiche, Bachläufe, Streuwiesen u.ä.[101] Die energetischen, stofflichen und informatorischen Wechselbeziehungen unter und zwischen diesen einzelnen Lebensgemeinschaften und -räumen, bezeichnet man als Ökosysteme.[102] Ein Ökosystem wiederum ist ein abgrenzbarer Teil des Naturhaushalts in seiner Gesamtheit.[103] Die unterschiedlichen Begriffe der natürlichen Lebensräume und der Ökosysteme kennzeichnen also keinen graduell unterschiedlichen Schutzbereich. Der Naturhaushalt bzw. die Ökosysteme gehören generell zum Schutzbereich der jeweiligen Normen. Das gilt auch für die Wechselwirkungen der UVP-Richtlinie, wenn man darunter die Abhängigkeiten und Beziehungen der einzelnen Organismen untereinander versteht. Der Begriff der Wechselwirkungen wird im Rahmen der UVP-Richtlinie allerdings unterschiedlich interpretiert. Einigkeit besteht insoweit, als daß er als wesentlich für den medienübergreifenden, ökosystemaren Ansatz der UVP-Richtlinie angesehen wird.[104] Ohne darauf an dieser Stelle weiter einzugehen, kann festgehalten werden, daß trotz unterschiedlicher Terminologie sich die Definition des Umweltbegriffes in den genannten Rechtsakte im wesentlichen deckt. Daraus läßt sich aber für die Interpretation der IVU-Richtlinie nicht viel gewinnen, denn diese nennt weder die natürlichen Lebensräume und Ökosysteme noch die Wechselwirkungen.

2. Auslegung der IVU-Richtlinie

Unter den Umweltbegriff der IVU-Richtlinie fallen unproblematisch Boden, Wasser, Luft. Dies folgt schon aus der primären Schutzrichtung der Richtlinie, die Emissionen in die drei Umweltmedien vermeiden will,

---

101 Vgl. BENDER/SPARWASSER/ENGEL, Rn. 5/4; GK-BImSchG-FÜHR, § 1 Rn. 152.

102 Vgl. nur BALLA/MÜLLER-PFANNENSTIEL, UVP-report 1997, 243 (245); DIES., UVP-report, 1998, 32-36.

103 Vgl. BENDER/SPARWASSER/ENGEL, Rn. 5/6.

104 Vgl. die erschöpfende Meinungsübersicht bei BALLA/MÜLLER-PFANNENSTIEL, UVP-report, 1997, 243 (Tabelle 1 - 244), zu den unterschiedlichen Ansichten siehe den folgenden Abschnitt.

Erwägungsgrund Nr. 8. Gleichzeitig nehmen die Umweltmedien als Belastungspfade eine Schlüsselstellung im medienübergreifenden Konzept ein. Fauna und Flora finden sich in der Aufzählung des Art. 2 Nr. 2 IVU-RL nicht. Aus dem Rechtssetzungsprozeß ergibt sich aber, daß sie unter den Umweltbegriff zu subsumieren sind.[105] Im Vorschlag der Kommission wurde noch auf *lebende Ressourcen und Ökosysteme* abgestellt.[106] Der Rat änderte den Wortlaut des Vorschlags, ohne daß es dafür Initiativen seitens des Parlaments oder des Wirtschafts- und Sozialauschusses gegeben hätte, und setzte an die Stelle den Begriff der Umweltqualität.[107] Eine Begründung gab der Rat nicht. Damit sollte aber keine Einschränkung des Schutzbereichs verbunden sein. Vielmehr muß man davon ausgehen, daß der Rat die lebenden Ressourcen und Ökosysteme, worunter auch Flora und Fauna zu subsumieren sind, im Begriff der Umweltqualität, der der Terminologie des Art. 174 EGV entspricht, zusammenfassen wollte. Dann sind auch Ökosysteme als Schutzgut unter die Umweltqualität zu subsumieren. Gilt dies aber auch für die Wechselwirkungen? Um diese Frage zu beantworten ist zunächst zu klären, was unter Wechselwirkungen zu verstehen ist.

a) Wechselwirkungen und Verlagerungseffekte

Die IVU-Richtlinie nennt den aus Art. 3 UVP-RL bekannten Begriff der Wechselwirkungen nicht. Erwähnt werden lediglich Verlagerungseffekte.[108]

Ist dieser Begriff mit dem der Wechselwirkungen gleichzusetzen?

Verlagerungseffekte (*des transferts de pollution/the shifting of pollution*) sind die durch Umweltschutzmaßnahmen hervorgerufenen Belastungsverschiebungen zwischen den Umweltmedien, Erwägungsgrund Nr. 7 IVU-RL. Als Beispiel führt die Kommission die Verminderung von Fluorgasemissionen durch Naßwäschen an. Die Waschflüssigkeit gelangte als Abwasser in den Klärschlamm, der auf Weideflächen ausgebracht wurde. Infolgedessen nahm das Vieh Fluorid auf und erkrankte an Fluo-

---

105 A.A. EPINEY, in: KOCH, Probleme des Immissionsschutzrechts, S. 7 (11), die der Ansicht ist, daß die IVU-Richtlinie nur den Boden, das Wasser und die Luft schützt. Ebenso wohl KRINGS, S. 47 (51-52).

106 Art. 2 Nr. 2 des Vorschlags der Kommission, ABlEG 1993, Nr. C 311, S. 6 (8); und des geänderten Vorschlags der Kommission, ABlEG 1995, Nr. C 165, S. 9 (10).

107 Art. 2 Nr. 2 des Gemeinsamen Standpunkts des Rates, ABlEG 1996, Nr. C 87, S. 8 (10).

108 Erwägungsgrund Nr. 7, Art. 9 Abs. 3 IVU-RL.

rose.[109] Die Belastung wurde so lediglich von der Luft auf den Boden verlagert. Als Verlagerungseffekte bezeichnet man also die für additive Umweltschutzmaßnahmen typische Veränderung der Emissionssubstanzen mit den damit verbundenen Belastungsverschiebungen.

Schwieriger ist die Frage zu beantworten, was unter Wechselwirkungen zu verstehen ist. Bislang fehlt es an einer allgemeingültigen Definition.

Die UVP-Richtlinie spricht von Auswirkungen auf verschiedene Umweltfaktoren und den Wechselwirkungen zwischen den aufgezählten Faktoren. Dies ist irreführend, da die Wechselwirkungen sich zum einen selber innerhalb der Aufzählung befinden und sich wiederum auf die Faktoren beziehen. Handelt es sich nun um einen Teil der Umweltgüterregelung, das heißt um ein geschütztes Gut oder geht es lediglich um die Belastungsverschiebungen unter den Umweltgütern?

Einen Definitionsansatz gibt die Verwaltungsvorschrift zur Umweltverträglichkeitsprüfung (UVPVwV), wonach unter anderem Schutzmaßnahmen Wechselwirkungen verursachen können, wenn sie zu Problemverschiebungen zwischen den Umweltgütern führen.[110] Der Begriff wird so auf die in der IVU-Richtlinie als Verlagerungseffekte bezeichneten Belastungsverschiebungen verengt. Die Definition ist jedoch nicht abschließend, wie die Formulierung *unter anderem* zeigt. Der Normgeber hat sich an dieser Stelle nicht festgelegt, sondern ist dem eigentlichen Problem ausgewichen.

Das BVerwG mußte sich im Rahmen einer Entscheidung zur Umweltverträglichkeitsprüfung mit dem Begriff auseinandersetzen:

> *Der UVP-Richtlinie liegt ein integrativer Ansatz zugrunde. [...] Die die einzelnen Schutzgüter in den Blick nehmende Perspektive ist [...] um die Betrachtung der Wechselwirkungen zwischen den Schutzgütern zu ergänzen. Dies erfordert eine umfassende mehrdimensionale und fachübergreifende Ermittlung, Beschreibung und Bewertung unter Einschluß insbesondere der Wirkungen, die sich aus der Kumulation von Vor- und Zusatzbelastungen sowie aus synergetischen Reaktionen ergeben. Damit trägt die UVP-Richtlinie der Erkenntnis Rechnung, daß zwischen den Umweltfaktoren Zusammenhänge bestehen, die es in ihrem Wirkungsgefüge und Beziehungsgeflecht zu erfassen gilt.*[111]

---

109 Begründung der Kommission zum Vorschlag der IVU-Richtlinie vom 14.9.1993, KOM (93) 423 endg. v. 14.9.1993, S. 3.

110 UVPVwV 1.3.2, 3.3.2., 4.3.3., 5.3.3, 6.3.3, 16.3.2.

111 BVerwG, Urt. v. 25.1.1996, BVerwGE 100, 238 (243).

Zunächst stellt das BVerwG auf die Auswirkung des in Frage stehenden Vorhabens ab, nämlich auf die Kumulation von Vor- und Zusatzbelastungen sowie auf synergetische Reaktionen. Anschließend kommt es zu dem Schluß, daß die UVP-Richtlinie über die Nennung der Wechselwirkungen das Beziehungsgeflecht zwischen den Umweltfaktoren berücksichtigt.

Diese Aussage ist in sich widersprüchlich. Im Falle der Kumulation von Vor- und Zusatzbelastungen geht es um die Frage, wie sich Emissionen im Zusammenspiel mit anderen Umweltbelastungen auswirken. Diese Effekte sind bei der Beurteilung der Emissionen eines Vorhabens grundsätzlich zu berücksichtigen, ohne daß die Richtlinie besonders darauf hinweisen müßte. Daß sich darin der Sinngehalt des Begriffes nicht erschöpfen kann, erkennt das BVerwG und stellt fest, daß die UVP-Richtlinie mit der Einbeziehung der Wechselwirkungen der Erkenntnis Rechnung trägt, daß zwischen den Umweltfaktoren Zusammenhänge bestehen. Diese Zusammenhänge betreffen aber nicht die Kumulation von Belastungen oder Synergieeffekten. Dabei handelt es sich um Auswirkungen der Emissionen, die sich häufen oder mit anderen Faktoren oder Substanzen verbinden. Das Wirkungsgefüge und Beziehungsgeflecht der Umwelt besteht aber unabhängig von Emissionen und ihren Auswirkungen. Die Vernetzung der Umweltgüter selber muß geschützt und berücksichtigt werden, da nur so die Folgen von Emissionen auf die Umwelt abgeschätzt werden können. Ob die Einwirkungen auf dieses Beziehungsgeflecht aufgrund von Synergieeffekten entstehen, ist dabei nicht entscheidend.

Im Ergebnis ist dem BVerwG zuzustimmen, nicht überzeugend ist jedoch die Begründung.

Wechselwirkungen sind gerade nicht die Auswirkungen des jeweiligen Projekts oder bestimmter Schutzmaßnahmen (wie die immer wieder angeführten Verlagerungseffekte), sondern die Wirkungszusammenhänge der Umwelt an sich (Stoffkreisläufe, Energieflüsse, Nahrungsketten).[112] Dies deckt sich auch mit dem Wortlaut der UVP-Richtlinie, die von Auswirkungen auf die Wechselwirkungen spricht. Es geht um die energetischen, stofflichen und informatorischen Beziehungen zwischen Menschen, Tieren, Pflanzen, Boden, also der einzelnen Umweltgüter unter-

---

112 ERBGUTH/SCHINK, § 2 Rn. 27; PETERS, UVP-Richtlinie, S. 24, 56; SCHREIBER, S. 143; SCHMIDT-PREUß, in: RENGELING, Auf dem Weg zum Umweltgesetzbuch I, S. 115 (143); a.A. aber noch in DVBl. 1995, 485 (490); a.A. auch BECKER, Art. 1 Rn. 5; Art. 9 Rn. 4; Hoppe-APPOLD, UVPG, § 2 Rn. 40; KRACHT/WASIELEWSKI, § 35 Rn. 4; Landmann/Rohmer-KUTSCHEID, § 5 Rn. 90.

einander.[113] Dieses Wirkungsgefüge zwischen Lebewesen und unbelebten natürlichen und von Menschen geschaffenen Bestandteilen und ihren Lebensgemeinschaften und Räumen bilden die sog. Ökosysteme.[114]

Schon die Industrieanlagen-Richtlinie bezog daher auch die Wechselwirkungen in den Schutzbereich ein, da sie ausdrücklich Ökosysteme nannte, was inhaltlich nichts anderes als die Wechselwirkungen meint und klarer zum Ausdruck bringt, daß die Umwelt in ihrer Vernetztheit geschützt werden soll.[115]

Umwelt ist mehr als die bloße Addition der verschiedenen Umweltfaktoren. Hinzu kommen als weiteres Element die Wechselbezüglichkeit der Faktoren, die ökosystemaren Wechselwirkungen. Sie lassen sich definieren als alle denkbaren funktionalen und strukturellen Beziehungen zwischen den Schutzgütern, innerhalb von Schutzgütern sowie zwischen und innerhalb von Ökosystemen.[116] Auswirkungen sind hingegen Emissionen, die mittel- oder unmittelbar auf einzelne Schutzgüter einwirken und Veränderungen innerhalb der Ökosysteme hervorrufen.

Verlagerungseffekte i.S.d. IVU-Richtlinie gehören nicht zum Schutzbereich, sondern sind Teil der projektbedingten Auswirkungen.[117] Aus der Erwähnung der Verlagerungseffekte in der IVU-Richtlinie kann man daher nicht den Schluß ziehen, daß die Wechselwirkungen in den Schutzbereich einbezogen sind.

Die Wechselwirkungen könnten unter den Oberbegriff der Umweltqualität zu subsumieren sein. Darauf deutet die Entstehungsgeschichte hin. Die Quellen auf denen die Richtlinie fußt, fordern – ausgehend von einem ökosystemaren Umweltbegriff – ein Umdenken im Bereich des Umweltschutzes. Sowohl der Brundtland-Report als auch das 5. Aktionsprogramm der EG und die OECD-Empfehlung zielen auf den Schutz der Umwelt als ungeteiltes Ganzes.[118] Die Vernetzung der Umweltgüter

---

113 BALLA/MÜLLER-PFANNENSTIEL, UVP-report 1997, 243 (245); vgl. auch DIES., UVP-report, 1998, 32-36.

114 Ein Ökosystem ist eine aus Organismen und unbelebter Umwelt bestehende natürliche Einheit, die durch die Wechselwirkungen ein gleich bleibendes System bildet, beispielsweise ein See.

115 So auch FÜHR, IUR 1991, 131 (132); GK-BImSchG-FÜHR, § 1 Rn. 149.

116 Nach BALLA/MÜLLER-PFANNENSTIEL, UVP-report 1997, 243 (245-246).

117 Die UVPVwV ist insofern mißglückt, da sie unter Wechselwirkungen auch Verlagerungseffekte versteht, vgl. PETERS, UVP-Richtlinie, S. 117; SCHREIBER, S. 143.

118 Vgl. WELTKOMMISSION FÜR UMWELT UND ENTWICKLUNG, Brundtland-Bericht, S. 11, 42, 49; 5. Aktionsprogramm v. 1.2.1993, ABlEG 1993, Nr. C 138, S. 5, 29; OECD Council Recommendation C (90) 164 (FINAL), S. 11; OECD Working Papers Vol IV No 15, S. 7. Hinsichtlich des Systems der IPC in England stellt sich das gleiche Auslegungsproblem wie bei der IVU-Richtlinie, vgl. Section 1 (1) des englischen

untereinander ist der wesentliche Ausgangspunkt für die Forderung nach integrierten Umweltschutzprogrammen. Dieses Umweltverständnis liegt auch der IVU-Richtlinie zugrunde, denn die Kommission begründet das Programm der Richtlinie unter Verweis auf die genannten Quellen damit, daß die Umwelt als ungeteiltes Ganzes funktioniere und die ökologischen Systeme miteinander verflochten seien.[119] Auch aus dem Regelungszusammenhang folgt, daß die Wechselwirkungen in den Schutzbereich fallen. Schon die Bezeichnung der Richtlinie als integriert und das Ziel der Richtlinie, *ein hohes Schutzniveau für die Umwelt insgesamt* (Erwägungsgrund Nr. 8, Art. 1 IVU-RL) zeigen, daß sie einen ganzheitlich-ökosystemaren Umweltbegriff verwendet. Dafür spricht auch der Regelungszusammenhang mit der UVP-Richtlinie. Sowohl die UVP- als auch die Industrieanlagen-Richtlinie gehen bereits von einem ökosystemaren Umweltverständnis aus. Der Umweltbegriff umfaßt die Wechselwirkungen, da es um die Wirkungszusammenhänge innerhalb der Ökosysteme und zwischen den Ökosystemen geht. Der Rat wollte mit der IVU-Richtlinie diese Politik fortsetzen, wie sich an der Verknüpfung von IVU- und UVP-Richtlinie zeigt (vgl. Art. 9 Abs. 2 IVU-RL und Art. 2 Abs. 2a der geänderten UVP-RL). Daher liegt es nahe, daß auch der Schutzbereich der beiden Richtlinien übereinstimmt, da ansonsten im Vorverfahren ermitteltes Wissen über Auswirkungen des Vorhabens materiell nicht berücksichtigt werden kann. Es wäre widersprüchlich anzunehmen, daß der Schutzbereich bzw. der Umweltbegriff der IVU-Richtlinie enger sei als der der UVP-Richtlinie. Diese Vermutung bestätigt die teleologische Auslegung. Das Ziel, die Umwelt insgesamt durch eine integrierte Anlagengenehmigung zu schützen und damit den Grundsatz der umweltgerechten und nachhaltigen Entwicklung zu fördern (Erwägungsgrund Nr. 9 IVU-RL), ist nicht zu verwirklichen, wenn man die Umwelt sektoral betrachtet und das Beziehungsgeflecht der einzelnen Umweltgüter aus dem Schutzbereich ausklammert. Das Zielprogramm der Richtlinie impliziert die Einbeziehung der Wechselwirkungen in den Umweltbegriff. Die Wechselwirkungen zwischen den einzelnen Umweltgütern sind daher unter den Begriff der Umweltqualität zu subsumieren. Die IVU-Richtlinie verwendet einen ökosystema-

---

EPA 1990, *The "environment" consists of [...] the air, water and land; [...].* Dafür, daß auch der IPC ein ökosystemarer Umweltbegriff zugrunde liegt spricht, daß der Schutz der Umwelt als Ganzes (*environment as a whole*) angestrebt wird und auch lebende Organismen und Ökosysteme vor Schaden bewahrt werden sollen, vgl. Section 1 (3, 4), 7 (7 b) EPA.

119 Begründung der Kommission zum Vorschlag der IVU-Richtlinie, KOM (93) 423 endg. v. 14.9.1993, S. 2.

ren Umweltbegriff, der die Wechselwirkungen innerhalb der Ökosysteme und zwischen den Ökosystemen erfaßt.[120]

b) Das Klima und die Landschaft

Die UVP-Richtlinie schützt weiter das Klima und die Landschaft, die die IVU-Richtlinie nicht ausdrücklich nennt, so daß unklar ist, ob sie unter den Begriff der Umweltqualität zu subsumieren sind und damit in den Schutzbereich fallen. Dies muß anhand des Normzwecks ermittelt werden. Grundsätzlich verlangt die IVU-Richtlinie eine weite Auslegung des Schutzbereichs, da sie die Umwelt insgesamt schützt. Das legt die Einbeziehung von Klima und Landschaft in den Schutzbereich nahe, vorausgesetzt, daß diese Belange durch den Betrieb von Industrieanlagen betroffen sein können. Daß der Betrieb von Industrieanlagen mit den damit zusammenhängenden Emissionen das Klima, sei es auf lokaler, regionaler oder globaler Ebene, verändern kann, ist evident. Zu überlegen ist nur, ob Auswirkungen auf das Klima wie Veränderungen der Lufttemperatur oder der Luftfeuchtigkeit nicht schon über das Schutzgut Luft abgedeckt werden, die Einbeziehung des Klimas also überflüssig wäre. Dieser Ansicht war der deutsche Gesetzgeber bei der Neufassung des § 1 BImSchG. Durch die Einbeziehung der Atmosphäre in den Schutzbereich seien Auswirkungen auf das Klima mit erfaßt.[121] Diese Schlußfolgerung ist allerdings zweifelhaft. Die Atmosphäre ist die die Erde umhüllende Luft. Eine Beeinträchtigung des Klimas, worunter auch Mikroklimate fallen, kann aber entstehen, ohne daß die Atmosphäre in ihrer Gesamtheit negativ betroffen ist.[122] Auch der europäische Rat ist anscheinend bei Verabschiedung der UVP-Richtlinie davon ausgegangen, daß das Klima neben der Luft ein eigenständiges Schutzgut ist, da Art. 3 UVP-RL sowohl die Luft als auch das Klima nennt. Dieser Ansicht ist zuzustimmen, da eine Veränderung des Mikroklimas einer Region also des Wetters und der Witterung nicht zwangsläufig über eine Beeinträchtigung der Luft erfolgt, sondern sich auch durch den Eingriff in andere Parameter wie beispielsweise den Wasserhaushalt ergeben kann. Aus dem Ziel der IVU-Richtlinie, die Umwelt insgesamt zu schützen, muß man unter diesen Umständen darauf schließen, daß das Klima unter den Begriff der Umweltqualität zu subsumieren ist.

---

120 So auch ZÖTTL, Integrierter Umweltschutz, S. 157; RÖCKINGHAUSEN, S. 118; a.A. SCHULZ, S. 195; DOLDE, NVwZ 1997, 313 (314); EPINEY/PFENNINGER/GRUBER, S. 190; KRINGS, S. 47 (52); SCHÄFER, UPR 1997, 444 (445); ERBGUTH/STOLLMANN, ZUR 2000, 379 (383).

121 Vgl. JARASS, BImSchG, § 1 Rn. 4-5; Gesetzesbegründung, BT-Drs. 11/6633, S. 33.

122 Kritisch auch ERBGUTH/SCHINK, § 12 Rn. 100.

Unter Landschaft versteht man einen individuell geprägten und durch seine Merkmalsvielfalt abgrenzbaren Teilraum der Erdoberfläche – einen Ökosystemkomplex.[123] Dieser kann beispielsweise durch Flächenversiegelung verändert werden. Industrieansiedlungen können insbesondere das Landschaftsbild oder die Einzigartigkeit einer Landschaft beeinträchtigen. Die IVU-Richtlinie betrifft allerdings gemäß Art. 4 IVU-RL im Gegensatz zur UVP-Richtlinie (Art. 1 Abs. 2 UVP-RL) nicht die Errichtung, sondern nur den Betrieb von Anlagen. Eine Beeinträchtigung des Landschaftsbildes durch den bloßen Betrieb einer Anlage kann durch Emissionen verursacht werden, die über die Tier- und Pflanzenwelt oder die Luft, das Wasser und den Boden auf die Landschaft einwirken. Diese mittelbaren Auswirkungen erfaßt die Richtlinie aber schon über die direkten Emissionen.[124] Der Betrieb kann aber auch über die mittelbare Einwirkungen von Emissionen hinaus durch Ausgrabungen und Aufschüttungen in Form von Halden das Landschaftsbild beeinträchtigen. Die Landschaft fällt daher in den Schutzbereich und ist ein Teil des Umweltbegriffes der IVU-Richtlinie.[125]

* * *

Über die beispielhafte Aufzählung des Art. 2 Nr. 2 IVU-RL hinaus umfaßt der Umweltbegriff der IVU-Richtlinie auch Boden, Luft, Wasser, das Klima, die Landschaft und die Wechselwirkungen zwischen den einzelnen Umweltgütern. Geschützt wird die Umwelt als Ganzes unter Einschluß der ökosystemaren Zusammenhänge.

II. Der Umweltbegriff des BImSchG

Zweck des BImSchG ist der Schutz der Umwelt und die Ermöglichung einer kontrollierten industriellen Umweltnutzung. Was unter Umwelt zu verstehen ist, ergibt sich aus § 1 BImSchG. Mit der 1990 erfolgten Novelle[126] sind die Schutzgüter ergänzt worden. § 1 BImSchG nennt nunmehr Menschen, Tiere und Pflanzen, den Boden, das Wasser, die Atmo-

---

123 BENDER/SPARWASSER/ENGEL, Rn. 5/6.

124 Vgl. zum BImSchG JARASS, BImSchG, § 1 Rn. 5.

125 So auch BECKER, Art. 2 Rn. 22; RENGELING, in: CZAJKA, FS Feldhaus, S. 313 (317); a.A. ZÖTTL, Integrierter Umweltschutz, S. 157; SCHULZ, S. 195.

126 Drittes Gesetz zur Änderung des Bundes-Immissionsschutzgesetzes vom 11.5.1990, BGBl. I 870.

sphäre, Kultur- und sonstige Sachgüter. Damit wird klargestellt, daß der Schutz des Menschen und der gesamten Umwelt bezweckt ist.[127]

1. Die Wechselwirkungen

Es finden aber weder die Wechselwirkungen noch Ökosysteme oder der natürliche Lebensraum Erwähnung. Ob die Umwelt in ihrer wechselbezüglichen Vernetzung geschützt wird, ist daher umstritten. Wohl überwiegend wird vertreten, daß die Wechselwirkungen Teil des Schutzbereichs sind.[128] Die Begründungen differieren. Zum Teil wird davon ausgegangen, daß der Gesetzgeber von einem ökosystemaren Umweltbegriff ausgegangen sei und daher die Nennung der Wechselwirkungen für überflüssig hielt.[129] Schon aus der Tatsache, daß ein isolierter Schutz der einzelnen Umweltgüter der Komplexität der Umwelt nicht gerecht werde und daher auch nicht sinnvoll sei, folge, daß das BImSchG das Wirkungsgefüge Umwelt insgesamt schütze.[130] Andere wollen das BImSchG im Hinblick auf die UVP-Richtlinie europarechtskonform auslegen.[131] Eine solche Auslegung wäre zwar auch bezogen auf die IVU-Richtlinie sinnvoll, läßt sich aber argumentativ nicht auf § 12 UVPG stützen. § 12 UVPG ermöglicht ausdrücklich nur eine Bewertung nach Maßgabe der geltenden Fachgesetze. Der Gesetzgeber wollte nicht über das UVPG die einzelnen Fachgesetze modifizieren. Diesen Willen kann man nicht durch eine entsprechende Auslegung der Fachgesetze im Lichte des UVPG umgehen.[132] Gleiches gilt für § 1 a der 9. BImSchV, der die Wechselwirkungen nennt. Diese Norm betrifft allein das Verfahren nach dem UVPG und beeinflußt nicht die materielle Rechtslage nach dem BImSchG.

Nicht alle gegen die Einbeziehung der Wechselwirkungen vorgebrachten Argumente vermögen aber zu überzeugen. So kann man aus der

---

127 JARASS, BImSchG, § 1 Rn. 5.

128 So JARASS, BImSchG, § 1 Rn. 5; GK-BImSchG-FÜHR, § 1 Rn. 150-151; FÜHR, IUR 1991, 131 (132); FELDHAUS, BImSchG, § 1 Anm. 2; Landmann/Rohmer-KUTSCHEID, § 5 Rn. 90; Hoppe-BECKMANN, UVPG, § 12 Rn. 122; REBENTISCH, NVwZ 1995, 949 (950, 953); wohl auch BENDER/SPARWASSER/ENGEL, Rn. 8/63; unter Verkennung des Begriffs der Wechselwirkungen SCHMIDT-PREUß, DVBl. 1995, 485 (490).

129 GK-BImSchG-FÜHR, § 1 Rn. 150; a.A. ERBGUTH/SCHINK, § 12 Rn. 101.

130 GK-BImSchG-FÜHR, § 1 Rn. 150.

131 FÜHR, IUR 1991, 131 (132); GK-BImSchG-FÜHR, § 1 Rn. 151. Das würde für eine richtlinienkonforme Umsetzung ausreichen. Schließlich nennt auch die IVU-Richtlinie die Wechselwirkungen nicht ausdrücklich.

132 Vgl. ERBGUTH/SCHINK, § 12 Rn. 102; SCHMIDT-PREUß, DVBl. 1995, 485 (489); DI FABIO, NVwZ 1998, 329 (333).

bloßen Aufzählung der einzelnen Schutzgüter in § 1 BImSchG nicht den Schluß ziehen, daß das BImSchG daher auch zwangsläufig die Vernetzung der Umweltgüter ignoriert. Insgesamt kann man zur alten Gesetzlage feststellen, daß zwar gute Gründe für die Einbeziehungen der Wechselwirkungen sprechen, das Ergebnis aber durchaus offen ist. Überzeugend sind vor allem die teleologischen Erwägungen und der Hinweis auf die Novelle von 1990. In der Tat erscheint es lebensfremd, dem Gesetzgeber zu unterstellen, daß er mit der Neufassung des § 1 BImSchG lediglich die neu aufgezählten Umweltgüter in den Schutz einbeziehen, die bekannte und offensichtliche Vernetzung der Umweltgüter aber ignorieren wollte. Der Gesetzgeber verfolgte das Ziel, das BImSchG zu einem allgemeinen Umweltschutzgesetz aufzuwerten. Betrachtet man dieses Ziel vor dem Hintergrund der Diskussion um sektoralen und medienübergreifenden Umweltschutz, die auch damals schon intensiv geführt wurde (der Brundtland-Report datiert beispielsweise von 1987, die UVP-Richtlinie, die den Begriff der Wechselwirkungen geprägt hat, existierte schon seit fünf Jahren), erscheint es plausibler, anzunehmen, daß der Gesetzgeber die Umwelt in ihrer Vernetztheit ebenfalls schützen wollte, obwohl er auf eine Nennung der Wechselwirkungen verzichtet hat.[133]

Mit der geplanten Neufassung des § 1 BImSchG im Rahmen der Umsetzung der IVU- und der UVP-Änderungsrichtlinie hat sich diese Diskussion erledigt. Die Bundesregierung will § 1 BImSchG in zwei Absätze teilen. Absatz 1 enthält die unveränderte Aufzählung der Schutzgüter, Absatz 2, der sich allein auf genehmigungsbedürftige Anlagen bezieht, übernimmt die Zielbestimmung aus Erwägungsgrund Nr. 8 und Art. 1 IVU-RL. Ziel des Gesetzes ist nunmehr, durch die integrierte Vermeidung und Verminderung von schädlichen Umwelteinwirkungen ein hohes Schutzniveau für die Umwelt insgesamt zu gewährleisten. Das BImSchG nennt damit die Umwelt insgesamt als Schutzgut. Diese Ziel wird in § 5 Abs. 1 BImSchG wiederholt und den Grundpflichten vorangestellt. Den Begriff der Wechselwirkungen verwendet die Bundesregierung hingegen nicht. Ursprünglich sah der Gesetzentwurf vor, § 7 Abs. 1 und § 48 BImSchG um einen Satz zu ergänzen, wonach bei Erlaß von Rechtsverordnungen bzw. allgemeinen Verwaltungsvorschriften, die die Anforderungen an die Anlage festlegen, sowohl die möglichen Belastungsverlagerungen als auch die Wechselwirkungen zwischen den

---

133 A.A. HEITSCH, NuR 1996, 453 (457); Hoppe-BECKMANN, UVPG, § 12 Rn. 121-122; HOPPE/PÜCHEL, DVBl. 1988, 1 (7); ZÖTTL, Integrierter Umweltschutz, S. 358; SCHULZ, S. 131; ERBGUTH/SCHINK, § 12 Rn. 100-102; ERBGUTH/STOLLMANN, ZUR 2000, 379 (382).

Schutzgütern und den unterschiedlichen Beeinträchtigungen des Menschen zu berücksichtigen sind.[134] Auf die Nennung der Wechselwirkungen wurde aber letztendlich verzichtet. Im Hinblick auf die Umsetzung der IVU-Richtlinie ist dies nicht zu beanstanden. Da die Richtlinie selber die Wechselwirkungen nicht nennt, ist dies auch für eine richtlinienkonforme Umsetzung nicht notwendig. Daß die Vernetzung der Umweltgüter und damit die Wechselwirkungen erfaßt werden, ergibt sich hingegen – wie auch für die IVU-Richtlinie selber – aus dem Ziel, die Umwelt insgesamt zu schützen.

Mit der Neufassung des § 1 BImSchG trifft die Bundesregierung unterschiedliche Regelungen für die genehmigungsbedürftigen und die genehmigungsfreien Anlagen. Absatz 2 bezieht sich allein auf die genehmigungsbedürftigen Anlagen. Damit liegen dem Gesetz verschiedene Zielbestimmungen zugrunde, je nach dem, ob die Anlage der Genehmigungspflicht unterliegt oder nicht. Das ist hinsichtlich der IVU-Richtlinie unproblematisch, da diese nur genehmigungsbedürftige Anlagen betrifft.

2. Das Klima und die Landschaft

Die Luft wird als Schutzgut nicht gesondert erwähnt, ist jedoch über den weiterreichenden Begriff der Atmosphäre in den Schutzbereich einbezogen.[135] Das soll auch für das Klima gelten, dessen Veränderungen beispielsweise die steigenden Temperaturen aufgrund des Treibhauseffekts über Einwirkungen auf die Atmosphäre erfaßt werden.[136] Diese Schlußfolgerung erscheint zunächst einleuchtend, unterliegt jedoch Zweifeln, soweit es um die Beeinträchtigung von Mikroklimaten geht. Eine Veränderung der örtlichen Wetter- und Witterungsverhältnisse kann auch durch andere Einflüsse als eine Veränderung der Luft bzw. der Atmosphäre bedingt sein. Die Erwähnung des Klimas neben der Atmosphäre würde daher durchaus Sinn machen. Im Hinblick darauf, daß die IVU-Richtlinie selber aber das Klima zwar in den Schutzbereich einbezieht, aber nicht ausdrücklich nennt, reicht es, § 1 BImSchG insofern richtlinienkonform auszulegen.

Fraglich ist, ob auch die Landschaft als eigenes Schutzgut einbezogen ist oder ob sie nur reflexartig über die Beeinträchtigung der Flora und Fauna geschützt wird.[137] Für den Schutz der Landschaft spricht, daß das

---

134 So die Entwürfe zum Artikelgesetz Stand 31.1.2000 und 30.6.2000.

135 JARASS, BImSchG, § 1 Rn. 4-5.

136 JARASS, BImSchG, § 1 Rn. 4-5; a.A. ERBGUTH/SCHINK, § 12 Rn. 100.

137 Vgl. JARASS, BImSchG, § 1 Rn. 5.

BImSchG im Gegensatz zur IVU-Richtlinie nicht nur den Betrieb, sondern auch die Errichtung von Anlagen regelt, § 2 Abs. 1 Nr. 2 BImSchG. Gerade die Errichtung von Anlagen wirkt sich aber vielfach auf das Landschaftsbild aus. Andererseits wird die Landschaft spezialgesetzlich durch das Bundesnaturschutzgesetz geschützt (§ 1 Abs. 1 BNatSchG), woraus man schließen könnte, daß die Landschaft nicht in den Schutzbereich des BImSchG fällt. Beeinträchtigung der Landschaft durch die Errichtung und den Betrieb einer Anlage beurteilen sich nach § 8 BNatSchG. Der Schutz der Landschaft ist damit über die Berücksichtigung der Regelungen des Bundesnaturschutzgesetzes gemäß § 6 Abs. 1 Nr. 2 BImSchG gewährleistet. Das widerspricht allerdings keineswegs einer Auslegung, nach der die Landschaft in den Schutzbereich des BImSchG fällt, denn auch die Nutzung des Wassers ist spezialgesetzlich geregelt, das Wasser aber als Schutzgut in § 1 BImSchG ausdrücklich genannt. Da die Errichtung von Anlagen ein Hauptfall der Beeinträchtigung der Landschaft ist, spricht vieles dafür, § 1 BImSchG so auslegen, daß das BImSchG auch die Landschaft selber schützt.

III. Der Umweltbegriff des UGB-KomE

Der UGB-KomE definiert den Umweltbegriff isoliert in § 2 Nr. 1 UGB-KomE. Zur Umwelt gehören *[...] der Naturhaushalt, die Landschaft, Kulturgüter und schutzwürdige Sachgüter (Umweltgüter) sowie das Wirkungsgefüge zwischen den Umweltgütern.*

Wesentliches Element ist der Naturhaushalt, unter den gemäß § 2 Nr. 2 UGB-KomE fallen: *[...] Boden, Wasser, Luft, die Ozonschicht, das Klima, einschließlich des Kleinklimas, Tiere, Pflanzen, und andere lebende Organismen (Naturgüter) sowie das Wirkungsgefüge zwischen den Naturgütern.*

Die Sachverständigenkommission führt damit den uneinheitlichen Begriff des deutschen Rechts zusammen und legt allen Kapiteln des Umweltgesetzbuches das gleiche Umweltverständnis zugrunde.

1. Das Wirkungsgefüge

Die Sachverständigenkommission hat sich dafür entschieden, das Wirkungsgefüge zwischen den einzelnen Umweltfaktoren einzubeziehen, um so dem systematischen Charakter des Umweltbegriffes Ausdruck zu verleihen.[138] Das Wirkungsgefüge zwischen und unter den Ökosystemen wird als Schutzgut und Teil der Umwelt definiert. Das UGB-KomE folgt

---

138 UGB-KomE, Begründung zu § 2 Nr. 1, S. 438.

damit im Gegensatz zur alten Fassung des BImSchG ausdrücklich einem ökosystemaren Konzept.

Die Sachverständigenkommission verwendet nicht den Begriff der Wechselwirkungen. Man könnte darin eine bloße sprachliche Nuance sehen, insbesondere da der Begriff des Wirkungsgefüges klarer zum Ausdruck bringt, daß damit die Vernetzung der Umweltfaktoren gemeint ist. Wechselwirkungen und Wirkungsgefüge sind aber nicht dekkungsgleich, denn im Zusammenhang mit der Umweltverträglichkeitsprüfung und den Grundpflichten spricht die Sachverständigenkommission wiederum von Wechselwirkungen, § 74 S. 1, § 80 Abs. 3, § 83 Abs. 2 S. 1 UGB-KomE.

Klar ist, daß das Wirkungsgefüge die Beziehungen der einzelnen Umweltfaktoren untereinander – unabhängig von Auswirkungen eines Vorhabens – betrifft. Hingegen beziehen sich die Wechselwirkungen im Sinne des UGB-KomE zumindest auch auf die Auswirkungen von Vorhaben. Gesprochen wird von den *Auswirkungen auf die Umwelt und den Menschen einschließlich der Wechselwirkungen*[139], von den *Umweltauswirkungen einschließlich der Wechselwirkungen zwischen den Umweltgütern*[140] und von der *Berücksichtigung der Wechselwirkungen zwischen den Umweltgütern.*[141] Mal wird auf die Auswirkungen des Vorhabens und mal auf die Schutzgüter abgestellt. Wie das BVerwG vermengt auch die Sachverständigenkommission den Bereich der Auswirkungen auf die Umwelt und die Vernetzung der Umweltfaktoren. Zur Unklarheit trägt bei, daß in der Begründung zu § 2 Nr. 1 UGB-KomE, der den Begriff des Wirkungsgefüges enthält, von den Wechselwirkungen zwischen den einzelnen Umweltgütern gesprochen wird, so daß der Schluß naheliegt, beide Begriffe seien synonym.[142] Davon geht die Sachverständigenkommission aber nicht aus, da die unterschiedliche Terminologie sonst sinnlos wäre.

Die Begriffe sind jedoch miteinander verwandt. Das Wirkungsgefüge bezeichnet allein die natürlichen Zusammenhänge der Umweltfaktoren. Der Begriff wird daher auch nur in der Definition des Umweltbegriffs und des Naturhaushalts verwendet. Wechselwirkungen bezeichnen nicht nur das Wirkungsgefüge selbst, sondern auch die Auswirkungen der verschiedenen Emissionen, beispielsweise die auch vom BVerwG genannten Synergie- und Kumulationseffekte.[143] Der Begriff der Wechselwirkungen schließt damit das Wirkungsgefüge ein, geht aber darüber

---

139 § 74 S. 1 UGB-KomE.

140 § 80 Abs. 3 UGB-KomE.

141 § 83 Abs. 2 S. 1 UGB-KomE.

142 Vgl. UGB-KomE, Begründung zu § 2 Nr. 1, S. 438.

143 BVerwG, Urt.v. 25.1.1996, BVerwGE 100, 238 (243), vgl. Teil 1, § 2 A I. 2. a).

hinaus, indem er die natürlichen Zusammenhänge der Umwelt mit den Auswirkungen des Vorhabens verknüpft. Die Sachverständigenkommission interpretiert den Begriff der Wechselwirkungen damit in gleicher Weise wie das BVerwG.

Nach der hier vertretenen Auffassung sind die Wechselwirkungen von den Auswirkungen des Vorhabens zu trennen. Sie entsprechen dem von der Sachverständigenkommission eingeführten Begriff des Wirkungsgefüges. Da Synergie- und Kumulationseffekte ohne weiteres unter Auswirkungen zu subsumieren sind, ist es verwirrend und unnötig diese unter die Wechselwirkungen zu fassen, wenn darunter gleichzeitig die natürlichen Zusammenhänge der Umweltfaktoren fallen. Folgt man dieser Interpretation, so kann man sich auf einen Begriff, den des Wirkungsgefüges oder den der Wechselwirkungen, beschränken. Während der letztgenannte den Vorteil hat, daß man in der Terminologie der UVP-Richtlinie bleibt, ist der erste vom Wortsinn her klarer beschränkt auf die Zusammenhänge zwischen den Umweltgütern.

2. Das Klima und die Landschaft

Die Sachverständigenkommission hat versucht, die Umweltfaktoren möglichst erschöpfend aufzuzählen. Das trägt zu größerer Klarheit bei. So werden die Landschaft und das Klima ausdrücklich genannt. Hingegen findet die Atmosphäre im Gegensatz zum BImSchG keine besondere Erwähnung mehr, da sie bereits über den Umweltfaktor Klima geschützt wird.[144] Im Gegensatz zur Rechtslage im europäischen Recht hat sich die Sachverständigenkommission dafür entschieden, den Menschen nicht unter den Umweltbegriff zu fassen. Er wird als eigenes Schutzgut in § 1 Abs. 1 UGB-KomE genannt, um zu verhindern, daß man aus der Subsumtion unter den Umweltbegriff auf eine Relativierung dieses von der Verfassung am höchsten eingestuften Schutzgutes schließen könnte.[145] Der Umweltbegriff des UGB-KomE entspricht damit den Anforderungen der IVU-Richtlinie, da sowohl das Klima als auch die Landschaft und die Wechselwirkungen ausdrücklich in den Schutzbereich aufgenommen worden sind.

---

144 UGB-KomE, Begründung zu § 2 Nr. 2, S. 439.

145 UGB-KomE, Begründung zu § 1 Nr. 1, S. 438.

B. Die medienübergreifende Vorhabengenehmigung

I. Die Vorhabengenehmigung der IVU-Richtlinie

Die von der IVU-Richtlinie vorgeschriebene integrierte Anlagengenehmigung erfaßt alle Belastungspfade und damit die Auswirkungen auf alle Umweltmedien (Erwägungsgrund Nr. 8, Art. 2 Nr. 2 und 5 IVU-RL). Sie bildet den Abschluß eines koordinierten Genehmigungsverfahrens (Art. 7 IVU-RL).

1. Der medienübergreifende Charakter der Genehmigung

Die Genehmigung soll die Vermeidung und Verminderung von Umweltverschmutzungen in die Medien Luft, Boden und Wasser gewährleisten und so das Ziel der Richtlinie, die Erreichung eines hohen Schutzniveaus für die Umwelt insgesamt, verwirklichen (Art. 1 und Art. 3 S. 1 lit. a und b IVU-RL). Der medienübergreifende Charakter der Genehmigung ergibt sich aus der Definition der Umweltverschmutzungen. Im Sinne der IVU-Richtlinie sind dies Emissionen. Darunter fallen gemäß Art. 2 Nr. 5 IVU-RL *die Freisetzung von Stoffen, Erschütterungen, Wärme oder Lärm in die Luft, das Wasser oder den Boden.*

Damit ist die Definition gegenüber älteren Richtlinien erheblich erweitert worden. Im Vergleich zur Industrieanlagen- und zur Großfeuerungsanlagen-Richtlinie[146] fallen unter Emissionen nun nicht mehr allein Freisetzungen in die Luft, sondern auch direkte Einwirkungen in den Boden und das Wasser. Die IVU-Richtlinie erfaßt damit Schadstoffeinträge über alle drei Belastungspfade, ohne ein Medium zu privilegieren. Insbesondere soll die Entlastung eines Mediums auf Kosten der anderen vermieden werden. Diese Gefahr von Belastungsverschiebungen ist bei der Festlegung der Grenzwerte besonders zu beachten, Art. 9 Abs. 3 IVU-RL.

Allerdings klammert die Richtlinie bestimmte Emissionsarten wie Strahlen und Licht aus. Auch mittelbare Umwelteinwirkungen, beispielsweise durch anlagebedingt erhöhtes Verkehrsaufkommen, werden bei der Genehmigungserteilung nicht berücksichtigt. Die IVU-Richtlinie stellt auf anlagebezogene Emissionen ab, während im Rahmen der Umweltverträglichkeitsprüfung auch die mittelbaren Umweltauswirkungen Beachtung finden, vgl. Art. 3 UVP-RL, § 2 Abs. 1 UVPG. Trotzdem verwirklicht die IVU-Richtlinie ein medienübergreifendes Konzept, da sie

---

146 Richtlinie 88/609/EWG des Rates vom 24.11.1988 zur Begrenzung von Schadstoffemissionen von Großfeuerungsanlagen in die Luft, ABlEG 1988, Nr. L 336, S. 1; geändert durch ABlEG 1994, Nr. L 333, S. 83.

alle Belastungspfade gleichberechtigt behandelt. Wünschenswert wäre die Einbeziehung aller Emissionsarten gewesen.

Die IVU-Richtlinie entspricht insoweit dem System der IPC in England. Unter *pollution* fällt die Einleitung von Stoffen, Elektrizität oder Wärme in die Umwelt, Section 1 (3) EPA 1990. Ausweislich der Definition des Section 1 (2) EPA 1990 besteht die Umwelt aus *the air, water and land*. Allerdings erfaßt auch die IPC nicht alle Phänomene, so fallen unter den Emissionsbegriff weder Lärm noch Erschütterungen.[147] Dieses Defizit beseitigen die *Pollution Prevention and Control (England and Wales) Regulations 2000*.[148]

2. Die Koordinierung des Verfahrens

Gemäß Art. 8 IVU-RL erteilt die zuständige Behörde eine Genehmigung, die sicherstellt, daß die Anlage den Anforderungen der Richtlinie entspricht. Obwohl der Wortlaut der Vorschrift ebenso wie Art. 4 und Art. 7 IVU-RL darauf hinzudeuten scheint, daß es sich um *eine* Genehmigung handeln muß und dies auch der Philosophie des integrierten Konzepts und den Grundlagen der IVU-Richtlinie entsprechen würde[149], überläßt die Richtlinie diese Entscheidung ausdrücklich den Mitgliedstaaten. So ist Art. 8 IVU-RL in der deutschen Fassung mit Entscheidungen überschrieben, was ebenso wie die Definition des Begriffs der Genehmigung in Art. 2 Nr. 9 IVU-RL belegt, daß die Richtlinie keine zentrale Genehmigung verlangt. Art. 2 Nr. 9 IVU-RL definiert Genehmigung als Teil oder Gesamtheit einer oder mehrerer schriftlicher Entscheidungen, mit denen eine Genehmigung erteilt wird. Dies ist zwar insgesamt wenig erhellend, da tautologisch[150], aber daraus ergibt sich zumindest, daß sich eine Genehmigung aus verschiedenen Entscheidungen zusammensetzen kann. Letzte Zweifel beseitigt die Begründung des Rates zum Gemeinsamen Standpunkt, wonach die Zahl der Beschlüsse, die zur integrierten Genehmigung führen, ebenso wie die Organisation der zuständigen Behörden den Mitgliedstaaten überlassen werden soll.[151] Die Richtlinie

[147] Vgl. EMMOTT/HAIGH, Journal of Environmental Law 1996, Vol 8 No 2, 301 (306); DEPARTMENT OF THE ENVIRONMENT, First Consultation Paper, S. 8.

[148] Vgl. Section 2.

[149] So beispielsweise die Vorschläge der OECD, OECD Council Recommendation C (90) 164 (FINAL), S. 23 und das System in England, wo für das Verfahren und die Erteilung der Genehmigung die *Environment Agency* als zentrale Umweltbehörde zuständig ist.

[150] Vgl. VOLKMANN, VerwArch Bd. 89 (1998), 363 (383).

[151] Begründung des Gemeinsamen Standpunkts des Rates, ABlEG 1996, Nr. C 87, S. 8 (23).

schreibt also keine zentrale Genehmigungsentscheidung vor.[152] Wenn sich aber eine Genehmigung aus mehreren Entscheidungen zusammensetzen kann, dann folgt daraus auch, daß diese Entscheidungen in verschiedenen Genehmigungsverfahren erteilt werden können.[153] Das oder die Genehmigungsverfahren und Auflagen und damit die Entscheidungen müssen allerdings *vollständig koordiniert* werden, um *ein wirksames integriertes Konzept [...] sicherzustellen,* Art. 7 IVU-RL, Erwägungsgrund Nr. 14 IVU-RL. Die Kommission hatte lediglich eine federführende Behörde vorgesehen.[154] Wie die Koordinierung auszusehen hat, überläßt die Richtlinie den Mitgliedstaaten. Schon aus der Verschärfung der Norm gegenüber dem Vorschlag der Kommission und der Verwendung des Adjektivs *vollständig* ergibt sich aber, daß mehr erforderlich ist, als die Benennung einer federführenden Behörde oder der bloßen Abstimmung der verschiedenen Behörden untereinander.[155] Sind mehrere Behörden zuständig, müssen die verschiedenen Genehmigungsverfahren eng miteinander verknüpft werden. Wie eng, daß ergibt sich aus dem Zweck der Norm und dem Ziel der Richtlinie. Gemäß Erwägungsgrund Nr. 14 IVU-RL soll die Koordinierung der Verfahren und Auflagen dazu beitragen, das höchstmögliche Schutzniveau für die Umwelt insgesamt zu erreichen und gemäß Art. 7 IVU-RL das integrierte Konzept sicherstellen. Das integrierte Konzept, worüber ein hohes Schutzniveau für die Umwelt insgesamt erreicht werden soll, erfordert, wie oben dargelegt, eine Berücksichtigung aller Auswirkungen auf die Umwelt und zielt auf die Ermittlung der besten Lösung für die Umwelt.[156] Insbesondere sollen gemäß Erwägungsgrund Nr. 7 IVU-RL durch den medienübergreifenden Ansatz Verlagerungseffekte vermieden werden. Um dies zu erreichen und die beste Lösung für die Umwelt in parallelen oder einander nachfolgenden Genehmigungsverfahren zu

---

152 Allgemeine Meinung: STAUPE, ZUR 2000, 368 (369); ERBGUTH/STOLLMANN, ZUR 2000 379 (381); KRINGS, S. 51; DOLDE, NVwZ 1997, 313 (317); DÜRKOP/KRACHT/WASIELEWSKI, UPR 1995, 425 (433); MARTINI, S. 267; KRÄMER, in: RENGELING, Integrierter Umweltschutz, S. 51 (69); im gleichen Band: SELLNER, S. 79 (83); SCHNABL, S. 1 (3); SCHMIDT-PREUß, NVwZ 2000, 252 (255); STEINBERG/KOEPFER verlangen die Schaffung einer einzigen für die Zulassung zuständigen Behörde sowie eines einheitlichen Verfahrens, DVBl. 1997, 973 (975).

153 Siehe vorige Fußnote.

154 Art. 6 des Vorschlags der Kommission, ABlEG 1993, Nr. C 311, S. 6 (8-9); Begründung der Kommission zum Vorschlag der IVU-Richtlinie vom 14.9.1993, KOM (93) 423 endg. v. 14.9.1993, S. 22.

155 Vgl. STEINBERG/KOEPFER, DVBl. 1997, 973 (975); SCHMIDT-PREUß, NVwZ 2000, 252 (256-258).

156 Begründung der Kommission zum Vorschlag der IVU-Richtlinie, KOM (93) 423 endg. v. 14.9.1993, S. 5.

ermitteln und durchzusetzen, müssen in jedem einzelnen Verfahren alle Auswirkungen auf die Umwelt berücksichtigt werden. Eine vollständige Koordination ist daher nur dann gegeben, wenn eine medienübergreifende Prüfung erfolgt.[157] Dem genügt es nicht, wenn verschiedene Verfahren Emissionen in einzelne Medien abdecken, aber nicht in jedem Verfahren die gesamten Emissionen in alle Medien einbezogen werden. Ebensowenig reicht die isolierte Prüfung der Voraussetzungen verschiedener medialer Gesetze durch eine zuständige Behörde. Da Art. 7 IVU-RL verlangt, daß die Genehmigungsauflagen koordiniert werden, müssen die Behörden auch die einzelnen Genehmigungsauflagen und Neben- und Inhaltsbestimmungen aufeinander abstimmen.[158] Das ist bei parallelen Verfahren möglich, wird aber schwierig, wenn die Verfahren zeitlich versetzt stattfinden. Obwohl die Richtlinie keine zentrale Behörde oder ein einziges Verfahren vorschreibt, zeigen die skizzierten Anforderungen des Art. 7 IVU-RL, daß es aus Effizienzgründen wenig sinnvoll erscheint, mehrere Genehmigungsverfahren beizubehalten.[159]

II. Die Vorhabengenehmigung nach dem BImSchG

1. Medienübergreifende Aspekte

a) Schädliche Umwelteinwirkungen

Wesentlich für den Prüfungsrahmen des BImSchG ist der Begriff der schädlichen Umwelteinwirkungen. Dies sind nach § 3 Abs. 1 BImSchG Immissionen, die geeignet sind, Gefahren, erhebliche Nachteile oder erhebliche Belästigungen für die Allgemeinheit oder die Nachbarschaft herbeizuführen. Unter Immissionen fallen aber nur Schadstoffeinträge in das Medium Luft, nicht erfaßt werden direkte Einträge durch Einleitungen in Gewässer oder Ablagerungen in den Boden (§ 3 Abs. 2 BImSchG). Allerdings dient das BImSchG ausweislich des § 1 BImSchG neben dem Schutz der Luft auch dem des Bodens und des Wassers. Diese Zweckbestimmung bestimmt wiederum die Auslegung der einzelnen Normen.[160]

---

157 Vgl. MARTINI, S. 268.

158 Vgl. MARTINI, S. 268.

159 Vgl. RAT VON SACHVERSTÄNDIGEN FÜR UMWELTFRAGEN, Umweltgutachten 1998, Nr. 263; UGB-KomE, Begründung vor §§ 80-114, S. 619; STEINBERG/KOEPFER, DVBl. 1997, 973 (975); das Für und Wider abwägend spricht sich SCHMIDT-PREUß angesichts der Zeitnot gegen eine Vollkonzentration aus, NVwZ 2000, 252 (254-255).

160 BVerfG, Urt. v. 6.5.1987, BVerfGE 75, 329 (344); JARASS, BImSchG, § 1 Rn. 1; GK-BImSchG-FÜHR, § 1 Rn. 22; FELDHAUS, BImSchG, § 1 Anm. 2.

Selbst wenn Normen die Schutzgüter Boden und Wasser nicht ausdrücklich erwähnen, so werden diese aufgrund der übergeordneten Zweckbestimmung dennoch berücksichtigt. Soweit einzelne Normen auf schädliche Umwelteinwirkungen abstellen, beschränkt sich der Schutz der Medien Boden und Wasser gemäß der Definition des § 3 Abs. 1 BImSchG aber auf die Einträge über den Luftpfad.[161] Folge der Zweckbestimmung des § 1 BImSchG und der Berücksichtigung des Wassers und des Bodens als Schutzgüter ist, daß der Weg, den die in die Luft emittierten Schadstoffe nehmen, verfolgt wird. Im Rahmen des Genehmigungsverfahrens wird untersucht, ob die Luftverunreinigungen, beispielsweise durch Niederschläge, später auf den Boden oder das Wasser einwirken. Dabei handelt es sich um *cross-media-pollution*. Schadstoffe bleiben selten für immer in einem Medium gebunden, sondern wandern im Regelfall von Medium zu Medium. Das BImSchG verfolgt insoweit einen medienübergreifenden Ansatz und berücksichtigt auch Verlagerungseffekte. Die IVU-Richtlinie zielt aber nicht allein auf diese *cross-media-effects*, sondern verlangt die Gleichstellung aller Belastungspfade. Daß die Stoffwanderungen der in die Luft emittierten Stoffe verfolgt werden und bei Vorsorgemaßnahmen gegen Luftverunreinigungen auch daraus resultierende Belastungen der anderen Medien Beachtung finden, reicht für die Umsetzung der IVU-Richtlinie nicht aus.[162]

Zum Teil wird bezogen auf § 3 Abs. 6 BImSchG und die Grundpflichten des § 5 Abs. 1 BImSchG vertreten, daß das deutsche Anlagenzulassungsrecht bereits medienübergreifend ausgestaltet und damit *integriert* im Sinne der IVU-Richtlinie sei.[163] Man müsse die Definition des Standes der Technik des § 3 Abs. 6 BImSchG im Licht des medienübergreifenden Schutzzwecks des § 1 BImSchG sehen. Den besten Techniken entspräche nur das dem wirksamsten angenäherte optimale, technisch vernünftige Verfahren unter Einschluß medienübergreifender Aspekte. Verlagerungseffekte zwischen den Medien fänden also bei der Ermittlung der fortschrittlichsten Verfahren Beachtung. Dies schließe Verfahren aus, die zwar Luftverunreinigungen optimal vermeiden, aber im Gegenzug zu

---

161 JARASS, BImSchG, § 1 Rn. 4, § 3 Rn. 4, 49 ff.; GK-BImSchG-FÜHR, § 1 Rn. 123-131, 137-142; siehe auch UGB-KomE, Begründung vor §§ 80-114, S. 611.

162 Vgl. DOLDE, NVwZ 1997, 313 (315, 316); KOCH, in: Jahrbuch für Umwelt- und Technikrecht, S. 31 (48); WAHL, NVwZ 2000, 502 (506); SCHMIDT-PREUß, NVwZ 2000, 252 (259); LANGE/KARTHAUS, S. 15 (20); SCHÄFER, UPR 1997, 444 (447); STAPELFELDT, S. 118.

163 REBENTISCH, NVwZ 1995, 949 (950-953); STEINBERG/KOEPFER, DVBl. 1997, 973 (975); bezogen auf den medienübergreifenden Ansatz der UVP-Richtlinie FELDHAUS, BImSchG, § 1 Anm. 2.

einer erheblichen Belastung des Bodens oder des Wassers, beispielsweise durch Sondermüll oder Abwässer, führten.[164]

Diese Auslegung des § 3 Abs. 6 BImSchG erscheint als sinnvoll, steht aber in Konflikt mit dem Wortlaut der Definition. Dem Stand der Technik entsprechen gemäß § 3 Abs. 6 S. 1 BImSchG nur solche Verfahren und Betriebsweisen, die praktisch geeignet erscheinen, die Begrenzung von Emissionen zu sichern. Der Begriff wird durch den Bezug auf die einseitige Definition der Emissionen in § 3 Abs. 3 BImSchG auf Einträge über den Luftpfad verengt.[165] Eine erweiternde Auslegung dieser Definition unter dem Hinweis auf die Zweckbestimmung des § 1 BImSchG, so daß auch die Verlagerungseffekte Beachtung finden[166], ist nicht nur angreifbar,[167] sondern genügt im übrigen auch nicht den Anforderungen der IVU-Richtlinie. Die verlangt eine gleichberechtigte Prüfung der Emissionen in alle Umweltmedien, also auch die der direkten Schadstoffeinträge in das Wasser und den Boden. Selbst wenn man daher § 3 Abs. 6 BImSchG so auslegt, daß durch die Schutzmaßnahmen verursachte Belastungsverlagerungen berücksichtigt würden, entspräche das noch nicht dem medienübergreifenden Ansatz der IVU-Richtlinie. Der verlangt generell die Prüfung der Emissionen in alle drei Umweltmedien.

Die Bundesregierung sieht im Zuge der Umsetzung der IVU-Richtlinie daher auch eine Neubestimmung der Definition des Standes der Technik vor. § 3 Abs. 6 BImSchG, § 7 a Abs. 5 WHG und § 12 Abs. 3 KrW-/AbfG werden durch die Neufassung einheitlich medienübergreifend ausgestaltet. Maßnahmen müssen nun nach allen drei Normen *zur Begrenzung von Emissionen in Luft, Wasser und Boden, zur Gewährleistung der Anlagensicherheit, insbesondere der Verhinderung von Störfällen und zur Begrenzung ihrer Auswirkungen, zur Gewährleistung einer umweltverträglichen Abfallent-*

---

164 FELDHAUS, DVBl. 1981, 165 (170); DERS., BImSchG, § 3 Anm. 19; GK-BImSchG-KOCH, § 3 Rn. 383; MARTINI, S. 215-216; REBENTISCH, NVwZ 1995, 949 (951-952); DÜRKOP/KRACHT/WASIELEWSKI, UPR 1995, 425 (429-430); KRACHT/WASIELEWSKI, § 35 Rn. 30; HANSMANN, ZfW 1999, 238 (240); DOLDE, NVwZ 1997, 313 (316); JARASS, BImSchG, § 3 Rn. 82; kritisch SENDLER, in: KOCH/LECHELT, S. 217 (219-220); LANGE/KARTHAUS, S. 15 (20); WAHL, NVwZ 2000, 502 (507).

165 DOLDE, NVwZ 1997, 313 (315, 316); KOCH, in: Jahrbuch für Umwelt- und Technikrecht, S. 31 (48); WAHL, NVwZ 2000, 502 (506); SCHMIDT-PREUß, NVwZ 2000, 252 (259); LANGE/KARTHAUS, S. 15 (20); SCHÄFER, UPR 1997, 444 (447); STAPELFELDT, S. 122; MARTINI, S. 220.

166 So z.B. FELDHAUS, BImSchG, § 3 Anm. 19; REBENTISCH, NVwZ 1995, 949 (951); HANSMANN, ZfW 1999, 238 (240); KRACHT/WASIELEWSKI, § 35 Rn. 30; MARTINI, S. 215-217.

167 SENDLER, in: KOCH/LECHELT, S. 217 (219-220); LANGE/KARTHAUS, S. 15 (20); WAHL, NVwZ 2000, 502 (507).

sorgung oder sonst zur Vermeidung oder Verminderung von Auswirkungen auf die Umwelt geeignet sein.

Damit werden, wie es Art. 2 Nr. 11 i.V.m. Art. 2 Nr. 5 IVU-RL verlangen, die Belastungspfade Wasser und Boden neben dem Luftpfad in die Definition aufgenommen. Der Stand der Technik bezieht sich gemäß der Definition nun ebenso wie die neu gefaßte Zielbestimmung des § 1 BImSchG auf Emissionen in Luft, Wasser und Boden. § 3 Abs. 1 BImSchG bleibt hingegen unverändert. Unter den Begriff der schädlichen Umwelteinwirkungen fallen danach Immissionen, die § 3 Abs. 2 BImSchG als Luftverunreinigungen definiert. Während der Gesetzeszweck und die Definition des Standes der Technik an die IVU-Richtlinie angepaßt und medienübergreifend gefaßt werden, bleiben die Definitionen des § 3 Abs. 1-3 BImSchG unverändert. Die Erweiterung der Zweckbestimmung verändert den Inhalt des Emissionsbegriffs des § 3 Abs. 3 BImSchG nicht. Die auf Einträge in die Luft beschränkte Definition gilt immer dann, wenn der Begriff Emission isoliert verwendet wird.[168] Daraus ergibt sich ein sprachlicher Widerspruch. Nach § 1 BImSchG dient das Gesetz nun der Vermeidung und Verminderung schädlicher Umwelteinwirkungen durch Emissionen in Luft, Wasser und Boden, obwohl § 3 Abs. 3 BImSchG Emissionen als Luftverunreinigungen definiert. Die Behörde muß gemäß der Zielbestimmung und dem Begriff des Standes der Technik medienübergreifend prüfen, die einzelnen Genehmigungsvoraussetzungen beziehen sich aber über den Begriff der schädlichen Umwelteinwirkungen allein auf Luftverunreinigungen. Anstatt die Definition der schädlichen Umwelteinwirkungen neu zu fassen und auf alle Medien zu erweitern, muß nun für jede Norm wiederum klargestellt werden, daß sie auch Emissionen in Wasser und Boden erfaßt. Vorzuziehen wäre es, die Definitionen des § 3 Abs. 2 und 3 BImSchG entsprechend auszudehnen.[169]

b) Der medienübergreifende Ansatz der Grundpflichten

Soweit die Pflichten des § 5 Abs. 1 BImSchG sich auf den Begriff der schädlichen Umwelteinwirkungen beziehen, stellt sich grundsätzlich dasselbe Problem wie bei der alten Fassung des § 3 Abs. 6 BImSchG.

---

168 Begründung des Gesetzentwurfes der Bundesregierung zu Art. 2 (Änderung des BImSchG) Nr. 2, S. 117.

169 BEYER, UPR 2000, 434 (434); GAßNER, Stellungnahme zum Gesetzentwurf der Bundesregierung, Drs. 14/458 des Ausschusses für Umwelt, Naturschutz und Reaktorsicherheit, Teil 1, S. 10; am selben Ort: SCHMIDT, S. 54 und SCHMIDT-PREUß, Teil 2, S. 13; vgl. auch DERS., NVwZ 2000, 252 (259); WAHL, NVwZ 2000, 502 (506).

Teilweise muß das Urteil aber differenzierter ausfallen. So wird die Schutzpflicht des § 5 Abs. 1 Nr. 1 BImSchG dahin ausgelegt, daß unter sonstige Gefahren alle Gefahren fallen, unabhängig davon, in welchem Medium sie sich realisieren.[170] Für den Schutz des Bodens hat diese Auslegung ihre Bestätigung in der Definition des § 3 Abs. 3 BBodSchG gefunden, wonach direkte Schadstoffeinträge in den Boden unter sonstige Gefahren, erhebliche Nachteile und erhebliche Belästigungen zu subsumieren sind.[171] Im Hinblick auf das Schutzziel des § 1 BImSchG bestehen keine Bedenken, den Begriff der sonstigen Gefahren so auszulegen, daß darunter auch Einträge in das Wasser und den Boden fallen. Insofern ist die Schutzpflicht medienübergreifend.[172] Man kann allerdings fragen, ob die Medien gleichberechtigt nebeneinander stehen, wenn der Wortlaut die Belastungen der Luft in den Vordergrund stellt und die anderen Medien lediglich über den Begriff der sonstigen Gefahren schützt.[173] Allein die sprachliche Diskriminierung steht der gleichberechtigten Berücksichtigung aller Medien aber nicht entgegen, da sie eine Abstufung nicht enthält. Voraussetzung ist, daß generell klargestellt wird, daß es nicht primär um die Verhinderung von schädlichen Umwelteinwirkungen also Luftverschmutzungen geht, sondern das BImSchG auf die Vermeidung von Gefahren unabhängig vom jeweiligen Belastungspfad zielt. Insofern gelten hier die Ausführungen zur Zweck- und Zielbestimmung entsprechend. Es wäre jedoch vorzuziehen gewesen, wenn klarstellend auch Wasser und Boden genannt würden. Wenn diese sowieso als Belastungspfade berücksichtigt werden, hätte das an dem Gehalt der Norm nichts geändert, aber eine eventuell notwendig werdende Argumentation vor dem EuGH vereinfacht.

Im Gegensatz zur Schutzpflicht bezieht sich die Vorsorgepflicht des § 5 Abs. 1 Nr. 2 BImSchG bisher allein auf die schädlichen Umwelteinwirkungen und verlangt insbesondere Vorsorgemaßnahmen nach dem Stand der Technik. Damit privilegiert die Norm einseitig das Medium Luft, so daß eine medienübergreifende Vorsorge, wie sie die IVU-Richtlinie verlangt, über § 5 Abs. 1 Nr. 2 BImSchG bisher nicht gewährleistet ist.[174]

---

170 JARASS, BImSchG, § 5 Rn. 35; Landmann/Rohmer-KUTSCHEID, § 5 Rn. 41, 68-69, 90; SCHULZ, S. 206; SCHREIBER, S. 132; REBENTISCH, NVwZ 1995, 949 (951).

171 JARASS, BImSchG, § 5 Rn. 40; Landmann/Rohmer-KUTSCHEID, § 5 Rn. 68, 69.

172 SCHULZ, S. 206; SCHREIBER, S. 132; REBENTISCH, NVwZ 1995, 949 (951).

173 Daher hält SCHÄFER die Norm für nicht richtlinienkonform, UPR 1997, 444 (447); so auch DOLDE, NVwZ 1997, 313 (315).

174 So auch STAPELFELDT, S. 118; bezogen auf die UVP-Richtlinie: HOPPE/PÜCHEL, DVBl. 1988, 1 (7).

Der Gesetzentwurf der Bundesregierung sieht vor, § 5 Abs. 1 Nr. 2 BImSchG um die Pflicht zur Vorsorge vor sonstigen Gefahren, erheblichen Nachteilen und erheblichen Belästigungen zu ergänzen und so der Schutzpflicht des § 5 Abs. 1 Nr. 1 BImSchG anzupassen.[175] Damit wird erreicht, daß die Norm im gleichen Maße wie die Schutzpflicht medienübergreifend ausgelegt werden kann. Im Falle der Vorsorgepflicht kann diese Auslegung zwar nicht auf § 3 Abs. 3 BBodSchG gestützt werden, da dieser nur die Gefahrenabwehrpflicht des § 5 Abs. 1 Nr. 1 BImSchG betrifft. Der übereinstimmende Wortlaut der Normen, läßt aber wohl kaum eine andere Auslegung zu. § 5 Abs. 1 Nr. 2 BImSchG ermöglicht damit auch Vorsorgemaßnahmen gegen direkte Einträge in Wasser und Boden. Dies entspricht im Ergebnis den Anforderungen der IVU-Richtlinie.[176] Es wäre jedoch anzustreben gewesen, die medienübergreifende Ausgestaltung der Grundpflichten deutlicher zu machen und alle Belastungspfade ausdrücklich zu nennen. Ob die medienübergreifende Auslegung des Begriffs der sonstigen Gefahren den Maßstäben des EuGH an eine klare Umsetzung entspricht, erscheint zweifelhaft.[177]

Weitere medienübergreifende Aspekte enthält die Abfallvermeidungspflicht des § 5 Abs. 1 Nr. 3 BImSchG, die nicht primär dem Schutz vor Immissionen, sondern der Ressourcenschonung und der Verminderung der Gefährlichkeit von Abfällen dient.[178] Dabei fallen unter Abfall auch Abwässer.[179] Im Verhältnis zum Wasserrecht insbesondere § 7a WHG reicht die Kompetenz der Immissionsschutzbehörde soweit, wie es sich um anlageninterne Maßnahmen der Verwertung oder Vermeidung flüssiger Reststoffe handelt.[180] Abfälle sind gemäß § 5 Abs. 1 Nr. 3 BImSchG zu vermeiden. Die Verwertung von Abfällen muß ordnungsgemäß und schadlos erfolgen. Das ist entsprechend § 5 Abs. 3 S. 2 – 3 KrW-/AbfG der Fall, wenn die Verwertung den gesetzlichen Vorschriften entspricht

---

175 Damit wird die Pflicht zur Unfallvorsorge des Art. 3 S. 1 lit. e IVU-RL umgesetzt, vgl. Begründung des Gesetzentwurfes der Bundesregierung zu Art. 2 (Änderung des BImSchG) Nr. 5 a) bb), S. 117.

176 ERBGUTH/STOLLMANN, ZUR 2000, 379 (383); WASIELEWSKI, ZUR 2000, 373 (376); kritisch auch WAHL, ZUR 2000, 360 (363).

177 WASIELEWSKI, ZUR 2000, 373 (376); KRACHT/WASIELEWSKI, § 35 Rn. 54. Vgl. zu den Anforderungen an eine klare Umsetzung: EuGH, Urt. v. 30.5.1991, Slg. 1991, I-2567 (2602); Urt. v. 23.5.1985, Slg. 1985, 1661

178 JARASS, BImSchG, § 5 Rn. 70; HANSMANN, ZfW 1999, 238 (240).

179 Vgl. JARASS, BImSchG, § 5 Rn. 84; HANSMANN, ZfW 1999, 238 (240); zur alten Fassung: FLUCK, NVwZ 1992, 114 (121).

180 Vgl. FLUCK, NVwZ 1992, 114 (121); die Einzelheiten sind umstritten, vgl. zum Streitstand: GRIEM, S. 118-138. Soweit es sich um externe Maßnahmen handelt, sind die wasserrechtlichen Vorschriften *leges specialis*, vgl. Landmann/Rohmer-KUTSCHEID, § 2 Rn. 15.

und nicht das Wohl der Allgemeinheit beeinträchtigt.[181] Das gilt auch für die Beseitigung. In die Beurteilung fließen alle Auswirkungen auf die Umwelt also auch Folgen für den Boden oder das Wasser ein.[182] Im Bereich der Pflicht zur Abfallvermeidung besteht hinsichtlich des gleichberechtigten Schutzes aller Medien daher kein Umsetzungsbedarf. § 5 Abs.1 Nr. 3 BImSchG deckt aber nicht den gesamten Vorsorgebereich ab, da die Norm auf Belastungen durch Abfälle beschränkt ist.

c) § 6 Abs. 1 Nr. 2 BImSchG

Über die im BImSchG normierten Genehmigungsvoraussetzungen hinaus prüft die Genehmigungsbehörde gemäß § 6 Abs. 1 Nr. 2 BImSchG, ob der Errichtung und dem Betrieb der Anlage andere öffentlichrechtliche Vorschriften entgegenstehen. Die Vorschrift bezieht damit alle anlagebezogenen[183] öffentlich-rechtlichen Normen in das Genehmigungsverfahren nach dem BImSchG ein. Insbesondere sind dabei Vorschriften des Wasser- und Bodenschutzrechts, des Naturschutzrechts aber beispielsweise auch des Atomrechts zu beachten.[184] Der Anwendungsbereich des § 6 Abs. 1 Nr. 2 BImSchG überschneidet sich mit dem des § 13 BImSchG. Soweit sich die Konzentrationswirkung der immissionsschutzrechtlichen Genehmigung gemäß § 13 BImSchG erstreckt, prüft die Behörde die den verdrängten Entscheidungen zugrunde liegenden Normen gemäß § 6 Abs. 1 Nr. 2 BImSchG voll durch.[185] Darüber hinaus inkorporiert § 6 Abs. 1 Nr. 2 BImSchG anlagebezogene Normen, auf die sich die Konzentrationswirkung des § 13 BImSchG nicht erstreckt.[186] Da § 6 Abs. 1 Nr. 2 BImSchG den Prüfungsrahmen der Immissionsschutzbehörde auf alle anderen anlagebezogenen Normen erweitert, liegt es nahe, in bezug auf die IVU-Richtlinie anzunehmen, daß über diese Berücksichtigung ein medienübergreifender Ansatz gewährleistet wird. Voraussetzung ist, daß die jeweiligen Fachgesetze den Anforderungen der IVU-Richtlinie genügen.

---

181 JARASS, BImSchG, § 5 Rn. 88-89; GRIEM, S. 167-168; Kunig/Paetow/Versteyl-KUNIG, § 5 Rn. 27-28.

182 HANSMANN, ZfW 1999, 238 (241).

183 Feldhaus-REBENTISCH, BImSchG, § 13 Rn. 77; HANSMANN, ZfW 1999, 238 (241).

184 Vgl. nur JARASS, BImSchG, § 6 Rn. 12-24.

185 JARASS, BImSchG, § 13 Rn. 17; Feldhaus-REBENTISCH, BImSchG, § 13 Rn. 26. Ob § 13 BImSchG die anderen Entscheidungen verdrängt, so FLUCK, NVwZ 1992, 114 (116) oder diese miterteilt werden, so HANSMANN, ZfW 1999, 238 (242), ist umstritten, im Ergebnis aber ohne Bedeutung.

186 Feldhaus-REBENTISCH, BImSchG, § 13 Rn. 17; ERBGUTH/SCHINK, § 12 Rn. 104.

Hinsichtlich der Vorsorge für die Einleitung von Stoffen in das Wasser ist § 7a WHG einschlägig.[187] Gemäß § 7a Abs. 1 WHG ist eine Erlaubnis für das Einleiten von Abwasser nur zu erteilen, wenn die Schadstoffracht mittels eines dem Stand der Technik entsprechenden Verfahrens möglichst gering gehalten wird, um potentiell mögliche Schädigungen und Gefährdungen der Gewässer zu verringern. Damit ist § 7a WHG eine normative Ausprägung des Vorsorgegebots.[188]

Mit der Verabschiedung des Bundes-Bodenschutzgesetz[189] besteht gemäß § 7 BBodSchG eine Pflicht zur Vorsorge vor dem Entstehen schädlicher Bodenveränderungen. Der Eigentümer, der Inhaber der tatsächlichen Gewalt und derjenige, der das Grundstück nutzt oder nutzen läßt, ist, sofern die Möglichkeit von Veränderung der Bodenbeschaffenheit bestehen, verpflichtet, verhältnismäßige Maßnahmen gegen das Entstehen schädlicher Bodenveränderungen zu treffen. Damit trifft den Anlagenbetreiber nach den gemäß § 6 Abs. 1 Nr. 2 BImSchG zu prüfenden Fachgesetzen die Pflicht zur Vorsorge vor direkten Schadstoffeinträgen in das Wasser und den Boden. Die Anforderungen in den einzelnen Fachgesetzen genügen den Anforderungen der IVU-Richtlinie. Erforderlich ist allerdings, zumindest soweit es um die Prüfung des § 7a WHG geht, daß im Verfahren gemäß § 6 Abs. 1 Nr. 2 BImSchG eine hinreichende Prüfungstiefe erreicht wird. Sehen andere Gesetze eine Genehmigungsbedürftigkeit oder Erlaubnispflicht vor, die nicht von der Konzentrationswirkung des § 13 BImSchG erfaßt wird, so wird gemäß § 6 Abs. 1 Nr. 2 BImSchG von der Immissionsschutzbehörde die grundsätzliche Genehmigungsfähigkeit nach diesem Gesetz geprüft, nicht aber Einzelheiten wie das Erfordernis von bestimmten Auflagen oder Nebenbestimmungen.[190] Die Behörde darf gemäß § 12 Abs. 1 BImSchG die Genehmigung mit Bedingungen versehen und mit Auflagen verbinden, soweit diese notwendig sind, um die Erfüllung der Genehmigungsanforderungen des § 6 Abs. 1 Nr. 1 und 2 BImSchG sicherzustellen.[191] Das geht aber nur soweit, wie diese Auflagen zwingend erforderlich sind, um die grundsätzliche Genehmigungsfähigkeit herzustellen. Einzelheiten bleiben dem wasserrechtlichen Verfahren überlassen. Die Prüfung der wasserrechtlichen Vorsorgeanforderungen über § 6 Abs. 1 Nr. 2

---

187 Vgl. Sieder/Zeitler/Dahme- DAHME, § 7 a Rn. 3.

188 Sieder/Zeitler/Dahme-DAHME, § 7 a Rn. 3.

189 Bundes-Bodenschutzgesetz - BBodSchG vom 17.3.1998, BGBl. I, 502; dazu: *Vierhaus*, NJW 1998, 1262-1269.

190 Vgl. SCHÄFER, UPR 1997, 444 (447); FLUCK, NVwZ 1992, 114 (120), Feldhaus-REBENTISCH, BImSchG, § 13 Rn. 19.

191 Feldhaus-VALLENDAR, BImSchG, § 12 Anm. 6; JARASS, BImSchG, § 12 Rn. 6 ff.

BImSchG erfüllt bisher nicht die Anforderungen an eine medienübergreifende Prüfung.[192]

Es fehlt auch an der notwendigen medienübergreifenden Verklammerung der verschiedenen Fachgesetze. Die nach § 6 Abs. 1 Nr. 2 BImSchG zu prüfenden Gesetze haben medialen Charakter wie die wasserrechtlichen Vorschriften (§§ 1, 1a WHG) und das BBodSchG (§ 1 BBodSchG)[193], so daß es bei fachspezifisch, medial ausgerichteten Beurteilungen bleibt, die eine integrierte Prüfung unter Einschluß der Wechselwirkungen nicht gewährleisten.[194] Eine medienübergreifende Prüfung, wie sie die IVU-Richtlinie verlangt, erfordert die parallele Prüfung der Auswirkungen auf die Umwelt insgesamt und die Beurteilung der vorgesehenen Auflagen und Schutzmaßnahmen vor dem Hintergrund der Belastung aller Medien. Eine Abschichtung derart, daß erst die Anforderungen des BImSchG und anschließend die der anderen nach § 6 Abs. 1 Nr. 2 BImSchG zu beachtenden Gesetze geprüft werden, entspricht diesem Ansatz gerade nicht. Solange die einzelnen Fachgesetze nicht die Möglichkeit eröffnen, über den medialen Schutzbereich hinaus alle Umweltauswirkungen zu prüfen, genügt ihre Einbeziehung über § 6 Abs. 1 Nr. 2 BImSchG der IVU-Richtlinie nicht.

Dies hat auch die Bundesregierung gesehen. § 1a Abs. 1 WHG soll um einen Satz 2 ergänzt werden, der die Berücksichtigung von Verlagerungen und die Gewährleistung eines hohen Schutzniveaus für die Umwelt insgesamt vorschreibt. Damit wird das integrierte Konzept der IVU-Richtlinie zu einem unmittelbar geltenden wasserrechtlichen Grundsatz für den Schutz und die Bewirtschaftung der Gewässer.[195] Die Definition des Standes der Technik in § 7a WHG wird an die des § 3 Abs. 6 BImSchG angepaßt und medienübergreifend ausgestaltet, so daß der Begriff der besten verfügbaren Techniken in § 7a Abs. 5 WHG entfällt.[196] Die Pflicht zur Vorsorge des § 7a WHG erhält damit einen, den Anforderungen der IVU-Richtlinie entsprechenden, medienübergreifenden Cha-

---

192 A.A. MARTINI, S. 209; HANSMANN, ZfW 1999, 238 (241, 247).

193 Vgl. DOLDE, NVwZ 1997, 313 (316); DÜRKOP/KRACHT/WASIELEWSKI, UPR 1995, 425 (431).

194 DOLDE, NVwZ 1997, 313 (317); RAT VON SACHVERSTÄNDIGEN FÜR UMWELTFRAGEN, Umweltgutachten 1998, Nr. 262; KOCH, in: Jahrbuch für Umwelt- und Technikrecht, S. 31 (47); zur UVP-Richtlinie HOPPE/PÜCHEL, DVBl. 1988, 1 (8); ERBGUTH/SCHINK, § 12 Rn. 103-106; Begründung des Gesetzentwurfes der Bundesregierung, A. III. 1. a) bb) (2) (b), S. 62-63

195 Begründung zu Art. 7 Nr. 1 des Gesetzentwurfes der Bundesregierung, BT-Drs. 14/4599, S. 144.

196 Der ursprünglich im Hinblick auf die Umsetzung der IVU-Richtlinie eingefügt worden war, DAHME, in: Sieder/Zeitler/Dahme, § 7 a Rn. 2, 35.

rakter. Eine entsprechende Änderung des BBodSchG erübrigt sich, da es nur soweit anwendbar ist, wie das BImSchG Einwirkungen auf den Boden nicht regelt, § 3 Abs. 1 Nr. 11 BBodSchG. Mit der vorgesehenen Änderung des § 5 Abs. 1 Nr. 2 BImSchG sieht das BImSchG selber Vorsorgeanforderungen für den Boden vor. Auf das BBodSchG muß in diesem Falle nicht mehr zurückgegriffen werden. Durch die vorgesehene Änderung des § 5 Abs. 1 Nr. 2 BImSchG könnte auf die gleiche Weise auch die Bedeutung des wasserrechtlichen Erlaubnis- und Bewilligungsverfahrens für die Umsetzung der IVU-Richtlinie entfallen. Die Ausweitung der Pflicht des § 5 Abs. 1 Nr. 2 BImSchG auf die Vorsorge vor sonstigen Gefahren bedeutet, daß auch über das BImSchG Vorsorgemaßnahmen hinsichtlich des Wassers getroffen werden dürfen. Bezogen auf die Einleitung und Aufbereitung von Abwasser ist dies schon über § 5 Abs. 1 Nr. 3 BImSchG möglich. Bislang bestehen aber hinsichtlich des Vorsorgegebots der IVU-Richtlinie noch Lücken. So erfaßt § 5 Abs. 1 Nr. 3 BImSchG nur die Einleitung von Stoffen und auch dann nur, wenn es sich um die Einleitung von Abwässern in Gestalt von Abfall handelt. Über § 5 Abs. 1 Nr. 2 BImSchG sind nun beispielsweise auch Vorsorgemaßnahmen gegen die Erwärmung von Gewässern durch Emissionen möglich. Die Kompetenz nach dem BImSchG reicht aber nur soweit, wie nicht der Bereich des WHG betroffen ist.[197] Die Erweiterung des § 5 Abs. 1 Nr. 2 BImSchG entbindet damit nicht von der notwendigen Koordination mit dem wasserrechtlichen Verfahren. Ansonsten genügen die im BImSchG normierten Schutz- und Vorsorgepflichten vom Prüfungsumfang her dem medienübergreifenden Konzept der IVU-Richtlinie.

2. Das Genehmigungsverfahren

Gemäß § 13 BImSchG schließt die Genehmigung nach dem BImSchG bis auf wenige Ausnahmen andere behördliche Entscheidungen ein, soweit sie die Anlage betreffen, insbesondere die Baugenehmigung, gewerberechtliche Erlaubnisse, die anlagebezogenen wasserrechtlichen Genehmigungen sowie Erlaubnisse und Ausnahmen des Natur- und Denkmalschutzrechts. § 13 BImSchG führt damit zu einer formellen Zuständigkeits- und Entscheidungskonzentration bei der nach dem BImSchG zuständigen Behörde.[198] Die materiellen Vorschriften der jeweiligen Gesetze werden nicht obsolet oder abgeschwächt, sondern über § 6 Abs. 1 Nr. 2 BImSchG in das Verfahren nach dem BImSchG integriert und voll

---

197 Vgl. HANSMANN, ZfW 1999, 238 (240); Landmann/Rohmer-KUTSCHEID, § 2 Rn. 15; zur alten Fassung: FLUCK, NVwZ 1992, 114 (121).

198 Feldhaus-REBENTISCH, BImSchG, § 13 Rn. 20; ERBGUTH/SCHINK, § 12 Rn. 104; FLUCK, NVwZ 1992, 114 (116); JARASS, BImSchG, § 13 Rn. 1, 4.

geprüft.[199] Die Norm dient demnach auch der Koordination der Verfahren und entspricht damit dem integrierten Ansatz der IVU-Richtlinie. Soweit also Entscheidungen von § 13 BImSchG verdrängt werden, genügt diese Prüfung auch der IVU-Richtlinie, sofern diese medienübergreifend ist und die Wechselwirkungen einschließt.

Entgegen der ursprünglichen Pläne[200] will die Bundesregierung die Konzentrationswirkung des § 13 BImSchG mit dem Artikelgesetz nun doch nicht auf die bergrechtlichen Betriebspläne und Zustimmungen ausweiten. Es bleibt ebenso bei ihrem Ausschluß wie bei dem der wasserrechtlichen Erlaubnisse und Bewilligungen. Das hängt mit dem mehr nutzungs- und weniger anlagebezogenen Charakter der wasserrechtlichen Bestimmungen zusammen.[201] Als Zulassungsverfahren, das dem Koordinierungsgebot unterliegt, kommen damit in der Regel die wasserrechtlichen Verfahren gemäß §§ 7, 7a, 8 WHG in Betracht. Denkbar sind zwei Konstellationen: Entweder beide Verfahren überschneiden sich zeitlich oder das wasserrechtliche Verfahren folgt nach. Im ersten Fall ist die nach Art. 7 IVU-RL erforderliche Koordination relativ einfach zu erreichen, indem sich die Behörden bei beiden Verfahren gegenseitig konsultieren und einbinden. Grundlage bildet dafür der nach dem Artikelgesetz vorgesehene § 10 Abs. 5 S. 2 BImSchG, der der nach dem BImSchG zuständigen Genehmigungsbehörde die Pflicht auferlegt, für die vollständige Koordinierung der Verfahren zu sorgen. Das Gesetz wiederholt damit die sich aus der IVU-Richtlinie ergebende Pflicht. An einer Konkretisierung, fehlt es bisher.[202] Hier soll nur auf die sich aus dem integrierten Konzept ergebenden grundsätzlichen Anforderungen eingegangen werden.

Folgt das wasserrechtliche Verfahren nach, muß die Wasserbehörde am Verfahren nach dem BImSchG gemäß § 10 Abs. 5 BImSchG so beteiligt werden, daß die Immissionsschutzbehörde die Auflagen schon mit den weiteren wasserrechtlichen Auflagen abstimmt. Umgekehrt könnte dann auch eine entsprechende Beteiligung der nach dem BImSchG zuständigen Behörde im Rahmen des wasserrechtlichen Erlaubnisverfahrens notwendig sein. Dagegen könnte man einwenden, daß eine vollständige Koordination der Auflagen schon im immissionsschutzrechtlichen Verfahren erfolgt sei. Dieses Argument reicht indes nicht aus, da das Ergeb-

---

199 JARASS, BImSchG, § 13 Rn. 17; Feldhaus-REBENTISCH, BImSchG, § 13 Rn. 26; FLUCK, NVwZ 1992, 114 (116).

200 So die Entwürfe zum Artikelgesetz Stand 31.1.2000 und 30.6.2000.

201 Vgl. HANSMANN, ZfW 1999, 238 (242); Feldhaus-REBENTISCH, BImSchG, § 13 Rn. 77.

202 Vgl. STAUPE, ZUR 2000, 368 (371-372); SCHMIDT-PREUß, NVwZ 2000, 252 (256-258); WAHL, ZUR 2000, 360 (366-367).

nis des wasserrechtlichen Erlaubnisverfahrens, das heißt die Ausgestaltung etwaiger Auflagen und Nebenbestimmungen nicht im Verfahren nach dem BImSchG festgelegt wird. Unter diesen Umständen wäre ein weiteres Verfahren auch überflüssig. An einem nachfolgenden wasserrechtlichen Verfahren ist die Immissionsschutzbehörde daher zu beteiligen.[203] Soweit verschiedene Verfahren der Öffentlichkeitsbeteiligung vorgesehen sind, müssen diese medienübergreifend sein. Der Bürger muß sich in jedem Verfahren zu allen Umweltaspekten äußern können und die Behörde müssen diese einbeziehen.[204] Das ist mit den vorgesehenen Änderungen der §§ 1, 3 Abs. 6 BImSchG und der §§ 1a Abs. 1, 7a Abs. 5 WHG gewährleistet, da Auswirkungen auf die Umwelt insgesamt geprüft werden und daraus folgt, daß in den jeweiligen Beteiligungsverfahren auch in diesem Umfang Einwendungen berücksichtigt werden müssen. Sinnvoll wäre allerdings ein zentrales Verfahren der Öffentlichkeitsbeteiligung. Da nach der neuen Rechtslage das Verfahren nach dem BImSchG den Charakter eines umfassenden Zulassungsverfahren für die Errichtung und den Betrieb von Anlagen hat und dieses Verfahren dem integrierten Ansatz der IVU-Richtlinie genügt, sofern eine Verknüpfung mit dem wasserrechtlichen Erlaubnisverfahren erfolgt, erhält die Immissionsschutzbehörde die Rolle einer zentralen das Verfahren leitenden Behörde. Andere Behörden geben gemäß § 10 Abs. 5 BImSchG im Rahmen des Verfahrens eine Stellungnahme ab, soweit ihr Fachbereich betroffen ist. An diese Stellungnahmen ist die Immissionsschutzbehörde aber nicht gebunden.[205] Faktisch nimmt sie im Bereich der Anlagenzulassung damit die Stellung einer fachübergreifenden zentralen Umweltbehörde ein.

Um das Beschleunigungs- und Vereinfachungspotential des integrierten Ansatzes zu verwirklichen, erscheint es als rechtspolitisch sinnvoll, die verschiedenen Fachbehörden unter einem Dach zu vereinigen, um eine medienübergreifende Beurteilung zu ermöglichen.[206] Diesen Weg gehen Nordrhein-Westfalen und Schleswig-Holstein bei der Neuorganisation der Umweltbehörden. Wegweisend ist das sog. *Hertener Modell*: Jeder Mitarbeiter wird medienübergreifend geschult, um das jeweilige Projekt

---

203 KRACHT/WASIELEWSKI, § 35 Rn. 78.

204 Vgl. MARTINI, S. 269-270; KRACHT/WASIELEWSKI, § 35 Rn. 78.

205 JARASS, BImSchG, § 10 Rn. 46; Feldhaus-CZAJKA, BImSchG, § 10 Rn. 52.

206 Vgl. DI FABIO, NVwZ 1998, 329 (334); SCHMIDT-PREUß, NVwZ 2000, 252 (254-256); UGB-KomE, vor §§ 80-114, S. 619. Dies entspricht auch einem Vorschlag der Schlichter-Kommission, BMWI, Bericht der Unabhängigen Expertenkommission zur Vereinfachung und Beschleunigung von Planungs- und Genehmigungsverfahren (Schlichter-Gutachten), Rn. 1100-1111; zur Organisation der Umweltverwaltung LÜBBE-WOLFF, in: Vollzug, S. 77 (93); kritisch zur Verwaltungsstrukturreform in NRW: DIES, NWVBl. 1994, 211 (212).

insgesamt eigenverantwortlich bearbeiten zu können.[207] Dieser Weg erscheint effizienter als eine Koordinierung der Verfahren und die Einholung der Stellungnahmen der verschiedenen Fachbehörden. Bei einer bloßen Koordinierung kommt es zu Reibungsverlusten, die die mögliche Vereinfachung für den Vorhabenträger zunichte machen.[208] Zudem widerspräche dies auch dem integrierten Konzept (insofern ist die IVU-Richtlinie inkonsequent), da die Probleme des medienspezifischen Ansatzes gerade auch in der medial und sektoral strukturierten Verwaltung wurzeln.[209]

III. Die Vorhabengenehmigung nach dem UGB-KomE

Die Sachverständigenkommission schlägt die Normierung einer einheitlichen und medienübergreifenden Genehmigung vor, § 80 UGB-KomE.

1. Der medienübergreifende Charakter der Genehmigung

Sie hat sich dafür entschieden, nicht den Begriff der schädlichen Umwelteinwirkungen des BImSchG oder den der Umweltverschmutzungen der IVU-Richtlinie zu übernehmen, sondern direkt auf Emissionen bzw. Immissionen abzustellen.

§ 2 Nr. 6 UGB-KomE faßt unter Emissionen alle *in die Umwelt austretenden Stoffe, insbesondere solche, die zu Verunreinigungen des Bodens und des Wassers sowie zu Luftverunreinigungen führen können, und andere Erscheinungen wie Geräusche, Erschütterungen, Licht, Wärme und Strahlen am Ort ihres Austritts oder ihrer Verursachung.*

Unter den Emissionsbegriff des UGB-KomE fallen damit auch direkt in den Boden oder das Wasser austretende Stoffe und Erscheinungen. Im Vergleich zu § 3 Abs. 3 BImSchG erfährt der Emissionsbegriff eine grundlegende Erweiterung. Schadstoffeinträge in den Boden und das Wasser werden dem Luftpfad gleichgestellt. Dies betont noch einmal § 83 Abs. 2 S. 1 UGB-KomE, wonach bei Genehmigungserteilung alle Belastungspfade zu berücksichtigen sind.[210] Die Definition des § 2 Nr. 6 UGB-KomE erfaßt zudem auch *nicht* von Anlagen ausgehende Emissionen. Dies ist im Hinblick auf die nur die Anlagengenehmigung betref-

---

207 FEHRMANN/WASIELEWSKI, ZUR 1998, 232 (233).

208 Vgl. SCHMIDT-PREUß, NVwZ 2000, 252 (255).

209 Vgl. THE CONSERVATION FOUNDATION, S. 39-43; zu den Problemen mit der federführenden Behörde nach dem UVPG ERBGUTH/SCHINK, § 14 Rn. 13-14.

210 Zur integrierten Vorhabengenehmigung nach dem UGB-KomE: SENDLER, NVwZ 1996, 1145 (1149); DERS., NJ 1997, 506 (511).

fende IVU-Richtlinie irrelevant. Die Genehmigung nach dem UGB-KomE ist damit medienübergreifend ausgestaltet und entspricht den Anforderungen der IVU-Richtlinie.

2. Das Genehmigungsverfahren

Die Sachverständigenkommission ist über die Anforderungen der IVU-Richtlinie hinausgegangen. Die Länder werden über die Anforderungen des UGB-KomE dazu gezwungen, fachübergreifende Behörden zu schaffen, die die Zuständigkeiten im Umweltbereich in einer Hand bündeln.[211] Eine Behörde entscheidet über die umweltrechtliche Zulässigkeit des Vorhabens und erläßt eine einheitliche Genehmigung. Weitere behördliche Entscheidungen sind im Außenverhältnis nicht erforderlich.[212] Die Behörden müssen daher fachlich in der Lage sein, alle Umweltentscheidungen treffen zu können. Parallele Verfahren wie das wasserrechtliche entfallen ebenso wie die Konzentrationswirkung der immissionsschutzrechtlichen Genehmigung. Für den Rechtsanwender und den Antragsteller führt dies zu einer wesentlichen Vereinfachung, da er sich nur noch an eine Behörde wenden muß, die das Vorhaben insgesamt beurteilt.[213] Für die Verwaltung bedeutet dies eine Konzentration der verschiedenen Fachbehörden.

C. Die Ermittlung der besten Lösung für die Umwelt

Die Richtlinie verlangt die Durchsetzung der besten praktikablen Lösung für die Umwelt. Die Anlagenkonzeption soll die beste Umweltoption darstellen.[214] Diese basiert auf den besten verfügbaren Techniken, von denen die Emissionsgrenzwerte abzuleiten sind, Art. 9 Abs. 4, 3 S. 1 lit. a IVU-RL.

Damit stellt sich die Frage, welche Umweltaspekte in den Begriff der besten verfügbaren Techniken der IVU-Richtlinie[215] und des Standes der Technik nach dem BImSchG und des UGB-KomE einfließen.

---

211 Vgl. UGB-KomE, Begründung zu § 53, S. 555-556.

212 SENDLER, NJ 1997, 506 (511).

213 Vgl. PETERS, ZUR 1998, 295 (299).

214 Begründung der Kommission zum Vorschlag der IVU-Richtlinie, KOM (93) 423 endg. v. 14.9.1993, S. 5.

215 Über den Begriff der Verfügbarkeit spielen auch wirtschaftliche Aspekte bei der Bestimmung der den besten Techniken entsprechenden Verfahren eine entscheidende Rolle. Die Verfügbarkeit der Techniken schränkt die alleinige Relevanz der naturwissenschaftlichen Effizienz ein. Ob Techniken verfügbar sind, be-

I. Die besten Techniken

Gemäß Art. 2 Nr. 11 IVU-RL entsprechen den besten Techniken nur solche Maßnahmen, die geeignet erscheinen, wirksam Emissionen und Auswirkungen auf die gesamte Umwelt zu vermeiden oder, wenn dies nicht möglich ist, zu vermindern. Da der Emissionsbegriff der IVU-Richtlinie Schadstoffeinträge in die Luft, das Wasser und den Boden umfaßt, stellen die Maßnahmen die besten Techniken dar, die Emissionen in alle Umweltmedien und Auswirkungen auf die gesamte Umwelt optimal begrenzen.

Darüber hinaus müssen die jeweiligen Techniken weiteren Anforderungen genügen. Aufschluß darüber gibt Anhang IV der Richtlinie. Es handelt sich um eine unstrukturierte Aufzählung verschiedener Aspekte die bei der Ermittlung der besten verfügbaren Techniken zu berücksichtigen sind. Nicht alle betreffen den Begriff der besten verfügbaren Techniken selbst (vgl. nur Nr. 7 und 8). Im Hinblick auf den integrierten Ansatz finden sich aber einige wichtige Punkte. So sind bei der Wahl des Verfahrens das Abfallaufkommen (Nr. 1), die Gefährlichkeit der eingesetzten Stoffe (Nr. 2), Rohstoffeinsatz (Nr. 9), Energieverbrauch und Energieeffizienz (Nr. 9) sowie die Verwertbarkeit der Abfälle und die Rückgewinnung von erzeugten und verwendeten Stoffen (Nr. 3) zu berücksichtigen. Damit fließen wesentliche Aspekte eines produktionsintegrierten Umweltschutzes in den Begriff der besten verfügbaren Techniken ein. Über die besten verfügbaren Techniken bezieht sich die beste praktikable Umweltoption damit nicht nur auf die Emissionen sondern auch auf den Ressourcenverbrauch und das Abfallaufkommen. Der Ansatz ist allerdings begrenzt. Punkte wie die Recyclingfähigkeit des Endprodukts oder die Transportwege werden nicht einbezogen. Dies ist zu begrüßen, da das ordnungsrechtliche Instrument der Anlagengenehmigung nicht geeignet ist, diesen Bereich zu regeln. Die Eigenschaften des Endpro-

---

stimmt sich nach ihrem Kosten/Nutzen Verhältnis und ihrer wirtschaftlichen Vertretbarkeit. Maßstab ist der jeweilige industrielle Sektor, die Abwägung findet also nicht auf der Ebene des einzelnen Betriebes statt. Die Umweltschutzmaßnahme muß bezogen auf die jeweilige industrielle Branche in einem angemessenem Kostenverhältnis stehen. Art. 3 S. 1 lit. a, 9 Abs. 3 S. 1 IVU-RL verlangen damit nur die Verwendung der für den jeweiligen Sektor wirtschaftlich vertretbaren Techniken, vgl. Sechster Immissionsschutzbericht der Bundesregierung, BT-Drs. 13/4825, S. 11; STEINBERG/KOEPFER, DVBl. 1997, 973 (978); DÜRKOP/KRACHT/WASIELEWSKI, UPR 1995, 425 (430); ZÖTTL, Integrierter Umweltschutz, S. 204; so schon zum Vorschlag der Kommission SELLNER/SCHNUTENHAUS, NVwZ 1993, 828 (831). Bezogen auf das Thema dieser Arbeit, das integrierte Konzept der IVU-Richtlinie und seine Umsetzung, ist die Art und Weise der Berücksichtigung der wirtschaftlichen Aspekte nicht von Bedeutung. Auf diesen Bereich wird daher nicht näher eingegangen.

dukts können nicht in der Betriebsgenehmigung der Fertigungsanlage festgelegt werden. Hier bieten sich andere Vorgehensweisen an, die indirekt Einfluß auf die Produktionsverfahren nehmen, beispielsweise die Verpflichtung zur Rücknahme von Altprodukten.

Zu kritisieren ist die generelle Konzeption des Anhangs IV. Ohne abzustufen hat der Rat verschiedene Aspekte von ganz unterschiedlicher Bedeutung aneinandergereiht.[216] Dies beginnt schon mit dem einleitenden Satz.

Abgestellt wird auf die sich aus der bestimmten Maßnahme ergebenden Kosten, obwohl die Definition der besten Techniken bereits durch die Verfügbarkeit eingeschränkt wird. Daß, wie es Nr. 4 vorschreibt, in industriellem Maßstab erprobte Verfahren, Vorrichtungen und Betriebsmethoden berücksichtigt werden, ist dem Begriff der besten Techniken immanent. Das gilt auch für die gemäß Nr. 5 notwendige Berücksichtigung der Fortschritte in der Technologie und in den wissenschaftlichen Erkenntnissen. Nr. 7 und Nr. 8 betreffen den Zeitpunkt der Inbetriebnahme der Anlage und die für die Einführung einer besseren verfügbaren Technik erforderliche Zeit. Diese Aspekte berühren nicht die Frage, ob Verfahren dem Stand der Technik entsprechen, sondern spielen auf der Ebene der Verhältnismäßigkeit der einzelnen Maßnahme eine Rolle. Nach Nr. 6 und Nr. 10 sollen Art, Auswirkungen und Menge der jeweiligen Emissionen berücksichtigt und die Gesamtwirkungen der Emissionen und die Gefahren für Mensch und Umwelt so gering wie möglich gehalten werden. Eine Erwähnung dieser Punkte ist überflüssig, denn es folgt schon aus der Aufgabenstellung der Richtlinie, daß Art, Menge und Auswirkungen von Emissionen beachtet werden. Auch die Minimierung der Auswirkungen auf den Menschen und die Umwelt ergibt sich aus der Richtlinie selber. Gemäß Nr. 12 sind bei der Bestimmung des Standes der Technik auch die von der Kommission gemäß Art. 16 Abs. 2 IVU-RL sowie von internationalen Organisationen veröffentlichten Informationen zu berücksichtigen.[217]

Die für den produktionsintegrierten Ansatz der Richtlinie maßgeblichen Punkte des Anhangs IV finden sich wie die Pflicht zur effizienten Energieverwendung und die Pflicht zur Vermeidung der Entstehung von Abfällen zum Teil in Art. 3 IVU-RL wieder. Über die in Anhang IV vorgeschriebene Berücksichtigung bei der Bestimmung des Vorsorgeniveaus des Art. 3 S. 1 lit. a IVU-RL hinaus sind sie als eigene der Vorsorgepflicht gleichgestellte Pflichten statuiert. Die Richtlinie bleibt damit nicht bei der

---

216 Kritisch auch SCHREIBER, S. 116; LÜBBE-WOLFF, NVwZ 1998, 777 (781); MENTZINIS, S. 101-102; vgl. dazu schon BEYER, UPR 2000, 434 (435).

217 Siehe Teil 2, § 3 A. II. 5.

medienübergreifenden Vermeidung und Verminderung von Emissionen stehen, sondern bezieht weitere Umweltaspekte ein. Beste verfügbare Techniken sind solche, die nicht nur eine gute Emissionsbilanz aufweisen, sondern auch wenig Energie und andere Ressourcen benötigen und wenig Abfall erzeugen. Indem die Emissionsgrenzwerte von den besten Techniken abzuleiten sind und die Grundpflichten des Art. 3 IVU-RL weitere Genehmigungsvoraussetzungen aufstellen, werden die Gesamtauswirkungen des Vorhabens auf die Umwelt bewertet und in einen verhältnismäßigen Ausgleich gebracht. Gleichzeitig ist der produktionsintegrierte Ansatz der Richtlinie allerdings schon durch die Wahl des Instruments der Vorhabengenehmigung begrenzt auf Aspekte, die direkt den Betrieb der Anlage betreffen.[218]

II. Der Stand der Technik des BImSchG

Dem Stand der Technik entsprechen gemäß § 3 Abs. 6 S. 1 BImSchG nur solche Verfahren und Betriebsweisen, die praktisch geeignet erscheinen, die Begrenzung von Emissionen zu sichern. Da die Norm sich auf die einseitige Definition der Emissionen in § 3 Abs. 3 BImSchG bezieht, die auf Einträge in die Luft verengt ist, bleibt er hinter den Anforderungen der IVU-Richtlinie zurück.[219] Eine medienübergreifende Auslegung dieser Definition unter dem Hinweis auf die Zweckbestimmung des § 1 BImSchG ist abzulehnen und entspräche auch nicht den Anforderungen der IVU-Richtlinie an ein medienübergreifendes Konzept.[220] Im Hinblick auf die Ermittlung der besten Lösung für die Umwelt müßte auch der Begriff der schädlichen Umwelteinwirkungen Einträge in alle Medien erfassen. Zumindest müßten die jeweiligen Pflichten wie § 5 Abs. 1 Nr. 2 BImSchG alle drei Medien betreffen. Die beste Lösung für die Umwelt

---

218 Vgl. SCHNABL, S. 1 (1). Dabei geht die Richtlinie über das Vorbild der IPC hinaus. In Section 7 (2 und 7) EPA 1990 wird zwar ebenfalls auf die BPEO abgestellt, Aspekte wie der Rohstoffverbrauch, die Energieeffizienz und Abfallvermeidung fließen aber weder in die BATNEEC noch in die BPEO ein, vgl. EMMOTT/HAIGH, Journal of Environmental Law 1996 Vol 8 No 2, 301 (306); CASTLE/HARRISON, S. 23; DEPARTMENT OF THE ENVIRONMENT, First Consultation Paper, S. 7-9 und Third Consultation Paper, S. 49, 72. Dafür fließen in die Ermittlung der *best available techniques* nach dem EPA 1990 individuelle Gesichtspunkte wie der Zustand der Anlage oder die örtliche Umweltqualität ein, BELL, S. 325; WAGNER, S. 124, 128; SMITH, S. 157-158.

219 DOLDE, NVwZ 1997, 313 (315, 316); KOCH, in: Jahrbuch für Umwelt- und Technikrecht, S. 31 (48); WAHL, NVwZ 2000, 502 (506); SCHMIDT-PREUß, NVwZ 2000, 252 (259); LANGE/KARTHAUS, S. 15 (20); SCHÄFER, UPR 1997, 444 (447); STAPELFELDT, S. 122; MARTINI, S. 220. Vgl. auch Teil 1, § 2 B. I. 1.

220 Siehe Teil 2, § 2 B. II. 1.

kann bislang nicht ermittelt werden, weil die Vorsorge gegen Luftemissionen privilegiert wird..

Zweifelhaft ist darüber hinaus, ob die in Anhang IV der Richtlinie genannten Punkte Eingang in den Begriff des Standes der Technik finden. § 3 Abs. 6 BImSchG gibt darüber keinen Aufschluß. Dem Stand der Technik entsprechen aber nur technisch vernünftige Verfahren. Was für Verfahren technisch vernünftig sind, muß die Behörde in einem naturgemäß komplexen Abwägungs- und Bewertungsvorgang ermitteln. Dabei stehen sich nicht nur wirtschaftliche Aspekte, technische Machbarkeitsfragen sondern auch die verschiedene Auswirkungen auf die Umwelt gegenüber. Was für Umweltaspekte mit welcher Gewichtung in die Abwägung einfließen, bestimmt das BImSchG nicht. Selbstverständlich erscheint, daß nicht allein die Vermeidung von Luftemissionen den Ausschlag gibt. Technisch nicht vernünftig sind beispielsweise auch Verfahren, die einen sehr hohen Energiebedarf haben oder die Emissionen nur verlagern. Damit werden die in Anhang IV genannten Aspekte bei der Ermittlung des Standes der Technik nicht per se außer acht gelassen.[221] Überwiegend wird § 3 Abs. 6 BImSchG auch so ausgelegt, daß die Behörde medienübergreifende Aspekte einbezieht.[222] Aus der Definition selber folgt dies nicht. Zweifelhaft erscheint beispielsweise, inwieweit der in Nr. 9 des Anhangs IV genannte Rohstoffverbrauch berücksichtigt wird. Tatsache ist, daß die Definition allein auf Emissionen abstellt und nicht wie Art. 2 Nr. 11 IVU-RL auch auf sonstige Auswirkungen auf die Umwelt. Das spricht dafür, daß neben den Emissionen andere mit den jeweiligen Techniken verbundene Auswirkungen auf die Umwelt keinen Eingang in die Abwägung finden.[223] Zudem zielt das BImSchG in seinem Ansatz primär auf die Vermeidung von Luftemissionen. Daran kommen auch die Vertreter nicht vorbei, die den Stand der Technik weit auslegen. Über die Definition des § 3 Abs. 3 BImSchG ist es ausgeschlossen, daß die direkten Einträge in die Medien Wasser und Boden Beachtung finden. Das würde gegen den eindeutigen Wortlaut der Norm und, da die Regelung den Anlagenbetreiber belastet, gegen den Vorbehalt des Gesetzes verstoßen.

---

221 Vgl. FELDHAUS, DVBl. 1981, 165 (170); DERS., BImSchG, § 3 Anm. 19; GK-BImSchG-KOCH, § 3 Rn. 383; MARTINI, S. 215-216; REBENTISCH, NVwZ 1995, 949 (951-952); DÜRKOP/KRACHT/WASIELEWSKI, UPR 1995, 425 (429-430); KRACHT/WASIELEWSKI, § 35 Rn. 30; HANSMANN, ZfW 1999, 238 (240); DOLDE, NVwZ 1997, 313 (316); kritisch SENDLER, in: KOCH/LECHELT, S. 217 (219-220); LANGE/KARTHAUS, S. 15 (20); WAHL, NVwZ 2000, 502 (507).

222 Vgl. Fn. 166.

223 Vgl. Begründung des Gesetzentwurfes der Bundesregierung, BT-Drs. 14/4599, A. III. 1. a) bb) (2) (b), S. 77.

Um eine ordnungsgemäße Umsetzung der Richtlinie sicherzustellen, sollte der Gesetzgeber neben der Ausweitung der Definition auf Emissionen in alle Medien und sonstige Auswirkungen auf die Umwelt zumindest die zentralen Punkte wie den Rohstoff- und Energieeinsatz und die Wiederverwertung anfallender Stoffe im untergesetzlichen Regelwerk verankern. Dafür ist es weder notwendig noch sinnvoll, den gesamten Anhang IV in Gesetzesform zu gießen.[224] Damit entginge man zwar dem Vorwurf der ungenügenden Umsetzung der Richtlinie, angesichts der unstrukturierten Aufzählung von bedenkenswerten Aspekten des Anhangs IV wäre der Verwaltung damit jedoch nicht geholfen. Die wesentlichen Aspekte des produktionsintegrierten Ansatzes würden untergehen, da es an einer Handlungsanleitung für den Vollzug fehlt.

Die Definition des § 3 Abs. 6 BImSchG wird mit dem Gesetzentwurf der Bundesregierung neu gefaßt. Sie stellt nun auf Emissionen in alle drei Umweltmedien ab und bezieht auch sonstige Auswirkungen auf die Umwelt ein. § 3 Abs. 3 S. 2 BImSchG verweist auf Anhang I, der mit dem Anhang IV der IVU-Richtlinie übereinstimmt. Damit ist den Anforderungen der IVU-Richtlinie genüge getan, es gilt aber die oben geübte Kritik.

Zur Verdeutlichung der Ziele der Richtlinie hat die Bundesregierung die Aspekte der Anlagensicherheit und der Abfallentsorgung in die Definition aufgenommen.[225] Ob das sinnvoll ist, erscheint fraglich, denn die Anlagensicherheit und der Umgang mit Abfällen sind auch im Grundpflichtenkatalog des § 5 BImSchG enthalten und in Teilaspekten werden sie schon über die Verweisung auf den Anhang I berücksichtigt. Danach sind bei der Ermittlung des Standes der Technik unter anderem abfallarme Technologien (Nr. 1), die Zurückgewinnung von Abfällen (Nr. 3), die Gefährlichkeit der verwendeten Stoffe (Nr. 2) und die Unfallvorsorge (Nr. 11) zu berücksichtigen. Diese Aspekte hätte man daher in der Konsequenz aus dem Anhang streichen müssen. Besser wäre es allerdings gewesen, wenn man sie statt dessen nicht in die Definition des § 3 Abs. 6 BImSchG aufnehmen würde, um die Definition möglichst kurz zu halten. Es ist auch nicht ersichtlich, warum die Abfallentsorgung und die Anlagensicherheit in § 3 Abs. 6 BImSchG aufgenommen werden

---

224 Vgl. den Vorschlag für die *Pollution Prevention and Control Regulations 1999, Schedule 2* in: DEPARTMENT OF THE ENVIRONMENT, Fourth Consultation Paper, S. 99.

225 Begründung des Gesetzentwurfes der Bundesregierung zu Art. 2 (Änderung des BImSchG), BT-Drs. 14/4599, Nr. 4, S. 125-126.

sollen, andere Aspekte wie der Rohstoffverbrauch und die Energieeffizienz aber nur im Anhang genannt werden.[226]

III. Der Stand der Technik des UGB-KomE

Dem Stand der Technik entsprechen gemäß Art. 2 Nr. 9 UGB-KomE nur solche fortschrittliche *Verfahren, Einrichtungen oder Betriebsweisen, die praktisch geeignet erscheinen, die Naturgüter und sonstige Ressourcen zu schonen oder nachteilige Einwirkungen auf die Schutzgüter dieses Gesetzbuches zu verhindern und, wenn dies nicht möglich ist, zu vermindern.*

Abgestellt wird auf die Umwelt und die Naturgüter. Da der Umweltbegriff gemäß § 2 Nr. 1 und 2 UGB-KomE die Umweltmedien Boden, Wasser, Luft umfaßt, entsprechen dem Stand der Technik nur solche Verfahren, die Emissionen in alle Medien im Verhältnis zueinander optimal begrenzen. Dies genügt dem medienübergreifenden Ansatz der IVU-Richtlinie. Den gleichen Schluß kann man aus der Nennung der Naturgüter ziehen, da es sich um eine Teilmenge der Umwelt handelt. Insbesondere Boden, Wasser und Luft zählen zu den Naturgütern, § 2 Nr. 2 UGB-KomE. Die Alternative der Schonung der Naturgüter und sonstigen Ressourcen ist aber enger, da Umweltgüter wie die Landschaft, schutzwürdige Sachgüter und vor allem das Wirkungsgefüge zwischen den Umweltgütern nicht einbezogen ist. Da die Voraussetzungen nach dem Wortlaut nicht kumulativ vorliegen müssen, sondern es für den Stand der Technik ausreicht, daß die Verfahren geeignet erscheinen, die Naturgüter und sonstige Ressourcen zu schonen, spielt das Wirkungsgefüge in dieser Alternative keine Rolle.[227] Das entspricht nicht den Vorgaben der IVU-Richtlinie, da den besten verfügbaren Techniken nur solche Verfahren entsprechen, die geeignet erscheinen, Auswirkungen auf die gesamte Umwelt zu vermeiden.

Der Sinn der beiden Alternativen in der Definition des Standes der Technik ist auch nicht ersichtlich, insbesondere da in bezug auf die Verhältnismäßigkeit wieder auf den Schutzbereich des Gesetzbuches – die Umwelt und den Menschen – abgestellt wird. Um dem Stand der Technik zu entsprechen sollten die Verfahren allgemein geeignet erscheinen, nachteilige Einwirkungen auf die Schutzgüter zu vermeiden *und* Ressourcen zu schonen. Unter Ressourcen läßt sich dann ohne weiteres der Rohstoffverbrauch fassen. Zweifelhaft ist, ob sich darunter auch die För-

---

[226] Vgl. dazu schon BEYER, UPR 2000, 434 (435); so auch VERBAND DER CHEMISCHEN INDUSTRIE, Stellungnahme zum Gesetzentwurf der Bundesregierung, Drs. 14/458 des Ausschusses für Umwelt, Naturschutz und Reaktorsicherheit, Teil 1, S. 151.

[227] Vgl. FLUCK, ZAU 1998, 23 (24).

derung der Rückgewinnung und Wiederverwertung der erzeugten und verwendeten Stoffe subsumieren läßt. Der Zweck der Wiederverwertung ist die Abfallvermeidung und die Schonung der Ressourcen. Schwierigkeiten ergeben sich mit der Energieeffizienz. Diese fällt nicht unter den Begriff der Ressourcen, da in § 83 Abs. 1 Nr. 4 UGB-KomE von Ressourcen und Energie gesprochen wird. Es besteht aber die Pflicht zur sparsamen Verwendung von Energie sowie zur Vermeidung von Abfall, § 83 Abs. 1 Nr. 4, 5 IVU-RL. Die gleichrangigen Pflichten begrenzen sich gegenseitig und finden alle Eingang in die Vorsorgeentscheidung, so daß der Aspekt der effizienten Energieverwendung hinreichend berücksichtigt wird.

Die Definition des Standes der Technik im UGB-KomE erfüllt damit nicht die Anforderungen des integrierten Ansatzes der IVU-Richtlinie. Die dem Stand der Technik entsprechenden Verfahren müssen in jedem Fall auch geeignet erscheinen, die Auswirkungen auf die Umwelt insgesamt also auch auf das Wirkungsgefüge zwischen den Umweltgütern zu vermeiden.

§ 3 Ausblick

Das integrierte Konzept der IVU-Richtlinie ist gekennzeichnet durch einen ganzheitlichen Ansatz. Geschützt wird die Umwelt als ökosystemarer Gesamtkomplex unter Einschluß der Wechselwirkungen. Die Anlagengenehmigung erfaßt alle unmittelbaren Auswirkungen auf die Umwelt. Darunter fallen nicht nur Emissionen in alle drei Umweltmedien, sondern auch andere Auswirkungen auf die Umwelt, wie das Abfallaufkommen, der Rohstoff- und Energieverbrauch, die Gefährlichkeit der verwendeten Stoffe und die Rückgewinnung und Wiederverwertung von Nebenprodukten und Abfällen. Die Genehmigung nach der IVU-Richtlinie ist damit medienübergreifend, schützt die Umwelt als Ganzes und zielt auf produktionsintegrierte Umweltschutzmaßnahmen. Die Behörden müssen für die einzelne Anlage die beste praktikable Umweltoption ermitteln. Ausgespart wird der Teilbereich der Produktgestaltung. Die Frage der Umweltverträglichkeit der Endprodukte berührt die Richtlinie nicht.

Im einzelnen fordert die Richtlinie die Gleichbehandlung der Freisetzungen in alle drei Umweltmedien. Alle Auswirkungen auf die Umwelt sind zu berücksichtigen. Das legt eine zentrale Genehmigung und ein Genehmigungsverfahren nahe; zwingend sieht das die Richtlinie jedoch nicht vor. Ausreichend ist die vollständige Verfahrenskoordinierung. Das bedeutet, daß in jedem Verfahren die Auswirkungen auf alle Medien beachtet und die Auflagen abgestimmt werden.

Das deutsche Recht der Anlagenzulassung entspricht der IVU-Richtlinie bisher nicht. Aus dem Umweltbegriff ergibt sich nicht, ob er einem ökosystemaren Verständnis folgt. Das BImSchG privilegiert über die einseitigen Definitionen der Emissionen in § 3 Abs. 3 BImSchG und des Standes der Technik in § 3 Abs. 6 BImSchG das Medium Luft. Dies widerspricht dem medienübergreifenden Ansatz der IVU-Richtlinie. Es muß klargestellt werden, daß auch andere Umweltaspekte in die Bestimmung der dem Stand der Technik entsprechenden Verfahren einfließen. Hinsichtlich der Gefahrenabwehrpflicht des § 5 Abs. 1 Nr. 1 BImSchG läßt sich vertreten, daß diese über die Auslegung der sonstigen Gefahren dem medienübergreifenden Ansatz der IVU-Richtlinie genügt. Die Vorsorgepflicht hingegen bleibt, auch wenn man die medienübergreifende Pflicht zur Abfallvermeidung des § 5 Abs. 1 Nr. 3 BImSchG einbezieht, defizitär. Diese Lücke wird nur zum Teil über die gemäß § 6 Abs. 1 Nr. 2 BImSchG vorgeschriebene Prüfung der wasserrechtlichen und bodenschutzrechtlichen Vorsorgeanforderungen des Wasser- und Bodenschutzrechts kompensiert. Es fehlt an einer Verklammerung der medial orientierten Fachgesetze. Eine medienübergreifende Prüfung aller Auswirkungen unter Einbeziehung der Verlagerungseffekte und Wechselwirkungen ist auch über § 6 Abs. 1 Nr. 2 BImSchG nicht gewährleistet.

Von der Anlage her ist das BImSchG ein primär auf den Schutz und die Vorsorge vor Luftverschmutzungen ausgerichtetes Gesetz und entspricht damit nicht dem integrierten Regelungsansatz der IVU-Richtlinie. Schon bisher wurden im Verfahren nach dem BImSchG aber ein Großteil der möglichen Auswirkungen auf die Umwelt berücksichtigt. Erforderlich ist ein Ausbau dieses medienübergreifenden Ansatzes.

Dies möchte die Bundesregierung mit dem Artikelgesetz zur Umsetzung der IVU-Richtlinie erreichen. Die Zielbestimmung des § 1 BImSchG wird dem Umweltbegriff der IVU-Richtlinie angepaßt. Zu kritisieren ist dabei, daß eine Zweiteilung vorgesehen ist zwischen den genehmigungs- und nicht genehmigungsbedürftigen Anlagen. Nicht geändert werden soll die Definition der schädlichen Umwelteinwirkungen, der Emissionen und der Immissionen in § 3 Abs. 1 bis 3 BImSchG, obwohl dies der einfachste Weg gewesen wäre, das Gesetz konsequent medienübergreifend auszugestalten, ohne jede einzelne Norm zu ergänzen. Warum die Bundesregierung nicht diesen Weg gewählt hat, bleibt unklar. Sie setzt sich damit dem Verdacht aus, nicht wirklich ein medienübergreifendes Konzept, wie es die IVU-Richtlinie verlangt, implementieren zu wollen. Zudem ist die Beibehaltung der luftbezogenen Definition der schädlichen Umwelteinwirkungen und der Emissionen widersprüchlich, wenn gleichzeitig von Emissionen in alle drei Medien gesprochen wird. Der Stand der Technik in § 3 Abs. 6 BImSchG, § 7a Abs. 5 WHG und des § 12 Abs. 3 KrW-/AbfG wird dem Begriff der besten verfügbaren Techniken im Bereich der zu berücksichtigenden Umweltauswirkungen angeglichen. Dem dient auch die Übernahme des Anhangs IV, die zwar eine richtlinienkonforme Umsetzung darstellt, gesetzestechnisch aber verfehlt ist. Die Lücke im Bereich der Vorsorge wird geschlossen, indem die Pflicht des § 5 Abs. 1 Nr. 2 BImSchG der Schutzpflicht des § 5 Abs. 1 Nr. 1 BImSchG angeglichen wird. Vorzuziehen wäre es, statt die Freisetzungen in den Boden und das Wasser unter sonstige Gefahren zu subsumieren, die Medien selber zu nennen, um so deutlicher zu machen, daß es bezogen auf die Vorsorge hinsichtlich der verschiedenen Medien keine Abstufung gibt. Das wasserrechtliche Erlaubnisverfahren gemäß § 7a WHG ist mit dem immissionsschutzrechtlichen zu koordinieren. Das soll über den neu gefaßten § 10 Abs. 5 BImSchG geschehen.

Die Sachverständigenkommission verfolgt einen weiterreichenden Ansatz. Sie will die Chance nutzen, einen einheitlichen Umweltbegriff zu definieren, der die Umwelt als Ganzes erfaßt. Auch die Definition der Emissionen und Immissionen und des Standes der Technik werden in § 2 Nr. 6, 7, 9 UGB-KomE medienübergreifend ausgestaltet. Lediglich die Definition des Standes der Technik ist hinsichtlich der Schonung der Naturgüter nicht richtlinienkonform. Insgesamt ist die Sachverständigenkommission aber, konsequenter noch als es die IVU-Richtlinie verlangt, den Vorschlägen der OECD gefolgt. Sie hat eine Vorhabengenehmigung geschaffen, die den Abschluß eines zentralen von einer zuständigen Behörde geleiteten Verfahrens bildet, das alle Umweltauswirkungen abdeckt.

Teil 2: Die Genehmigungserteilung

Die IVU-Richtlinie knüpft die Erteilung der Genehmigung an die Erfüllung verschiedener Anforderungen, die in den Art. 3, 9 und 10 IVU-RL normiert sind. Art. 3 IVU-RL legt allgemeine Prinzipien fest, die bei Genehmigungserteilung von den Behörden zu berücksichtigen sind. Art. 10 IVU-RL verlangt die Einhaltung von europäischen Umweltqualitätsnormen. Wie die Genehmigung inhaltlich auszugestalten und wie die beste Option für die Umwelt zu ermitteln ist, regelt Art. 9 IVU-RL, der mittelbar weitere Genehmigungsanforderungen enthält.

Im folgenden wird dargestellt, welche materiellen Voraussetzungen die Richtlinie aufstellt. Ein Vergleich mit der Rechtslage nach dem BImSchG, dem Artikelgesetz und dem UGB-KomE zeigt auf, wo Umsetzungsbedarf besteht und wie die Bundesregierung und die Sachverständigenkommission dem nachkommen wollen.

§ 1 Allgemeine Prinzipien der Grundpflichten

Art. 3 IVU-RL enthält sechs dem Vorbild des § 5 Abs. 1 BImSchG nachempfundene[228] Grundpflichten, insbesondere das Prinzip der Vorsorge in Art. 3 S. 1 lit. a IVU-RL. Die Pflichten wurde erst auf Druck der deutschen Seite[229] und auf Anregung des europäischen Parlaments[230] in den geänderten Vorschlag der Kommission[231] aufgenommen.

Für die Einhaltung der Grundpflichten reicht es gemäß Art. 3 S. 2 IVU-RL aus, wenn die Mitgliedstaaten sicherstellen, daß die zuständige Behörde die Pflichten bei Erteilung der Genehmigung berücksichtigt und sich vergewissert, daß die Anlage gemäß den Prinzipien betrieben wird. Art. 9 Abs. 1 IVU-RL verlangt, daß die Genehmigung alle Maßnahmen umfaßt, die notwendig sind, um die in Art. 3 IVU-RL genannten Genehmigungsvoraussetzungen zu erfüllen, um zu einem hohen Schutzni-

---

228 Vgl. MARTINI, S. 198, 205; KRACHT/WASIELEWSKI, § 35 Rn. 26; SCHÄFER, UPR 1997, 444 (446).

229 Vgl. Stellungnahme der Bundesregierung vom 6.1.1994, S. 11; Beschlußempfehlung der Ausschüsse an den Bundesrat, BR-Drs. 803/2/93, S. 3; Beschlußempfehlung des Umweltausschusses, BT-Drs. 12/6952, S. 4; BMU, IPC-Planspiel, Zusammenfassung, S. 12.

230 Stellungnahme des Europäischen Parlaments, ABlEG 1995, Nr. C 18, S. 82 (85-86).

231 Art. 2 a des geänderten Vorschlags der Kommission, ABlEG 1995, Nr. C 165, S. 9 (11).

veau für die Umwelt insgesamt beizutragen. Damit stellen sich mehrere Fragen:

Handelt es sich bei den Pflichten des Art. 3 IVU-RL um dynamisierte Pflichten, die während des gesamten Betriebszeitraums einzuhalten sind? Verlangt die IVU-Richtlinie, daß sich die Pflichten direkt an den Betreiber richten oder handelt es sich gar nicht um *echte* Grundpflichten? Und was folgt aus dem Gebot, die Pflichten bei Genehmigungserteilung zu berücksichtigen?

Dies wird zunächst für die IVU-Richtlinie geklärt, anschließend wird auf die entsprechenden Regelungen des BImSchG und des UGB-KomE eingegangen.

A. Die Anforderungen der Grundpflichten

I. Die Grundpflichten der IVU-Richtlinie

1. Der Charakter der allgemeinen Prinzipien des Art. 3 S. 1 IVU-RL

Obwohl die Überschrift des Art. 3 IVU-RL von Grundpflichten der Betreiber (*obligations fondamentales de l'exploitant / basic obligations of the operator*) spricht, verlangt die Richtlinie von den Mitgliedstaaten nur, daß sie die Behörden verpflichten, sich zu vergewissern, daß die Betreiber die Grundpflichten einhalten.[232] Das Europäische Parlament hatte vorgeschlagen, die Pflichten direkt an den Betreiber zu richten.[233] Die Kommission hatte daraufhin im geänderten Vorschlag vorgesehen, daß der Betreiber die Auflage erhält, die Anlage entsprechend der Pflichten zu betreiben.[234] Der Rat schwächte die Formulierung im Gemeinsamen Standpunkt auf die endgültige Fassung ab, ohne dies weiter zu begründen.[235] Während der Vorschlag des Parlaments ohne Zweifel echte Betreiberpflichten, wie § 5 BImSchG sie enthält, vorsah, ergibt sich dies aus dem jetzigem Art. 3 IVU-RL nicht zwingend. Möglich wäre im Hinblick auf Art. 9 Abs. 1 IVU-RL auch, daß es sich um schlichte Genehmigungsanforderungen handelt, die nur einmalig bei Erteilung der Genehmigung zu berücksichtigen sind, und, daß unabhängig von der Frage, ob dies ein Verwaltungshandeln erfordert, keine Pflicht des Vorhabenträ-

---

232 Dazu: SCHÄFER, UPR 1997, 444 (446); FRENZ, Rn. 482; ZÖTTL, NuR 1997, 157 (163); FAURE/LEFEVERE, European Environmental Law Review 1996, 112 (121).

233 Stellungnahme des Europäischen Parlaments, ABlEG 1995, Nr. C 18, S. 82 (85-86).

234 Art. 2 a des geänderten Vorschlags der Kommission, ABlEG 1995, Nr. C 165, S. 9 (11).

235 Art. 3 des Gemeinsamen Standpunkt des Rates, ABlEG 1996, Nr. C 87, S. 8 (11).

gers besteht, den Betrieb fortlaufend an die mit der Entwicklung des Standes der Technik steigenden Anforderungen anzupassen.[236]

Für die Annahme, daß die Pflichten wie die des § 5 Abs. 1 BImSchG dynamisiert sind, die Anforderungen der Pflichten sich also mit der technischen und wissenschaftlichen Entwicklung verschärfen können, spricht die Überschrift, wonach es sich um *Grundpflichten der Betreiber* handelt.[237] Auch der Wortlaut (*...die Anlage so betrieben wird, daß...*) läßt den Schluß zu, daß die Pflichten über den ganzen Betriebszeitraum hinweg und nicht nur einmalig zum Zeitpunkt der Genehmigungserteilung zu beachten sind. Diese Interpretation entspricht dem Vorbild der Norm, den Grundpflichten des BImSchG. Dem steht auch nicht Art. 9 Abs. 1 IVU-RL entgegen, der die allgemeinen Prinzipien des Art. 3 IVU-RL als Genehmigungsvoraussetzungen bezeichnet. Auch dynamisierte Grundpflichten müßten zunächst bei Erteilung der Genehmigung als gesetzliche Voraussetzung berücksichtigt werden. Darüber hinaus würde aus der Dynamisierung folgen, daß sich die aus den Pflichten ergebenden Anforderungen während des Betriebszeitraums fortentwickeln und der Betreiber die gestiegenen Anforderungen während des gesamten Betriebszeitraums einhalten müßte. Gegen eine Auslegung als dynamisierte Grundpflichten läßt sich anführen, daß der Rat eben nicht dem Formulierungsvorschlag des Parlaments und der Kommission gefolgt ist. Er hat die Norm hingegen so gefaßt hat, daß sich daraus nicht mehr eindeutig ergibt, ob es sich um dynamische Pflichten handelt oder nicht. Indem auf die Festlegung der Genehmigungsauflagen abgestellt wird, entsteht der Eindruck, daß es ausreicht, wenn die Pflichten zu diesem Zeitpunkt berücksichtigt werden. Die systematische Einordnung der Norm zeigt aber, daß dies nur eingeschränkt richtig ist. Denn gemäß Art. 13 IVU-RL müssen die Mitgliedstaaten dafür sorgen, daß die Behörden die Genehmigungsauflagen[238] regelmäßig überprüfen und gegebenenfalls auf den neuesten Stand bringen. Die Auflagen sind also keineswegs endgültig. Anlaß für eine Überprüfung sind gemäß Art. 13 Abs. 2 IVU-RL insbesondere Fortschritte bei den besten verfügbaren Techniken. Wenn dies zu einer Revision der Auflagen führen soll, dann spricht das dafür, daß den Betreiber auch die materielle Pflicht trifft, seine Anlage

---

[236] So ZÖTTL, Integrierter Umweltschutz, S. 207; BREUER, in: CZAJKA, FS Feldhaus, S. 49 (72); wohl auch FAURE/LEFEVERE, European Environmental Law Review 1996, 112 (121); SCHÄFER, UPR 1997, 444 (447); vgl. aber DERS., in: FS Feldhaus, S. 327 (330).

[237] MARTINI, S. 242.

[238] Der Begriff entspricht nicht dem Auflagenbegriff des deutschen Verwaltungsrechts. Darunter fallen alle Inhaltsbestimmungen, vgl. BECKER, Art. 2 Rn. 53, Art. 9 Rn. 1; UGB-KomE, Begründung zu § 91, S. 644.

nicht nur zum Genehmigungszeitpunkt, sondern während des gesamten Betriebszeitraums entsprechend des jeweiligen Standes der Erkenntnisse zu betreiben. Diese materielle Pflicht enthält Art. 3 S. 2 IVU-RL.[239] Wenn die Behörden die allgemeinen Prinzipien des Art. 3 S. 1 IVU-RL bei der Festlegung der Auflagen berücksichtigen müssen, dann gilt diese materielle Pflicht auch bei der Angleichung der Auflagen gemäß Art. 13 IVU-RL, denn darin liegt eine Neufestlegung der Genehmigungsauflagen. Der Wortlaut der Norm, die Entstehungsgeschichte und der systematische Zusammenhang mit Art. 13 IVU-RL sprechen damit für die Auslegung, daß es sich um dynamisierte Pflichten wie in § 5 Abs. 1 BImSchG handelt.[240] Davon zu trennen ist die Frage, ob diese Pflichten selbstvollziehend sind oder der Konkretisierung durch Verwaltungshandeln bedürfen.[241] Art. 3 IVU-RL legt sich in diesem Zusammenhang nicht fest.[242] Die Behörden müssen sich vergewissern, daß die Betreiber die Pflichten einhalten. Dafür reicht es gemäß Art. 3 S. 2 IVU-RL aus, wenn sie diese bei der Festlegung der Genehmigungsauflagen berücksichtigen. Die Pflichten bedürfen damit nach dem Wortlaut der Umsetzung durch die Verwaltung. Sie richten sich nicht direkt und unmittelbar an den Betreiber. Einer Ausgestaltung als *self-executing*-Norm steht die Richtlinie aber nicht entgegen, da darin eine verstärkte Schutzmaßnahme im Sinne des Art. 176 EGV liegen würde.[243]

2. Das Berücksichtigungsgebot des Art. 3 S. 2 IVU-RL

Die Behörde muß die Pflichten des Art. 3 S. 1 IVU-RL bei Genehmigungserteilung *berücksichtigen* (*to take account / tenir compte*). Wie auch im Fall des Anhangs IV der Richtlinie ist nicht klar, was darunter zu verstehen ist. Reicht es aus, wenn die Behörde entsprechende Erwägungen anstellt oder handelt es sich um zwingend zu erfüllende Vorgaben?

FRENZ geht davon aus, daß die Pflichten keinen zwingenden Versagungsgrund darstellen.[244] Sie seien als sachliche Erwägungen in die inhaltliche Auseinandersetzung mit einzubeziehen, die Genehmigungs-

---

239 Vgl. MARTINI, S. 245.

240 So MARTINI, S. 243-245; SCHÄFER, in: FS Feldhaus, S. 327 (330); DÜRKOP/KRACHT/WASIELEWSKI, UPR 1995, 425, (431); wohl auch DOLDE, NVwZ 1997, 313 (314-315); KOCH, in: Jahrbuch für Umwelt- und Technikrecht, S. 31 (34); a.A. ZÖTTL, Integrierter Umweltschutz, S. 207; BREUER, in: CZAJKA, FS Feldhaus, S. 49 (72); SCHREIBER, S. 138.

241 Vgl. MARTINI, S. 245 und in Fn. 708.

242 MARTINI, S. 244; SCHÄFER, in: CZAJKA, FS Feldhaus, S. 327 (330); SCHREIBER, S. 138.

243 Vgl. MARTINI, S. 244-245.

244 FRENZ, Rn. 483; so auch BREUER, in: CZAJKA, FS Feldhaus, S. 49 (72).

auflagen müßten die Einhaltung der Pflichten des Art. 3 S. 1 IVU-RL aber nicht in vollem Umfang sicherstellen. Dies folge daraus, daß Art. 3 S. 2 IVU-RL lediglich die *Berücksichtigung* fordere.[245] Art. 9 Abs. 1 IVU-RL spricht allerdings in bezug auf die Pflichten des Art. 3 S. 1 IVU-RL von Genehmigungsvoraussetzungen, für deren Einhaltung die Mitgliedstaaten zu sorgen haben. Genehmigungsvoraussetzungen sind generell einzuhalten und in der Abwägung nicht überwindbar. In der Nichteinhaltung der Grundpflichten des Art. 3 IVU-RL würde damit ein zwingender Versagungsgrund liegen. Nach KOCH spricht daher die systematische Auslegung für eine strikte Beachtung der Grundpflichten.[246]

Die Normgeschichte hilft bei der Klärung wenig. Der Rat führte die Formulierung erstmals in den Gemeinsamen Standpunkt ein, ohne daß er sich die Mühe gemacht hat, in der Begründung zu erklären, warum er weder dem Vorschlag des Parlaments noch dem der Kommission gefolgt ist. Der Begriff wirft im europäischen Umweltrecht nicht zum ersten Mal Probleme auf. Art. 8 UVP-RL spricht ebenfalls von *berücksichtigen*. Mit der Umsetzung der Richtlinie hat der Begriff mit § 12 UVPG Eingang in das deutsche Recht gefunden und dort für andauernden Diskussionsstoff gesorgt.[247] Aus dieser Richtung ist daher keine Klärung zu erwarten. Auch auf das Vorbild der Regelung des § 5 Abs. 1 BImSchG kann man in dieser Hinsicht nur beschränkt zurückgreifen. Die Regelung entspricht in ihrer Endfassung nicht mehr der Ausgestaltung im BImSchG. Der Rat hat die Formulierung gegenüber dem mehr am Vorbild des § 5 Abs. 1 BImSchG angelehnten Vorschlag der Kommission abgeschwächt. Geht man vom Wortlaut aus, so spricht dieser für die von FRENZ vertretene Interpretation. Berücksichtigen bedeutet nach dem allgemeinen Sprachgebrauch lediglich, daß die Behörde die Prinzipien in ihre Entscheidungsfindung einbeziehen und sich inhaltlich damit auseinandersetzen muß. Das widerspricht auch nicht per se dem Zweck der Einführung der Pflichten. Diese sollten der materiellen Anreicherung der Richtlinie dienen, deren Ausrichtung auf das Verfahren insbesondere von deutscher Seite kritisiert wurde.[248] Wenn EPINEY daraus den Schluß

---

245 FRENZ, Rn. 483; ebenso ZÖTTL, Integrierter Umweltschutz, S. 207; DERS., NuR 1997, 157 (163); EPINEY, in: KOCH, Probleme des Immissionsschutzrechts, S. 7 (14).

246 KOCH, in: Jahrbuch für Umwelt- und Technikrecht, S. 31 (34); KRACHT/WASIELEWSKI, § 35 Rn. 27; GRIEM, S. 316.

247 Siehe Teil 2, § 3 A. I.

248 Vgl. Beschlußempfehlung des Umweltausschusses, BT-Drs. 12/6952, S. 4; Beschlußempfehlung der Ausschüsse an den Bundesrat, BR-Drs. 803/2/93, S. 3; Stellungnahme der Bundesregierung vom 6.1.1994, S. 11; BMU, IPC-Planspiel, Zusammenfassung, S. 12.

zieht, daß die Pflichten nicht derart relativiert werden könnten,[249] verkennt sie, daß es sich bei der Einführung um einen europäischen Kompromiß handelt. Trotz des Wunsches einiger Staaten nach mehr materiellen Anforderungen erscheint es nicht ausgeschlossen, daß der Rat diese wiederum abgeschwächt hat. KOCH kann man entgegenhalten, daß sich Art. 9 Abs. 1 IVU-RL vom Wortlaut her auf den gesamten Art. 3 IVU-RL bezieht und damit auch nur auf die Genehmigungsvoraussetzungen, die sich inhaltlich aus dem Wortlaut der Norm ergeben.[250] Art. 9 Abs. 1 IVU-RL selber legt nicht fest, welches Gewicht die Pflichten des Art. 3 S. 1 IVU-RL als Genehmigungsvoraussetzungen haben. Allerdings spricht die Norm von Erfüllung, was EPINEY als Indiz für den Charakter als zwingende Voraussetzungen wertet.[251] Versteht man Art. 9 Abs. 1 IVU-RL als Gesamtverweisung auf Art. 3 IVU-RL, bedeutet das, daß Art. 9 Abs. 1 IVU-RL lediglich vorschreibt, die Grundpflichten im Rahmen der Genehmigungserteilung zu berücksichtigen. Denkbar wäre aber auch, daß Art. 9 Abs. 1 IVU-RL, obwohl dies dem Wortlaut der Norm nicht zu entnehmen ist, sich nur auf Art. 3 S. 1 IVU-RL bezieht. Art. 9 Abs. 1 IVU-RL spricht von Genehmigungsvoraussetzungen. Das sind eindeutig die in Art. 3 S. 1 IVU-RL normierten allgemeinen Prinzipien. Art. 3 S. 2 IVU-RL betrifft die Frage, welches Gewicht diese Prinzipien haben. Danach reicht die Berücksichtigung aus, um die Vorschriften des Artikels einzuhalten. Möglicherweise wollte der Rat mit der Einschränkung des Satz 2 nur zum Ausdruck bringen, daß die Pflichten nicht selbstvollziehend sind, sondern es ausreicht, wenn die Behörden für die Befolgung Sorge tragen.[252] Um dies klarzustellen hätte sich aber statt des Wortes *berücksichtigen* eine andere Formulierung angeboten, aus der sich klar ergibt, daß es ausreicht, wenn die Behörden die Pflichten über Anordnungen umsetzen. Gegen eine solche Interpretation spricht auch, daß die Richtlinie in anderen Normen *berücksichtigen* dahingehend verwendet, daß die jeweiligen Aspekte in die Entscheidungsfindung Eingang finden sollen, beispielsweise in Art. 9 Abs. 4 und Anhang IV der IVU-RL. Die Formulierung des Art. 3 S. 2 IVU-RL legt eher nahe, daß der materielle Gehalt der Grundpflichten eingeschränkt werden sollte. Auch Erwägungsgrund Nr. 11 IVU-RL, der die Rolle der Grundpflichten betrifft, bestätigt diese Annahme. Um sicherzustellen, daß die Anlage entsprechend der allgemeinen Prinzipien der Grundpflichten betrieben wird, reicht es aus, wenn die Behörde diese bei Festlegung der Genehmi-

249 EPINEY, in: KOCH, Probleme des Immissionsschutzrechts, S. 7 (16).

250 So auch ZÖTTL, Integrierter Umweltschutz, S. 207.

251 EPINEY, in: KOCH, Probleme des Immissionsschutzrechts, S. 7 (16).

252 KRACHT/WASIELEWSKI, § 35 Rn. 27; GRIEM, S. 316; MARTINI, S. 244; SCHREIBER, S 137.

gungsauflagen beachtet. Diese Auslegung könnte allerdings dem Ziel der Richtlinie widersprechen, das in Art. 9 Abs. 1 Halbsatz 2 IVU-RL wiederholt wird. Die Maßnahmen zur Erfüllung der Genehmigungsvoraussetzungen sollen durch den Schutz von Luft, Wasser und Boden zu einem hohen Schutzniveau für die Umwelt insgesamt beitragen. Betrachtet man das Gebot der Berücksichtigung des Art. 3 S. 2 IVU-RL vor dem Hintergrund der zwingenden Einhaltung der Pflichten des § 5 Abs. 1 BImSchG, so liegt darin eine Abschwächung der Genehmigungsanforderungen, die damit dem Ziel, ein hohes Schutzniveau sicherzustellen, zuwiderläuft. Vor dem Hintergrund des integrierten Konzepts der IVU-Richtlinie stellt sich das Bild jedoch differenzierter dar. Auch nach Art. 9 Abs. 2 und 4 IVU-RL sind die Ergebnisse der Umweltverträglichkeitsprüfung und die lokalen Umstände nur zu berücksichtigen. Das deutet daraufhin, daß im Gegensatz zum BImSchG die unterschiedlichen materiellen Vorgaben generell bei der Erteilung der Genehmigung zu berücksichtigen sind und damit keine konditionalen Vorgaben enthalten, sondern nur in einen bei der Genehmigungserteilung vorzunehmenden Abwägungsvorgang einzustellen sind. Dann enthielte das Berücksichtigungsgebot des Art. 3 S. 2 IVU-RL aber keine Abschwächung des Schutzniveaus, sondern es würde sich um einen anderen Regelungsansatz handeln. Dieser Ansatz entspräche auch dem Wesen des integrierten Genehmigungskonzepts, das einen Handlungsspielraum der Verwaltung erfordert. Im Gegensatz zu sektoralen Regelungen werden in der Regel keine verbindlichen Grenzwerte erlassen, sondern die Behörde legt individuelle Grenzwerte in dem Genehmigungsbescheid fest.[253] Diese sind so aufeinander abgestimmt, daß die Emissionen verhältnismäßig zueinander begrenzt werden und so die beste Lösung für die Umwelt getroffen wird. Dieses Ziel setzt voraus, daß die Anforderungen für die Genehmigungsauflagen nicht zu eng gesetzt sind, da sonst der für die beste Umweltoption erforderliche Spielraum bei Festlegung der Grenzwerte verlorengeht. Allerdings stellen die Pflichten über die verwendeten Begrifflichkeiten schon auf das integrierte Konzept ab. Selbst wenn die Pflichten des Art. 3 S. 1 IVU-RL also zwingender Natur wären, würde das nicht mit dem integrierten Ansatz kollidieren, da beispielsweise das Vorsorgeprinzip des Art. 3 S. 1 lit. a IVU-RL über den Begriff der Umweltverschmutzungen nur eine Vorsorge verlangt, die alle Umweltmedien berücksichtigt und auf die Verwirklichung der besten praktikablen Lösung für die Umwelt zielt. Das integrierte Konzept verlangt nur, daß die einzelnen Vorsorgepflichten untereinander mit dem Ziel der besten Lösung für die Umwelt abgewogen werden. Eine zwingende Ausgestaltung der Grundpflichten insofern, als daß eine

---

253 Dies ist nach Art. 9 Abs. 3 S. 1 IVU-RL der Normalfall.

Abwägung mit anderen Genehmigungserfordernissen nicht statthaft ist, wäre also richtlinienkonform. Die Behörde muß die zum Teil konfligierenden Vorsorgeanforderungen in einen Ausgleich bringen dürfen. Daher überläßt die IVU-Richtlinie es den Mitgliedstaaten, wie sie die Grundpflichten ausgestalten. Darauf deutet auch die Formulierung *reicht es aus,...wenn* in Art. 3 S. 2 IVU-RL hin, die nahelegt, daß eine weitergehende Regelung richtlinienkonform wäre. Beide möglichen Auslegungen lassen sich mit dem Ziel der Richtlinie in Einklang bringen. Angesichts des Wortlauts und der globalen Verweisung des Art. 9 Abs. 1 IVU-RL ist aber davon auszugehen, daß die Behörde die allgemeinen Prinzipien der Grundpflichten in ihre Abwägung einbeziehen muß, sie aber, soweit Normkonflikte bestehen, mit anderen Genehmigungsvoraussetzungen und gegeneinander abwägen darf.[254] Eine andere Frage ist, ob das integrierte Konzept der IVU-Richtlinie insgesamt durch zwingende Genehmigungsvoraussetzungen umsetzbar ist oder ob sich nicht unter anderem aus dem Berücksichtigungsgebot des Art. 3 S. 2 IVU-RL ergibt, daß der Behörde Abwägungsspielräume eingeräumt werden müssen. Das läßt sich nicht isoliert für den Bereich der Grundpflichten beantworten. Auf diesen Aspekt wird daher im Rahmen der Untersuchung der Konsequenzen des integrierten Ansatzes für die Genehmigungserteilung näher eingegangen.[255]

II. Die Grundpflichten des BImSchG

§ 5 Abs. 1 BImSchG richtet sich direkt und verbindlich an den Betreiber.[256] Dies ergibt sich aus dem Wortlaut des § 5 Abs. 1 (*...sind so zu errichten und zu betreiben, daß...*). Der Inhalt der Grundpflichten schreitet mit dem Wandel des Standes der Technik fort. Der Betreiber muß die Anlage an den jeweiligen Stand der Anforderungen anpassen. Die Pflichten sind daher nicht nur einmalig bei Errichtung als Genehmigungsvoraussetzungen einzuhalten, sondern als dynamisierte Dauerpflichten während des gesamten Betriebszeitraums und, soweit es sich

---

254 So auch ZÖTTL, Integrierter Umweltschutz, S. 207; SCHREIBER, S. 137-138; FRENZ, Rn. 483; MARTINI, S. 245; BREUER, in: CZAJKA, FS Feldhaus, S. 49 (72). A.A. EPINEY, in: KOCH, Probleme des Immissionsschutzrechts, S. 7 (16); KOCH, in: Jahrbuch für Umwelt- und Technikrecht, S. 31 (34); KRACHT/WASIELEWSKI, § 35 Rn. 27; GRIEM, S. 316.

255 Siehe Teil 2, § 4 A. I.

256 Allgemeine Meinung: FELDHAUS, BImSchG, § 5 Anm. 2, 11; Landmann/Rohmer-KUTSCHEID, § 5 Rn. 8; JARASS, BImSchG, § 5 Rn. 1-2; SELLNER, Immissionsschutzrecht und Industrieanlagen, Rn. 21; BREUER, in: CZAJKA, FS Feldhaus, S. 49 (55).

um die Pflicht des § 5 Abs. 3 BImSchG handelt, auch darüber hinaus.[257] Strittig ist, ob die Betreiberpflichten selbstvollziehend sind, also den Betreiber unmittelbar dazu verpflichten, seine Anlage selbständig dem technischen Wandel anzupassen[258] oder, ob sie einer Umsetzung durch Verwaltungshandeln bedürfen.[259] Das hat vor allem Bedeutung für die Frage der zivilrechtlichen Verantwortlichkeit gemäß § 823 Abs. 2 i.V.m. § 5 BImSchG. Eine Haftung kommt dann nicht in Betracht, wenn der Betreiber sich darauf berufen kann, daß er sich im Rahmen der Genehmigung gehalten hat.[260] Für den Selbstvollzug spricht, daß die Pflichten sich direkt an die Betreiber richten und Effektivitätsgesichtspunkte, denn so wird der Dynamisierung die größtmögliche Wirkung zu teil.[261] Dagegen stehen die Interessen der Betreiber, die ihre Anlage fortlaufend an die steigenden Anforderungen anpassen müssen. Eine direkte Wirkung der Pflichten ist für sie mit einer erheblichen Rechts- und Investitionsunsicherheit verbunden.[262] Je nach technischem Fortschritt könnte sich von Tag zu Tag eine Pflicht zur Anpassung der Anlage ergeben, die dazu führen würde, daß der Betrieb gegen geltendes Recht verstieße und damit jederzeit untersagt werden könnte.[263] Zumindest in dem Bereich, in dem der Gesetzgeber oder die Exekutive die Pflichten durch untergesetzliche Normen konkretisiert hat, darf der Betreiber auf diese Umsetzung der Pflichten vertrauen. Ohne eine behördliche Auflage besteht für ihn über die erfolgte Konkretisierung hinaus keine Pflicht zur Anpassung.[264] Für die vorliegende Arbeit bedarf der Streit keiner vertieften Behandlung, da beide Ansichten mit der IVU-Richtlinie vereinbar wären. Es erscheint aber als unangemessen, den Betreiber generell auf die Befolgung der sehr allgemein gehaltenen Pflichten zu verweisen. Sofern diese nicht konkretisiert sind, ist die Frage, wann der Betreiber den Pflichten in ausreichendem Maße nachgekommen ist, sehr schwierig zu beurteilen. Es handelt sich vor allem im Bereich der Vorsorge um eine

---

257 JARASS, BImSchG, § 5 Rn. 2; FELDHAUS, BImSchG, § 4 Anm. 37; Landmann/Rohmer-KUTSCHEID, § 5 Rn. 10.

258 So u.a. MARTINI, S. 248-249; JARASS, BImSchG, § 5 Rn. 2, 115; FELDHAUS, BImSchG, § 4 Anm. 37, § 5 Anm. 2.

259 So u.a. SENDLER, UPR 1990, 41 (42-43); BREUER, in: CZAJKA, FS Feldhaus, S. 49 (57); SELLNER, Immissionsschutzrecht und Industrieanlagen, Rn. 22; Landmann/ Rohmer-KUTSCHEID, § 3 Rn. 11-13, § 5 Rn. 10-12; KRACHT/WASIELEWSKI, § 35 Rn. 27; MURSWIEK, S. 291.

260 Vgl. MARTINI, S. 246.

261 Vgl. MARTINI, S. 248-249.

262 SENDLER, UPR 1990, 41 (42-43); RID, S. 154-155.

263 SENDLER, UPR 1990, 41 (42-43); vgl. auch DERS., UPR 1983, 33 (43-44).

264 Vgl. BREUER, in: CZAJKA, FS Feldhaus, S. 49 (55-56); Landmann/Rohmer-KUTSCHEID, § 5 Rn. 10-12; JARASS, BImSchG, § 5 Rn. 64-66.

komplexe Abwägungsentscheidung, die nicht dem Betreiber aufgebürdet werden kann.[265] Anders verhält es sich im Bereich der Gefahrenabwehr. Hier trifft ihn, sofern eine Gefahr zu erkennen ist, unmittelbar die Pflicht, diese zu verhindern.

Die Anlage ist damit zwar von vornherein mit den Grundpflichten belastet und steht unter dem Vorbehalt des § 5 Abs. 1 BImSchG. Um die Dynamik der Pflichten umzusetzen, müssen die Behörden aber regelmäßig überprüfen, ob der Betreiber die Anforderungen des § 5 Abs. 1 Nr. 1 - 4 BImSchG einhält und dann gegebenenfalls die Anforderungen über den Erlaß von Genehmigungsauflagen durch Verwaltungsakt (§ 17 BImSchG) konkretisieren oder den Betrieb untersagen (§ 20 BImSchG).[266] Die wesentliche Bedeutung der Pflichten besteht nicht darin, Verwaltungshandeln überflüssig zu machen, sondern in der Einschränkung des Bestandsschutzes. Der Betreiber unterliegt während des gesamten Betriebszeitraums den Anforderungen der Pflichten und kann sich nachträglichen Anordnungen nicht unter Berufung auf den durch die Genehmigung vermittelten Bestandsschutz entziehen.[267] Das vereinfacht die Durchsetzung der Pflichten, da kein schutzwürdiges Vertrauen besteht, eine genehmigte Anlage zwar im Einklang mit den Genehmigungsauflagen, aber in Widerspruch zu § 5 Abs. 1 BImSchG zu betreiben.[268]

Da die IVU-Richtlinie davon ausgeht, daß die Pflichten der Umsetzung durch Verwaltungshandeln bedürfen, schreibt Art. 13 IVU-RL die regelmäßige Überprüfung der Genehmigungsauflagen vor. Diese müssen dann gegebenenfalls auf den neuesten Stand gebracht werden. Eine entsprechende Pflicht sieht das BImSchG nicht vor. Überprüft die Behörde daher nicht aus eigenem Antrieb die Einhaltung der Grundpflichten und erläßt entsprechende nachträgliche Anordnungen, so läuft auch der Dynamisierungseffekt des § 5 Abs. 1 BImSchG leer.

Die Pflichten des § 5 Abs. 1 BImSchG sind also zwingend einzuhalten und bedürfen bis auf den Bereich der Gefahrenabwehrpflicht der Umsetzung durch Verwaltungshandeln. Dies steht in Einklang mit dem integrierten Konzept der IVU-Richtlinie.

---

265 Vgl. RID, S. 154-155.

266 SENDLER, UPR 1990, 41 (42-43); BREUER, in: CZAJKA, FS Feldhaus, S. 49 (57); SELLNER, Immissionsschutzrecht und Industrieanlagen, Rn. 22; Landmann/Rohmer-KUTSCHEID, § 3 Rn. 11-13, § 5 Rn. 10-12; KRACHT/WASIELEWSKI, § 35 Rn. 27; MURSWIEK, S. 291; RID, S. 153-155.

267 JARASS, BImSchG, § 6 Rn. 32; FELDHAUS, BImSchG, § 4 Anm. 37; SENDLER, UPR 1990, 41 (43); RID, S. 150-151.

268 WICKEL, Bestandsschutz, S. 125-126; SENDLER, UPR 1990, 41 (42-43).

III. Die Ausgestaltung der Grundpflichten im UGB-KomE

Die Grundpflichten des § 83 Abs. 1 UGB-KomE stellen Mindestanforderungen dar, die durch weitere spezielle Pflichten in den Fachkapiteln ergänzt werden, beispielsweise § 422 Abs. 1 UGB-KomE für den anlagebezogenen Immissionsschutz. Sie sind nach dem Vorbild des BImSchG dynamisiert, das heißt, ihre Anforderungen wandeln sich mit dem technischen Fortschritt. Die Aktualisierung der Genehmigungsauflagen erfolgt über nachträgliche Anordnungen nach § 126 Abs. 1 UGB-KomE.

Aus dem Wortlaut ergibt sich nicht, an wen sich die Grundpflichten richten. § 83 Abs. 1 S. 1 UGB-KomE spricht davon, daß die Pflichten für Vorhaben gelten. Als Adressat kommen die jeweilige Behörde oder der betroffene Betreiber in Betracht. Die Sachverständigenkommission nimmt in der Begründung dazu nicht Stellung, wollte mit der Regelung aber auf den bewährten Grundpflichten des BImSchG aufbauen.[269] Eine Rechtsänderung gegenüber dem BImSchG war nicht beabsichtigt; dies verlangt die IVU-Richtlinie auch nicht. Die Pflichten des UGB-KomE richten sich daher direkt an die Adresse des Vorhabenträgers. Das Vorhaben ist von vornherein mit den Pflichten belastet. Nachträgliche Anordnungen und Genehmigungsauflagen konkretisieren lediglich die dazu erforderlichen Maßnahmen.[270]

Die Grundpflichten des UGB-KomE sind in jedem Fall einzuhalten, eine Abweichung oder eine Überwindung durch Güterabwägung, wie sie die IVU-Richtlinie möglich machen würde, ist nicht zulässig.[271] Dies entspricht der Rechtslage nach dem BImSchG. Neu im Vergleich zum BImSchG ist die Optimierungsklausel des § 83 Abs. 2 S. 1 UGB-KomE, wonach die Grundpflichten insgesamt so zu erfüllen sind, daß die Umwelt in ihrer Gesamtheit möglichst gering belastet wird.[272]

Die Sachverständigenkommission ist damit den Anforderungen der Richtlinie nachgekommen, hat sich dabei aber an das Vorbild des BImSchG gehalten.

---

269 UGB-KomE, Begründung zu § 83, S. 625.

270 UGB-KomE, Begründung zu § 83, S. 624.

271 UGB-KomE, Begründung zu § 83, S. 627.

272 Siehe Teil 2, § 4 A. III. 2.

B. Die Grundpflichten im einzelnen

I. Die Vorsorgepflicht

In der Richtlinie ist das Prinzip der Vorsorge in Art. 3 S. 1 lit. a IVU-RL normiert. Es sind alle geeigneten Vorsorgemaßnahmen zu treffen, insbesondere durch den Einsatz der besten verfügbaren Techniken. Der Vorsorgebegriff entspricht dem des europäischen Primärrechts (Art. 174 Abs. 2 EGV). Dieser enthält zwei Elemente: Zunächst sollen Umweltbeeinträchtigungen vermieden und insgesamt möglichst gering gehalten werden. Im Gegensatz zur Gefahrenabwehr ist das sichere Vorliegen einer Gefahr nicht erforderlich, vielmehr soll im Vorfeld die Wahrscheinlichkeit des Auftretens einer solchen verringert werden. Ziel ist die vorausschauende und vorbeugende Verminderung potentieller Umweltgefahren (Risikovorsorge).[273] Darüber hinaus erfaßt die Vorsorge die Ausrichtung der Umweltpolitik auf die Schonung von Natur und Ressourcen. Gefordert wird die umsichtige und rationelle Verwendung von Ressourcen im Sinne einer planerischen Bewirtschaftung. Kritische Belastungsgrenzen dürfen nicht ausgenutzt werden, um Spielräume bzw. Freiräume zu schaffen (Ressourcenvorsorge).[274] In dieser Ausprägung entspricht das Prinzip der Vorsorge dem Begriff der nachhaltigen Entwicklung.[275]

Auch nach dem BImSchG ist Vorsorge gegen schädliche Umwelteinwirkungen insbesondere durch dem Stand der Technik entsprechende Maßnahmen zur Emissionsbegrenzung zu treffen, §§ 1, 5 Abs. 1 Nr. 2 BImSchG. Die Pflicht zur Vorsorge entspricht inhaltlich der des Art. 174 EGV, da der europäische Grundsatz der Vorsorge seinen Ursprung im deutschen Recht hat.[276] Die Pflichten des Art. 3 S. 1 lit. a IVU-RL und des § 5 Abs. 1 Nr. 2 BImSchG sind damit nahezu gleichen Inhalts. Unterschiede ergeben sich nur aus den Differenzen zwischen den Begriffen *Umweltverschmutzungen – schädliche Umwelteinwirkungen* und *beste verfügbare Techniken – Stand der Technik*[277]. Insoweit entspricht § 5 Abs. 1

273 Grabitz/Hilf-GRABITZ-NETTESHEIM, Art. 130r Rn. 39-40; Groeben/Thiering/Ehlermann-KRÄMER, Art. 130r Rn. 21-22; EPINEY, Umweltrecht, S. 99-100; FRENZ, Rn. 141-147; GRIEM, S. 131; LÜBBE-WOLFF, NVwZ 1998, 777 (778-779); vgl. auch Calliess/Ruffert-CALLIESS, Art. 174 Rn. 25-30.

274 So Grabitz/Hilf-GRABITZ-NETTESHEIM, Art. 130r Rn. 39-40; GRIEM, S. 131; LÜBBE-WOLFF, NVwZ 1998, 777 (779); vgl. auch Calliess/Ruffert-CALLIESS, Art. 174 Rn. 25-30.

275 So GRIEM, S. 131; LÜBBE-WOLFF, NVwZ 1998, 777 (779).

276 LÜBBE-WOLFF, NVwZ 1998, 777 (778).

277 Siehe Teil 1, § 2 B. II. 1. und C. I.

Nr. 2 BImSchG nicht den Anforderungen des Art. 3 S. 1 lit. a IVU-RL.[278] Die Defizite in diesem Punkt werden auch nicht durch die anderen Grundpflichten und § 6 Abs. 1 Nr. 2 BImSchG ausgeglichen.[279] Die Vorsorgepflicht des Art. 3 S. 1 lit. a IVU-RL beschränkt sich nicht auf die Vorsorge nach den besten verfügbaren Techniken. Die Behörde muß im Rahmen des Berücksichtigungsgebots alle geeigneten Vorsorgemaßnahmen gegen Umweltverschmutzungen treffen. Auch § 5 Abs. 1 Nr. 2 BImSchG geht über die Vorsorge nach dem Stand der Technik hinaus und erfaßt alle möglichen und verhältnismäßigen Vorsorgemaßnahmen.[280] In dieser Hinsicht besteht nur ein grundsätzlicher Unterschied zur IVU-Richtlinie, der sich aus den verschiedenen Schutzbereichen bzw. den verschiedenen Definitionen von Umwelt ergibt.

Mit dem Artikelgesetz wird § 5 Abs. 1 Nr. 2 BImSchG um die Pflicht zur Vorsorge vor sonstigen Gefahren, erheblichen Nachteilen und erheblichen Belästigungen ergänzt und so der Schutzpflicht des § 5 Abs. 1 Nr. 1 BImSchG angepaßt.[281] § 5 Abs. 1 Nr. 2 BImSchG ermöglicht damit auch Vorsorgemaßnahmen gegen direkte Einträge in Wasser und Boden sowie eventuelle Folgen von Unfällen und Betriebsstörungen.[282]

Die Sachverständigenkommission hat sich dafür entschieden, dem Umweltgesetzbuch das Vorsorgeprinzip als allgemeine Grundlage voranzustellen, § 5 UGB-KomE. Risiken für die Umwelt und den Menschen sind *insbesondere durch eine vorausschauende Planung und geeignete technische Maßnahmen* zu vermeiden oder zu vermindern. Dieses Prinzip wird in den einzelnen Kapiteln weiter konkretisiert. So legt § 83 Abs. 1 Nr. 2 UGB-KomE den Projektträgern von Anlagen, die einer gebundenen Genehmigung bedürfen, allgemein die Pflicht auf, Risikovorsorge zu treffen. Für immissionsschutzrechtlich relevante Vorhaben normiert die spezielle Grundpflicht des § 422 Abs. 1 Nr. 2 UGB-KomE weitere Vorsorgeanforderungen. Die jeweiligen Grenzwerte sind einzuhalten und dem Stand der Technik entsprechende Maßnahmen zur Emissionsverminderung vorzusehen. Dies deckt sich mit der IVU-Richtlinie. Neu ist,

---

278 So auch STAPELFELDT, S. 118; bezogen auf die UVP-Richtlinie HOPPE/PÜCHEL, DVBl. 1988, 1 (7).

279 Siehe Teil 1, § 2 B. II. 1. b), c).

280 JARASS, BImSchG, § 5 Rn. 56; KLOEPFER/KROEGER, NuR 1990, 8 (15-16); TRUTE, S. 132-136.

281 Damit wird die Pflicht zur Unfallvorsorge des Art. 3 S. 1 lit. e IVU-RL umgesetzt, vgl. Begründung des Gesetzentwurfes der Bundesregierung zu Art. 2 (Änderung des BImSchG), BT-Drs. 14/4599, Nr. 5 a) bb), S. 126.

282 Siehe Teil 1, § 2 B. II. 1. b) und Begründung des Gesetzentwurfes der Bundesregierung zu Art. 2 (Änderung des BImSchG), BT-Drs. 14/4599, Nr. 5 a) bb), S. 126.

daß die Emissionen gemäß § 422 Abs. 1 Nr. 2 UGB-KomE unter Berücksichtigung aller Umstände des Einzelfalls auch unterhalb von Grenz- und Richtwerten so gering wie möglich zu halten sind. Dies gewährleistet, daß eine veraltete Festlegung von Grenz- oder Richtwerten in Rechtsverordnungen oder Verwaltungsvorschriften nicht zur Absenkung des Vorsorgeniveaus führt. Die Umstände des Einzelfalls erfordern dann die Verwendung der neuesten Technologie.[283] Der UGB-KomE bezieht sich ausdrücklich auf die Risikovorsorge, wohingegen weder das BImSchG noch die IVU-Richtlinie den Begriff verwenden. Dort wird allgemein von Vorsorge gegen schädliche Umwelteinwirkungen bzw. gegen Umweltverschmutzungen gesprochen. Ein Risiko besteht gemäß § 2 Nr. 5 UGB-KomE, wenn die Möglichkeit besteht, daß eine nicht nur geringfügige Einwirkung auf ein Schutzgut des Gesetzbuches eintritt, soweit diese nicht praktisch ausgeschlossen erscheint. Erfaßt wird damit der Raum zwischen Gefahrenschwelle und Restrisiko. Das Vorsorgegebot enthält aber auch raum- und ressourcenbezogene Elemente, denn es verpflichtet den Betreiber über die normierten Grenzwerte hinaus zur Minimierung der Emissionen. Das deckt sich mit dem Begriff der Vorsorge des BImSchG und der IVU-Richtlinie.

II. Die Schutzpflicht

Art. 3 S. 1 lit. b IVU-RL verbietet die Verursachung von *erheblichen Umweltverschmutzungen*. Darunter fällt die Freisetzung von Stoffen, Erschütterungen, Wärme oder Lärm in die drei Umweltmedien, die der menschlichen Gesundheit oder der Umweltqualität schaden oder zu einer Schädigung von Sachwerten bzw. zu einer Beeinträchtigung oder Störung von Annehmlichkeiten und anderen legitimen Nutzungen der Umwelt führen können, Art. 2 Nr. 2 IVU-RL. Die Norm scheint hinsichtlich der Schäden für die Gesundheit und die Umweltqualität die Gewißheit des Eintritts zu verlangen und hinsichtlich der Sachwerte, der Annehmlichkeiten und der Nutzungen der Umwelt die Wahrscheinlichkeit einer Beeinträchtigung ausreichen zu lassen. Warum eine solche graduelle Differenzierung erforderlich sein soll, ergibt sich weder aus der Richtlinie und noch aus der Entstehungsgeschichte. Die Differenzierung erscheint bezogen auf die Schutzwürdigkeit der Umweltgüter und das Ziel der Richtlinie als verfehlt. Denn dann müßte, um Schutzmaßnahmen wegen Gesundheitsbeschädigungen verlangen zu können, die Möglichkeit des Schadenseintritts gewiß sein, während bei Sachwerten die konkrete Gefahr ausreichen würde. Das würde der allgemeinen

283 UGB-KomE, Begründung zu § 422, S. 1178.

Wertigkeit der Schutzgüter widersprechen. Ein Vergleich mit den anderen Fassungen der Richtlinie ergibt, daß es sich um eine sprachlich mißglückte Übersetzung handelt. Die französische Fassung stellt darauf ab, ob die jeweiligen Emissionen geeignet sind, die menschliche Gesundheit oder die Umweltqualität zu schädigen, Beeinträchtigungen von Sachwerten, Beeinträchtigungen oder Störungen von Annehmlichkeiten und anderen rechtmäßigen Nutzungen der Umwelt herbeizuführen (*...susceptibles de porter atteinte à la santé humaine ou à la qualité de l'environnement, d'entraîner des détériorations aux biens matériels, une détérioration ou une entrave à l'agrément de l'environnement ou à d'autres utilisations légitimes de ce dernier;*). Erforderlich ist die Schadensneigung der Emissionen, nicht aber ein sicherer Schadenseintritt. Auch die italienische Version läßt die Möglichkeit einer Schädigung ausreichen. Umweltverschmutzungen sind danach Emissionen, die die menschliche Gesundheit oder die Umweltqualität schädigen könnten oder eine Verschlechterung von Sachwerten oder Schäden oder Störungen des Erholungswertes oder anderer rechtmäßiger Nutzungen der Umwelt verursachen könnten (*...potrebbero nuocere alla salute umana o alla qualità dell'ambiente, causare il deterioramento di beni materiali, oppure danni o perturbazioni a valori ricreativi dell'ambiente o ad altri suoi legittimi usi;*). Ähnlich die englische Fassung, wonach es ausreicht, daß Emissionen für die menschliche Gesundheit oder die Umweltqualität schädlich sein könnten oder zu Schäden an Eigentum führen oder Annehmlichkeiten und andere rechtmäßige Nutzungen der Umwelt beeinträchtigen oder stören könnten (*...which may be harmful to human health or the quality of the environment, result in damage to material property, or impair or interfere with amenities and other legitimate uses of the environment;*). Art. 2 Nr. 2 IVU-RL ist dementsprechend in der deutschen Fassung so auszulegen, daß es ausreicht, wenn die Möglichkeit einer Schädigung besteht. Die Gefahr einer Schädigung oder Beeinträchtigung reicht damit aus.

Dies korrespondiert mit der Schutzpflicht des § 5 Abs. 1 Nr. 1 BImSchG, wonach von der Anlage keine schädlichen Umwelteinwirkungen ausgehen dürfen. Schädlich sind nur solche Umwelteinwirkungen, die geeignet sind, Gefahren, erhebliche Nachteile oder erhebliche Belästigungen für die Allgemeinheit oder die Nachbarschaft herbeizuführen. Unter Gefahr versteht man die hinreichend wahrscheinliche, nach Art, Maß oder Dauer nicht unerhebliche Beeinträchtigung der geschützten Rechtsgüter. Dabei sind die Anforderungen an die Wahrscheinlichkeit des Schadenseintritts um so geringer, je größer der drohende Schaden ist.[284] Die Schutzpflicht verlangt weiter die Verhinderung sonstiger Gefahren. Darunter fallen störfalltypische Gefahren wie eine Brand- oder Explosions-

---

284 BENDER/SPARWASSER/ENGEL, Rn. 8/98-99; JARASS, BImSchG, § 3 Rn. 11.

gefahr und Gefahrenquellen des Normalbetriebs. Die Norm erfaßt alle Gefahrenquellen, unabhängig davon in welchem Umweltmedium sich die Gefahr realisiert, also auch solche Gefahren, die durch direkte Schadstoffeinträge in den Boden oder Gewässer verursacht werden.[285] Für den Schutz des Bodens hat diese Auslegung ihre Bestätigung in der Definition des § 3 Abs. 3 BBodSchG gefunden, wonach direkte Schadstoffeinträge in den Boden unter sonstige Gefahren, erhebliche Nachteile und erhebliche Belästigungen zu subsumieren sind. Die Schutzpflicht des § 5 Abs. 1 Nr. 1 BImSchG ist damit medienübergreifend ausgestaltet.[286] Die Formulierung legt aber noch immer die Vermutung nahe, daß die Norm den Luftpfad privilegiert und Belastungen des Wassers oder des Bodens als sonstige Gefahren nur zusätzlich erfaßt.[287] Sinnvoll wäre es daher, das Wasser und den Boden ausdrücklich zu nennen.

Vorhaben dürfen nach § 83 Abs. 1 Nr. 1 UGB-KomE weder Gefahren für die Umwelt noch für den Menschen hervorrufen. Diese Grundpflicht wird in § 422 Abs. 1 Nr. 1 UGB-KomE speziell für immissionsschutzrechtlich relevante Vorhaben wiederholt; diese dürfen keine schädlichen Immissionen verursachen. Auch hier ist die relevante Schwelle das Vorliegen einer Gefahr, denn Immissionen sind nur dann schädlich, wenn sie eine Gefahr darstellen können, § 2 Nr. 7 UGB-KomE. Eine solche ist gegeben, wenn erhebliche nachteilige Auswirkungen mit hinreichender Wahrscheinlichkeit zu erwarten sind, § 2 Nr. 4 UGB-KomE. Es reicht also die Möglichkeit einer nicht unerheblichen schädlichen Einwirkung.

III. Die Abfallvermeidungspflicht

Art. 3 S. 1 lit. c IVU-RL verweist auf die Richtlinie 75/442/EWG des Rates vom 15. Juli 1975 über Abfälle[288]. Abfälle sind vorrangig zu vermeiden. Erst in zweiter Linie sind sie umweltverträglich zu verwerten oder, falls dies aus technischen oder wirtschaftlichen Gründen nicht möglich ist, zu beseitigen. Die Vermeidung von Abfällen hat damit nach dem Wortlaut Vorrang vor der Verwertung. Nur wenn die Vermeidung nicht

---

285 JARASS, BImSchG, § 5 Rn. 38-39; Landmann/Rohmer-KUTSCHEID, § 5 Rn. 67-71, 90; SCHULZ, S. 206; SCHREIBER, S. 132; REBENTISCH, NVwZ 1995, 949 (951).

286 SCHULZ, S. 206; SCHREIBER, S. 132; REBENTISCH, NVwZ 1995, 949 (951).

287 Daher hält SCHÄFER die Norm für nicht richtlinienkonform, UPR 1997, 444 (447); so auch DOLDE, NVwZ 1997, 313 (315).

288 ABlEG 1975 Nr. L 194, S. 47, geändert durch die Richtlinien 91/156/EWG vom 18.3.1991, ABlEG 1991 Nr. L 78, S. 32 und 91/692/EWG vom 23.12.1991, ABlEG 1991 Nr. L 377, S. 48 und die Entscheidung 96/350/EWG der Kommission vom 24.5.1996, ABlEG 1996 Nr. L 135, S. 32.

möglich ist, dürfen sie in der weiteren Abstufung verwertet und als *ultima ratio* beseitigt werden.

Die Umsetzung der Abfallrichtlinie ist in Deutschland mit dem Kreislaufwirtschafts- und Abfallgesetz vom 27.9.1994 erfolgt. Der Abfall- und der Vermeidungsbegriff des deutschen Rechts sind damit dem europäischen Recht angeglichen worden.[289] Umsetzungsbedarf besteht hier nicht, vorausgesetzt, daß das KrW-/AbfG den Anforderungen der Abfallrichtlinie genügt. Gemäß § 5 Abs. 1 Nr. 3 BImSchG müssen Errichtung und Betrieb der Anlage so erfolgen, daß Abfälle im Sinne des § 3 KrW/AbfG vermieden werden, es sei denn, sie werden ordnungsgemäß und schadlos verwertet. Nur soweit weder die Vermeidung noch die Verwertung möglich oder zumutbar ist, darf der Betreiber Abfälle gemeinwohlverträglich beseitigen. Aus der Formulierung *es sei denn* ergibt sich, daß der Betreiber zwischen der Vermeidung und der ordnungsgemäßen und schadlosen Verwertung wählen darf. Damit besteht nur ein relativer Vorrang der Vermeidung von Abfällen, der entfällt, sofern der Betreiber die Abfälle einer ordnungsgemäßen und schadlosen Verwertung zuführt.[290] Ob das der Abstufung des Art. 3 S. 1 lit c IVU-RL gerecht wird, erscheint fraglich. Dagegen spricht der Wortlaut der Norm, der die Abfallvermeidung privilegiert. Eine andere Auslegung der Norm könnte sich nur aus dem Ziel der Richtlinie ergeben, ein hohes Schutzniveau für die Umwelt insgesamt zu gewährleisten. Dem würde es widersprechen, wenn der Vorrang der Vermeidung auch dann bestünde, wenn die Verwertung ökologisch verträglicher wäre, weil sie weniger Umweltbelastungen hervorriefe. Art. 3 S. 1 lit. c IVU-RL könnte dann so auszulegen sein, daß in diesen Fällen der Vorrang der Vermeidung entfällt. Allerdings ist zweifelhaft, ob sich für diese Fälle überhaupt ein praktischer Anwendungsbereich ergibt. Der Ausgleich der konfligierenden Zielsetzungen der Grundpflichten des Art. 3 S. 1 IVU-RL führt dazu, daß weder Maßnahmen zur Emissionsvermeidung richtlinienkonform wären, die das Abfallaufkommen in der Weise vergrößern, daß eine Entlastung der Umwelt insgesamt nicht eintritt, noch Maßnahmen zur Verringerung des Abfallaufkommens, die im Gegenzug zu einer gleichwertigen Umweltbelastung führen. Damit sind Maßnahmen zur Vermeidung von Abfällen ausgeschlossen, die ihrerseits zu überwiegenden Belastungen der Umwelt führen. In diesem Fall entfällt dann auch automatisch der Vorrang der Abfallvermeidung. Gegen den grundsätzli-

---

289 Vgl. zur Entstehungsgeschichte: Kunig/Paetow/Versteyl-KUNIG, § 3 Rn. 8-9.

290 Vgl. Begründung des Gesetzentwurfes der Bundesregierung, BT-Drs. 14/4599, A. III. 1. a) bb) (2) (b), S. 77 und zu Art. 2 (Änderung des BImSchG) Nr. 5 bb), S. 126-127; MARTINI, S. 229-230; GRIEM, S. 163-164; JARASS, § 5 Rn. 70; Differenziert HANSMANN, NVwZ 1990, 409 (411, 412); a.A. KLOEPFER, § 14 Rn. 74.

chen Vorrang der Vermeidung spräche nur, wenn es Fallgestaltungen gäbe, bei denen die Vermeidung der Abfälle in Einklang mit den anderen Grundpflichten stünde, aber die Verwertung trotzdem für die Umwelt insgesamt vorteilhafter wäre. Das erscheint unwahrscheinlich, da sowohl die stoffliche als auch die energetische Verwertung in der Regel negative Auswirkungen auf die Umwelt haben, indem beispielsweise Energie verbraucht wird oder Emissionen oder wiederum Abfälle entstehen. Tritt ein solcher Fall aber auf, ist Art. 3 S. 1 lit. c IVU-RL aufgrund des Ziels der Richtlinie so auszulegen, daß die Verwertung der Abfälle trotz möglicher Vermeidung Vorrang hat. Entgegen des Wortlauts der Norm gilt der Vorrang der Vermeidung damit nicht absolut.[291] Die Vermeidung darf im Einzelfall nicht zu einer höheren Umweltbelastung führen als die Verwertung.

Das ändert aber nichts daran, daß die Regelung des § 5 Abs. 1 Nr. 3 BImSchG den Anforderungen der Richtlinie nicht entspricht. Von dem eben geschilderten Extremfall abgesehen, räumt die IVU-Richtlinie wie auch § 4 Abs. 1 KrW-/AbfG und Art. 3 Abfallrichtlinie der Abfallvermeidung unter dem Gesichtspunkt den Vorrang ein, daß in aller Regel die Vermeidung von Abfällen ökologisch sinnvoller ist als die nachträgliche Verwertung. § 5 Abs. 1 Nr. 3 BImSchG gibt dem Betreiber aber eine Wahlfreiheit zwischen der ordnungsgemäßen und schadlosen Verwertung und der Vermeidung. Ordnungsgemäß ist jede Verwertung, die in Einklang mit den gesetzlichen Vorschriften steht, bei einer thermischen Anlage zur energetischen Verwertung beispielsweise mit den § 5 Abs. 1 Nr. 1 und 2 BImSchG.[292] Schadlos ist die Verwertung, wenn sie in Anlehnung an § 5 Abs. 3 S. 3 KrW-/AbfG nicht zu Beeinträchtigungen des Wohls der Allgemeinheit führt, insbesondere nicht zu Schadstoffanreicherungen im Wertstoffkreislauf.[293] Nach der IVU-Richtlinie entfällt bei zielkonformer Auslegung das Gebot des Vorrangs der Vermeidung aber nur, wenn die ökologische Bilanz der Gesamtauswirkungen der möglichen Vermeidung und Verwertung ergibt, daß die Verwertung insgesamt umweltfreundlicher ist. In die Ökobilanz fließen aber auch Aspekte wie der Energie- oder Rohstoffverbrauch ein, die bei der Gleichstellung von Vermeidung und Verwertung nach dem BImSchG keine Rolle spielen. § 5 Abs. 1 Nr. 3 BImSchG entspricht damit nicht der Abstufung des Art. 3 S. 1 lit. c IVU-RL, der grundsätzlich der Vermeidung den Vorrang

291 Vgl. zum KrW-/AbfG: BENDER/SPARWASSER/ENGEL, Rn. 12/833.

292 JARASS, BImSchG, § 5 Rn. 88.

293 JARASS, BImSchG, § 5 Rn. 89; GRIEM, S. 167-168; Kunig/Paetow/Versteyl-KUNIG, § 5 Rn. 28.

vor der Verwertung einräumt.[294] An dieser Stelle besteht Umsetzungsbedarf, auch wenn die IVU-Richtlinie nicht die zwingende Beachtung der Grundpflichten im Sinne der gebundenen Genehmigung des BImSchG verlangt. Art. 3 S. 2 IVU-RL geht über die Anforderungen des Art. 3 Abfallrichtlinie hinaus, der lediglich Maßnahmen zur Förderung der Ziele der Richtlinie fordert und für dessen Umsetzung es daher ausreichen soll, die Vermeidung und Verwertung gleichzustellen.[295] Die IVU-Richtlinie fordert, die Pflichten bei der Genehmigungserteilung zu berücksichtigen. Eine parallele Auslegung der Normen kommt daher nicht in Betracht.[296] Wenn die Pflichten über das Berücksichtigungsgebot entsprechend des Regelungsansatzes des integrierten Konzepts in die Genehmigungsentscheidung einfließen, bleibt das Berücksichtigungsgebot kaum hinter der zwingenden Einhaltung der Grundpflichten zurück. Denn auch im Rahmen der gebundenen Entscheidung sind die gegenläufigen Interessen der verschiedenen Vorsorgeaufträge untereinander in einen verhältnismäßigen Ausgleich zu bringen. Dabei macht es wie bei der Abwägungsentscheidung nach der IVU-Richtlinie einen Unterschied, ob das Prinzip heißt, die Vermeidung hat Vorrang oder die Verwertung und die Vermeidung sind gleichwertig.

Die Bundesregierung hat den Umsetzungsbedarf erkannt. Der Vermeidung von Abfall wird nun die Priorität eingeräumt, ist die Vermeidung technisch nicht möglich oder nicht zumutbar, entfällt gemäß § 5 Abs. 1 Nr. 3 zweiter Haupts. des Entwurfs der Vorrang der Vermeidung; die Abfälle sind zu verwerten. Die Wortlaut der Entwürfe vom 31.1. und 30.6.2000 war an dieser Stelle unklar. Er ließ die Interpretation zu, daß der Betreiber dann zwischen der Verwertung und der Beseitigung wählen darf.[297] Die Beseitigung ist nur zulässig, wenn auch die Verwertung

---

294 Begründung des Gesetzentwurfes der Bundesregierung, BT-Drs. 14/4599, A. III. 1. a) bb) (2) (b), S. 77 und Begründung des Gesetzentwurfes der Bundesregierung zu Art. 2 (Änderung des BImSchG) Nr. 5 bb), S. 126-127; MARTINI, S. 229-230; GRIEM, S. 163-164; LINDEMANN, Stellungnahme zum Gesetzentwurf der Bundesregierung, Drs. 14/458 des Ausschusses für Umwelt, Naturschutz und Reaktorsicherheit, Teil 1, S. 36; am selben Ort: SCHMIDT-PREUß, Teil 2, S. 17; a.A. am selben Ort: BDI, Teil 1, S. 120 und VERBAND DER CHEMISCHEN INDUSTRIE, Teil 1, S. 152-153; GRIEM, S. 297, 305; FRENZ, Rn. 487.

295 Vgl. Kunig/Paetow/Versteyl-KUNIG, § 4 Rn. 15; zur IVU-Richtlinie GRIEM, S. 162.

296 KRACHT/WASIELEWSKI, § 35 Rn. 47; a.A. GRIEM, S. 297, 305; FRENZ, Rn. 487; BDI, Stellungnahme zum Gesetzentwurf der Bundesregierung, Drs. 14/458 des Ausschusses für Umwelt, Naturschutz und Reaktorsicherheit, Teil 1, S. 120; am selben Ort: VERBAND DER CHEMISCHEN INDUSTRIE, S. 152-153.

297 Vgl. dazu BEYER, UPR 2000, 434 (436).

des Abfalls nicht in Betracht kommt.[298] Die Bundesregierung hat die oben erarbeitete zielkonforme Auslegung des Vorrangs der Vermeidung gegenüber der Verwertung gesetzlich umgesetzt, indem der Vorrang der Vermeidung gemäß § 5 Abs. 1 Nr. 3 zweiter Haupts. des Entwurfs dann entfällt, wenn diese zu nachteiligeren Umweltauswirkungen führt als die Verwertung. Insbesondere soll das dann der Fall sein, wenn die Vermeidung zu Schadstoffanreicherungen im Wertstoffkreislauf führt.[299] Die ursprünglich vorgesehene Beschränkung der Pflicht auf Abfälle, die beim Betrieb der Anlage anfallen, hat die Bundesregierung in der endgültigen Fassung wieder gestrichen.[300]

§ 83 Abs. 1 Nr. 5 UGB-KomE orientiert sich in seiner Formulierung an § 5 Abs. 1 Nr. 3 BImSchG. Es wird jedoch ausdrücklich die Abfallvermeidung privilegiert. Erst in zweiter Linie sind Abfälle umweltschonend zu verwerten und nur, wenn dies technisch nicht möglich oder unzumutbar ist, zu beseitigen. Diese Abstufung ergibt sich deutlich auch aus § 729 Abs. 1 bis 3 UGB-KomE, der die Grundpflichten der Abfallwirtschaft regelt. Während § 83 Abs. 1 Nr. 5 UGB-KomE bezogen auf die Beseitigung wie auch das BImSchG als Kriterium das Wohl der Allgemeinheit heranzieht, stellt § 729 Abs. 3 S. 1 UGB-KomE zusätzlich klar, daß die Beseitigung möglichst umweltschonend vorzunehmen ist, was sich mit der Regelung des Art. 3 S. 1 lit. c IVU-RL deckt.

IV. Das Gebot der effizienten Energieverwendung

Nach Art. 3 S. 1 lit. d IVU-RL ist Energie effizient zu verwenden. Die Pflicht bezieht sich nach ihrem Wortlaut sowohl auf die in der Anlage anfallende als auch auf die extern bezogene Energie. Nicht nur die im Betrieb erzeugte, sondern auch die extern bezogene Energie muß effizient verwendet werden.[301] Effizient bedeutet im normalen Sprachgebrauch besonders wirksam und wirtschaftlich. Vor dem Hintergrund des Ziels der IVU-Richtlinie, ein hohes Schutzniveau für die Umwelt insgesamt zu erreichen, ist jedoch evident, daß die Beantwortung der Frage, ob Energie effizient verwendet wird, nicht von wirtschaftlichen

---

298 Vgl. Begründung des Gesetzentwurfes der Bundesregierung zu Art. 2 (Änderung des BImSchG), BT-Drs. 14/4599, Nr. 5 a) bb), S. 126-127.

299 Vgl. Begründung des Gesetzentwurfes der Bundesregierung zu Art. 2 (Änderung des BImSchG), BT-Drs. 14/4599, Nr. 5 a) bb), S. 126-127.

300 Vgl. dazu Beyer, UPR 2000, 434 (436).

301 Dürkop/Kracht/Wasielewski, UPR 1995, 425, (432); Schäfer, in: Czajka, FS Feldhaus, S. 327 (331).

Kriterien abhängt.[302] Dies könnte dazu führen, daß es betriebswirtschaftlich günstiger wäre, beispielsweise als Nebenprodukt anfallende Energie nicht zu nutzen, obwohl dies unter ökologischen Gesichtspunkten anzustreben wäre. Effizient wird Energie nach der IVU-Richtlinie dann genutzt, wenn extern bezogene Energie mit hohen Wirkungsgraden ohne vermeidbaren Energieverlust verwendet und in der Anlage anfallende Energie genutzt wird. Ziel ist damit die Einsparung von Energie.[303] Dabei beschränkt sich der Anwendungsbereich der Pflicht, wie sich aus der allgemeinen Anlagen- und Betriebsbezogenheit der Richtlinie ergibt, allein auf die Verwendung der Energie in der Anlage. Keine Rolle spielt die Herkunft der extern bezogenen Energie.[304]

§ 5 Abs. 1 Nr. 4 BImSchG verpflichtet den Betreiber, anfallende Abwärme zu nutzen. Das Wärmenutzungsgebot läuft aber, sieht man von § 8 der 17. BImSchV ab, leer, da die entsprechende Rechtsverordnung nach § 5 Abs. 2 BImSchG konstitutive Wirkung hat und noch nicht erlassen worden ist.[305] Ein bereits vorliegender Entwurf für eine Wärmenutzungsverordnung wurde zurückgestellt.[306] Zudem ist § 5 Abs. 1 Nr. 4 BImSchG – wie sich aus dem Wortlaut ergibt – nachrangig gegenüber den anderen Pflichten des § 5 Abs. 1 BImSchG, was mit der IVU-Richtlinie nicht zu vereinbaren ist.

Die effiziente Energieverwendung ist allerdings auch ein Teilbereich der Vorsorgepflicht des § 5 Abs. 1 Nr. 2 BImSchG (vgl. Nr. 3.1.2 TA Luft). Da die Vorsorge auf Emissionsvermeidung abzielt, ist darüber die Pflicht zur effizienten Energieverwendung aber nur soweit durchsetzbar, als es um Energieverbrauch geht, der sich auf den Emissionsausstoß der Anlage auswirkt. Die IVU-Richtlinie verlangt indes auch den effizienten Umgang mit extern bezogener Energie wie Elektrizität, die den Emissionsausstoß der Anlage nicht beeinflußt.[307] Die Pflicht zur effizienten Energienutzung schreibt minimalen Energieeinsatz unabhängig von den Auswirkungen auf die Emissionen vor.

§ 83 Abs. 1 Nr. 4 UGB-KomE verpflichtet den Betreiber dazu, mit Energie und Ressourcen möglichst sparsam und effizient umzugehen. Er

---

302 SCHÄFER, in: CZAJKA, FS Feldhaus, S. 327 (332-333); MARTINI, S. 232.

303 Vgl. Art. 19 Abs. 3 lit. c Energiecharta, ABlEG 1994 Nr. L 380, S. 1.

304 SCHÄFER, in: CZAJKA, FS Feldhaus, S. 327 (333); MARTINI, S. 234; a.A. ZÖTTL, NuR 1997, 157 (163).

305 SELLNER, NVwZ 1991, 305 (307); FELDHAUS, NVwZ 1995, 963 (971).

306 Sechster Immissionsschutzbericht der Bundesregierung, BT-Drs. 13/4825, S. 18.

307 DÜRKOP/KRACHT/WASIELEWSKI, UPR 1995, 425, (432); SCHÄFER, in: CZAJKA, FS Feldhaus, S. 327 (333).

muß ein umfassendes Energiekonzept für die jeweilige Anlage erstellen. Der effiziente Umgang umfaßt nicht nur die in § 5 Abs. 1 Nr. 4 BImSchG normierte Abwärmenutzung oder die effiziente Verwendung von Brennstoffen in der Anlage, sondern auch die möglichst sparsame Verwendung von extern bezogener Energie, unabhängig davon, ob dies Auswirkungen auf die Emissionen der Anlage hat.[308] Damit wäre Art. 3 S. 1 lit. d IVU-RL richtlinienkonform umgesetzt.

An diesem Vorbild hat sich auch die Bundesregierung orientiert. Sie will den Katalog des § 5 Abs. 1 BImSchG um eine neue Grundpflicht ergänzen. Dafür wird die Pflicht zur Abwärmenutzung des § 5 Abs. 1 Nr. 4 BImSchG durch die Pflicht, Energie sparsam und effizient zu verwenden, ersetzt. Zunächst wollte die Bundesregierung über die Anforderungen der Richtlinie hinausgehen und die Pflicht auf den Rohstoffeinsatz ausdehnen.[309]

Während die Pflicht zur effizienten Nutzung von Energie nach der Begründung der Bundesregierung vor allem die Erreichung hoher Wirkungsgrade, die Einschränkung von Energieverlusten und die Nutzung anfallender Energie betrifft, soll die sparsame Verwendung eine Reduktion der eingesetzten Energie durch organisatorische, handlungsorientierte Maßnahmen erfassen. Die beiden Bereiche überschneiden sich insofern als die effiziente Verwendung von Energie bereits das Gebot enthält, den Wirkungsgrad maximal auszuschöpfen und damit das Gebot, nicht notwendigen Einsatz zu vermeiden. Nach SCHÄFER, der zwischen der Pflicht, Energie effizient und der Pflicht, Energie sparsam zu verwenden, differenziert, fordert die IVU-Richtlinie nicht die Sparsamkeit, sondern nur die Wirksamkeit der Maßnahmen.[310] Er ist der Ansicht, daß die Pflicht zur sparsamen Verwendung mit dem Recht des Vorhabenträgers kollidiere, die technische Ausgestaltung der Anlage zu bestimmen.[311] Diese Argumentation überzeugt nicht. Der effiziente Einsatz von Energie impliziert die Einsparung von Energie, denn wirksamer Einsatz bedeutet, daß eine Verminderung der eingesetzten Energie pro Produktionseinheit angestrebt wird. Das heißt, daß im Verhältnis zum Produk-

---

308 UGB-KomE, Begründung zu § 83 Abs. 1, S. 626.

309 Vgl. die Entwürfe zum Artikelgesetz vom 31.1.2000 und 30.6.2000.

310 SCHÄFER, in: CZAJKA, FS Feldhaus, S. 327 (339).

311 SCHÄFER, in: CZAJKA, FS Feldhaus, S. 327 (338-339); so auch VERBAND DER CHEMISCHEN INDUSTRIE, Stellungnahme zum Gesetzentwurf der Bundesregierung, Drs. 14/458 des Ausschusses für Umwelt, Naturschutz und Reaktorsicherheit, Teil 1, S. 152. Die Bundesregierung betont in der Begründung, daß die Pflicht der Behörde nicht die Befugnis zur dirigistischen Steuerung der Produktionsmenge gäbe, Begründung des Gesetzentwurfes der Bundesregierung zu Art. 2 (Änderung des BImSchG), BT-Drs. 14/4599, Nr. 5 a) bb), S. 127.

tionsausstoß weniger Energie eingesetzt und damit Energie eingespart wird. Bezogen auf die Frage, wer die technische Ausgestaltung der Anlage bestimmt, macht es daher keinen Unterschied, ob der Betreiber zum effizienten oder zum sparsamen Einsatz von Energie verpflichtet wird. Ob die Behörde ermächtigt ist, in die technische Konzeption der Anlage einzugreifen oder ob sie lediglich Modifikationen durchsetzen kann, hängt mit der Ausgestaltung des Genehmigungsvorbehalts zusammen. Im Rahmen der gebundenen Genehmigung muß die Behörde, sofern sie über Inhaltsbestimmungen nicht gewährleisten kann, daß Energie effizient und sparsam verwendet wird, den Genehmigungsantrag ablehnen. Allerdings ist zu fragen, inwieweit der sparsamen neben der effizienten Energieverwendung überhaupt ein eigener Anwendungsbereich zukommt.[312]

V. Das Gebot, Unfälle zu verhindern

Nach Art. 3 S. 1 lit. e IVU-RL muß der Betreiber die notwendigen Maßnahmen zur Verhinderung und Begrenzung der Folgen von Unfällen ergreifen. Hinsichtlich des Genehmigungsantrags verweist Art. 6 Abs. 2 IVU-RL auf die Richtlinie 82/501/EWG des Rates vom 24. Juni 1982 über die Gefahren schwerer Unfälle bei bestimmten Industrietätigkeiten (Seveso-Richtlinie).[313] Die Pflicht des Art. 3 S. 1 lit. e IVU-RL geht aber über den Anwendungsbereich der Seveso-II-Richtlinie hinaus. Zum einen ist die Pflicht anlagebezogen und beschränkt sich nicht auf den Umgang mit gefährlichen Stoffen, zum anderen erfaßt die Pflicht nicht nur schwere sondern alle Arten von Unfällen, die Auswirkungen auf die Umwelt haben können.[314] Eine entsprechende Pflicht ist im Katalog des § 5 Abs. 1 BImSchG nicht vorhanden. Eine Umsetzung in Form einer eigenständigen Pflicht ist aber auch nicht notwendig. Das BImSchG erfaßt den Schutz vor Unfällen in § 5 Abs. 1 Nr. 1 BImSchG (sonstige Gefahren), sowie der 12. BImSchV (Störfall-Verordnung). Hier besteht nur insofern Umsetzungsbedarf, als daß diese Vorschriften nicht medienübergreifend ausgestaltet sind. Ein Regelungslücke besteht allein im Bereich der Vorsorge. Die Unfallverhütungspflicht des Art. 3 S. 1 lit. e IVU-RL betrifft nicht nur den Bereich der Gefahrenabwehr sondern auch den der Vorsorge vor Unfällen. Diesen Bereich deckt die Vorsorgepflicht des § 5

---

312 BDI, Stellungnahme zum Gesetzentwurf der Bundesregierung, Drs. 14/458 des Ausschusses für Umwelt, Naturschutz und Reaktorsicherheit, Teil 1, S. 121; am selben Ort: SCHMIDT-PREUß, Teil 2, S. 15.

313 ABlEG 1982, Nr. L 230, S. 1. Mittlerweile abgelöst von der RL 96/82/EG v. 9.12.1996 (Seveso-II-RL), ABlEG 1997 Nr. L 10, S. 13.

314 Vgl. Art. 1 der Seveso-II-RL und KRACHT/WASIELEWSKI, § 35 Rn. 49.

Abs. 1 Nr. 2 BImSchG bisher nicht voll ab, da die Norm auf die Vorsorge vor schädlichen Umwelteinwirkungen, das heißt Luftverunreinigungen beschränkt ist.[315] Dem begegnet die Bundesregierung mit der Ergänzung der Pflicht um die Vorsorge gegen sonstige Gefahren, erhebliche Nachteile und Belästigungen. Damit kann die Behörde Vorsorgemaßnahmen gegen Unfälle auf § 5 Abs. 1 Nr. 2 BImSchG stützen.

§ 83 Abs. 1 Nr. 3 UGB-KomE verpflichtet den Betreiber, die erforderlichen Maßnahmen zu treffen, um Störfälle zu verhüten und ihre Folgen möglichst zu begrenzen. Diese Maßnahmen müssen gemäß § 422 Abs. 1 Nr. 3 UGB-KomE dem Stand der Technik und der guten Praxis des Sicherheitsmanagements entsprechen.

VI. Die Stillegung

Die Anlage ist nach Art. 3 S. 1 lit. f IVU-RL so zu betreiben, daß der Betreiber bei einer endgültigen Stillegung die erforderlichen Maßnahmen trifft, um jegliche Umweltverschmutzung zu vermeiden. Er muß das stillgelegte Betriebsgelände in einen zufriedenstellenden Zustand versetzen. Die Pflicht reicht damit über den Betriebszeitraum hinaus und verpflichtet den Betreiber dazu, während des Betriebs Vorsorgemaßnahmen zu treffen, damit nach Stillegung der Anlage keine Gefahren entstehen können. Gleichzeitig enthält Art. 3 S. 1 lit. f IVU-RL die Pflicht, nach Einstellung des Betriebs Gefahren zu verhindern und das Gelände in einen zufriedenstellenden Zustand zu versetzen.

§ 5 Abs. 3 BImSchG betrifft die Pflichten des Betreibers nach Stillegung der Anlage. Die Vorschrift enthält keine eigenständige Grundpflicht wie § 5 Abs. 1 Nr. 1 - 3 BImSchG, sondern dehnt lediglich die temporäre Reichweite der Schutzpflicht — Nr. 1 — und der Abfallentsorgungspflicht — Nr. 3 — auf die Zeit nach der Stillegung der Anlage aus.[316] Die Norm erfaßt daher wie § 5 Abs. 1 Nr. 1 BImSchG Einträge in alle Medien.[317]

Während sich die Pflicht des § 5 Abs. 3 BImSchG auf den Schutz vor schädlichen Umwelteinwirkungen und sonstigen Gefahren, erheblichen Nachteilen und Belästigungen beschränkt, müssen gemäß Art. 3 S. 1 lit. f IVU-RL alle Maßnahmen getroffen werden, um einen zufriedenstellenden Zustand des Betriebsgeländes herzustellen. Dies deckt sich zum Teil

---

315 Vgl. Begründung des Gesetzentwurfes der Bundesregierung zu Art. 2 (Änderung des BImSchG), BT-Drs. 14/4599, Nr. 5 a) bb) S. 126; a.A. MARTINI, S. 237.

316 Dazu SELLNER, NVwZ 1991, 305 (307).

317 Siehe Teil 1, § 2 B. II. 1. b).

mit der Abfallentsorgungspflicht des § 5 Abs. 3 Nr. 2 BImSchG, da die Abfallbeseitigung eine der zur Wiederherstellung notwendigen Maßnahmen darstellt. Die Pflicht, das Betriebsgrundstück in einen zufriedenstellenden Zustand zu versetzen, geht aber über die bloße Pflicht zur umweltgerechten Abfallentsorgung hinaus. Die auf den Zeitraum nach Stillegung ausgedehnte Schutzpflicht des § 5 Abs. 1 Nr. 1 BImSchG erfaßt alle Gefahrenzustände. Die Herstellung eines zufriedenstellenden Zustands kann aber Rekultivierungs- und Sanierungsmaßnahmen oder Ähnliches erforderlich machen. Derartige Maßnahmen können in Deutschland auf § 32 Abs. 3, 4 und § 36 Abs. 2 KrW-/AbfG oder § 8 Abs. 2 BNatSchG gestützt werden. Diese Möglichkeiten ersetzen aber nicht eine für alle nach der IVU-Richtlinie genehmigungspflichtigen Anlagen geltende Stillegungspflicht. Das KrW-/AbfG erfaßt nur Abfalldeponien, die Sanierungspflichten der § 4 Abs. 3 und § 5 BBodSchG erfassen keine baulichen Anlagen und § 8 Abs. 2 BNatSchG greift nur ein, wenn ein Eingriff in die Natur und Landschaft vorliegt. Eine hinreichende Umsetzung des Art. 3 S. 1 lit. f IVU-RL ist damit nicht gegeben.[318]

Das Artikelgesetz sieht eine Ergänzung des § 5 Abs. 3 BImSchG um eine neue Nummer 3 vor. Danach hat der Betreiber sicherzustellen, daß *die Wiederherstellung eines ordnungsgemäßen Zustandes des Betriebsgeländes gewährleistet ist*. Es ist zweifelhaft, ob die Formulierung des Entwurfs der IVU-Richtlinie entspricht. Ordnungsgemäß ist ein Zustand schon, wenn nicht gegen gesetzliche Vorschriften verstoßen wird. In Betracht kommt vor allem das klassische Gefahrenabwehrrecht. Das würde bedeuten, daß es beispielsweise ausreicht, wenn die Betriebsanlagen den baupolizeilichen Vorschriften entsprechen. Die Wiederherstellung eines zufriedenstellenden Zustands kann hingegen weiter gehen. Darunter lassen sich der Rückbau ordnungsgemäßer, das heißt, ungefährlicher Betriebsanlagen wie auch Rekultivierungsmaßnahmen zur Herstellung des ursprünglichen oder eines anderen eine Nutzung ermöglichenden Zustands subsumieren.

Dieses Defizit enthält § 83 Abs. 1 Nr. 6 UGB-KomE nicht. Der Betreiber muß nicht nur die Abfälle verwerten oder beseitigen und dafür sorgen, daß von der stillgelegten Anlage keine Gefahren oder Risiken mehr ausgehen, sondern er muß darüber hinaus auch die Anlage abbauen und einen umweltgerechten Zustand des Geländes herstellen, soweit dies erforderlich und zumutbar ist. Im Gegensatz zum BImSchG umfaßt die

---

318 Vgl. MARTINI, S. 240-241; BEYER, UPR 2000, 434 (437); so auch UGB-KomE, Begründung zu § 83 Abs. 1, S. 627; a.A. offensichtlich STAPELFELDT, S. 133; KRACHT/WASIELEWSKI, § 35 Rn. 63.

Pflicht damit den Rückbau der Anlage und Rekultivierungsmaßnahmen. Allerdings enthält Art. 3 S. 1 lit. f IVU-RL keine ausdrückliche Beschränkung auf erforderliche und zumutbare Maßnahmen. Die Pflicht besteht aber nur dann, wenn der Zustand nicht zufriedenstellend ist, dann sind Maßnahmen auch erforderlich. Das Kriterium der Zumutbarkeit verweist auf die Verhältnismäßigkeit der Maßnahmen. Das widerspricht nicht der Pflicht des Art. 3 S. 1 lit. f IVU-RL. Keine der Pflichten des Art. 3 S. 1 IVU-RL fordert unverhältnismäßige Maßnahmen.[319]

C. Ausblick

Die Grundpflichten des Art. 3 IVU-RL entsprechen im wesentlichen der dynamischen Konzeption des § 5 Abs. 1 BImSchG. Sie sind nicht nur als Genehmigungsanforderungen bei Erteilung der Genehmigung zu beachten, sondern wie ihr Vorbild während des gesamten Betriebszeitraums. Nicht zwingend vorgeschrieben ist die auch für das BImSchG umstrittene Frage des Selbstvollzugs der Pflichten. Hier läßt die IVU-Richtlinie den Mitgliedstaaten Freiräume. Allerdings sieht Art. 13 IVU-RL eine Pflicht zur regelmäßigen Überprüfung und Aktualisierung der Genehmigungsauflagen vor. Im Gegensatz zu der Regelung des BImSchG sind die Pflichten der IVU-Richtlinie nicht als zwingende Genehmigungsvoraussetzungen ausgestaltet. Es reicht aus, wenn die Behörde sie bei der Festlegung der Genehmigungsauflagen berücksichtigt. Darin kann eine Abschwächung der Anforderungen gesehen werden, das Berücksichtigungsgebot entspricht aber auch dem Regelungsansatz des integrierten Konzepts der Richtlinie. Soweit das integrierte Konzept gewährleistet wird, steht einer zwingenden Regelung wie nach dem BImSchG nichts im Wege.

Inhaltlich geht der Pflichtenkatalog des Art. 3 S. 1 IVU-RL über die Regelung des BImSchG hinaus. Neu ist insbesondere die Pflicht zur effizienten Energieverwendung. Aber auch im Bereich der Vorsorge-, der Abfallvermeidungs- und der Stilllegungspflicht besteht Umsetzungsbedarf. Dies haben sowohl die Sachverständigenkommission und die Bundesregierung erkannt und Änderungen vorgesehen. Während die Sachverständigenkommission eine medienübergreifende Wirkung der Pflichten schon über die Definition der Grundbegriffe in § 2 UGB-KomE erreicht, hat die Bundesregierung den umständlicheren Weg gewählt, in jeder Norm alle Medien zu nennen. Dabei hat sie sich dafür entschieden, nach dem Vorbild der Schutzpflicht des § 5 Abs. 1 Nr. 1 BImSchG nicht Wasser und Boden als Medien aufzuführen, sondern diese unter den Begriff

319 Vgl. MARTINI, S. 241.

der sonstigen Gefahren zu subsumieren. Im Bereich der Abfallvermeidungs- und der Stilllegungspflicht entspricht der Entwurf der Bundesregierung nicht in allen Punkten den Anforderungen der IVU-Richtlinie.

§ 2 Umweltqualitätsnormen

Art. 10 IVU-RL betrifft die Einhaltung von europäischen Umweltqualitätsnormen. Die Vorschrift ist Teil des parallelen Konzepts der Kommission, die Emissionsgrenzwerte mit Umweltqualitätsnormen verknüpfen wollte. Wenn die Anwendung der besten verfügbaren Techniken nicht ausreicht, um die Qualitätsanforderungen zu erfüllen, sollten zusätzliche Maßnahmen ergriffen werden. Hingegen sah die sog. *escape-clause* des Art. 9 Abs. 3 des Vorschlags im umgekehrten Fall die Möglichkeit vor, bei guter Umweltqualität mehr Emissionen zuzulassen, als nach den besten verfügbaren Techniken eigentlich erlaubt gewesen wären.[320]

A. Beste verfügbare Techniken und Umweltqualitätsnormen

Reicht die Verwendung der besten verfügbaren Techniken für die Einhaltung von Umweltqualitätsnormen nicht aus, sind neben anderen Maßnahmen insbesondere zusätzliche Genehmigungsauflagen vorzusehen, Art. 10 IVU-RL. Dies ergibt sich auch – im Wortlaut klarer – aus Erwägungsgrund Nr. 19. Umweltqualitätsnormen sind gemäß Art. 2 Nr. 7 IVU-RL *die Gesamtheit von Anforderungen, die zu einem gegebenen Zeitpunkt in einer gegebenen Umwelt oder einem bestimmten Teil davon nach den Rechtsvorschriften der Gemeinschaft erfüllt werden müssen.* Es handelt sich um Immissionswerte, die die maximal zulässige Gesamtbelastung der Umwelt in dem jeweiligen Bereich bestimmen.[321] Die IVU-Richtlinie selber legt keine Umweltqualitätsnormen fest. Statt dessen verweist Art. 10 IVU-RL über die Definition auf alle bestehenden und zukünftigen Rechtsakte der Europäischen Gemeinschaft, die entsprechende Normen enthalten.

Die Richtlinie folgt damit der Erkenntnis, daß die auf europäischer Ebene konkurrierenden Konzepte der Immissionsbegrenzung durch Qualitätsziele und der Emissionsbegrenzung nach dem Minimierungsprinzip sich nicht ausschließen, sondern ergänzen.[322] Wie von APPEL am Beispiel des Vorschlags der Kommission zur IVU-Richtlinie dargelegt, ist anlagebezogener Umweltschutz, der sich auf den Erlaß strenger Emissions-

---

320 Vgl. Begründung der Kommission zum Vorschlag der IVU-Richtlinie, KOM (93) 423 endg. v. 14.9.1993, S. 6-7, 23.

321 Vgl. STIEF-TAUCH (Europäische Kommission GD XI), in: BMU, IPC-Planspiel, S. 32 (34); APPEL, DVBl. 1995, 399 (400).

322 Vgl. Begründung der Kommission zum Vorschlag der IVU-Richtlinie, KOM (93) 423 endg. v. 14.9.1993, S. 6-7, 23; APPEL, DVBl. 1995, 399-408; RAT VON SACHVERSTÄNDIGEN FÜR UMWELTFRAGEN, Umweltgutachten 1998, Nr. 264.

grenzwerte beschränkt, defizitär.[323] Auch die Verwendung modernster Technologie kann nicht verhindern, daß sich die Umweltqualität in Gebieten mit hoher Industriekonzentration bei Neuansiedlungen weiter verschlechtert. Die Bestimmungen von Mindeststandards durch Umweltqualitätsnormen schließt diese Lücke, da diese die maximale Schadstoffbelastung eines Gebietes festlegen und begrenzen. Immissionswerte gewährleisten andererseits nicht die Steuerung der Emissionen unterhalb der Höchstbelastungsgrenzen. Der Normalfall bleibt damit die Minimierung der Emissionen durch entsprechende Vorgaben. Die Belastung eines Gebietes findet ihre äußerste Grenze in den Immissionswerten.[324]

Was aber passiert, wenn diese Grenze erreicht ist?

Zunächst muß es sich um zwingende Umweltqualitätsnormen handeln, nicht um bloße Richtwerte. Dies ergibt sich aus den entsprechenden Richtlinien oder Verordnungen. Reicht die Verwendung der besten verfügbaren Techniken nicht aus, um eine Umweltqualitätsnorm einzuhalten, so verpflichtet die IVU-Richtlinie die Behörden dazu, zusätzliche Auflagen in der Genehmigung vorzusehen. Sie kann beispielsweise den Einsatz von Techniken verlangen, die einen höheren Wirkungsgrad haben, aber normalerweise wegen des hohen finanziellen Aufwandes nicht *verfügbar* sind. In Betracht kommen damit verschärfte Anforderungen an das Emissionsniveau der Anlage, also technische Maßnahmen, die über die besten verfügbaren Techniken hinausgehen.[325] Das führt für den Vorhabenträger zu höheren Kosten, die den Standort für ihn eventuell unattraktiv machen. Kommen weitere Neuansiedlungen hinzu, die trotz schärferer Auflagen das Immissionsniveau steigen lassen, so reichen technische Auflagen für die einzelne Anlage nicht aus, um die Einhaltung der Umweltqualitätsnormen zu gewährleisten. Handelt es sich um zwingend einzuhaltende Umweltqualitätsnormen, so stellt sich die Frage, welche Maßnahmen die Behörde dann ergreifen darf bzw. muß. Sind Neuansiedlungen, auch wenn sie alle Emissionsgrenzwerte einhalten, in diesem Fall überhaupt noch genehmigungsfähig?

Aus Art. 10 IVU-RL selber läßt sich dies nicht entnehmen. Zwingend ist nach dem Wortlaut nur die Rechtsfolge zusätzlicher Genehmigungsauflagen. Allerdings bleiben andere Maßnahmen, die zur Einhaltung der Umweltqualitätsnormen ergriffen werden können, davon unbeschadet.

---

323 APPEL, DVBl. 1995, 399 (405); WAHL/APPEL, S. 1 (192-195); siehe zu dem Komplex Umweltqualitätsziele auch KÖCK, ZUR 1997, 79-87; VOLKMANN, DVBl. 1999, 579-588.

324 APPEL, DVBl. 1995, 399 (405); WAHL/APPEL, S. 1 (194).

325 A.A. STEINBERG/KOEPFER, DVBl. 1997, 973 (979); SELLNER/SCHNUTENHAUS, NVwZ 1993, 828 (832).

Dabei ergibt sich aus der Verwendung von *können* nicht etwa, daß es den Mitgliedstaaten überlassen bleibt, ob sie andere Maßnahmen vorsehen, sondern nur, daß zunächst schärfere Genehmigungsauflagen vorzusehen sind. Aus dem Regelungszusammenhang mit Art. 8 und 9 Abs. 1 IVU-RL ergibt sich, daß, wenn schärfere Auflagen und andere mildere Mittel die Einhaltung der Immissionswerte nicht gewährleisten, die Behörde die Genehmigung nicht erteilen darf. Denn gemäß Art. 8 S. 1 IVU-RL darf die Behörde die Genehmigung nicht erteilen, wenn das Vorhaben die Anforderungen der Richtlinie nicht erfüllt. Dazu gehört gemäß Art. 9 Abs. 1 IVU-RL unter anderem, daß Art. 10 IVU-RL eingehalten wird. Aus dem Wortlaut des Art. 10 IVU-RL ergibt sich zwar nicht, welche Maßnahmen zu ergreifen sind, wenn Immissionswerte durch zusätzliche Auflagen allein nicht zu erfüllen sind. Die Einhaltung von zwingenden Umweltqualitätsnormen ist aber in jedem Fall zu gewährleisten. Ist dies nicht möglich, entspricht die Anlage nicht den Anforderungen der Richtlinie gemäß Art. 8 S. 1 und 9 Abs. 1 IVU-RL und ist nicht genehmigungsfähig. Das bestätigt auch die Entstehungsgeschichte. Art. 10 IVU-RL entspricht Art. 9 Abs. 2 des Vorschlags der Kommission. Diese versteht unter zusätzlichen Maßnahmen auch die Beschränkung der Produktion oder der Zahl der in dem Gebiet betriebenen Anlagen.[326] Da bereits genehmigte Anlagen Bestandsschutz genießen und nicht einfach stillgelegt werden können, kommt nur in Betracht, Neuansiedlungen zu verbieten. Der Rat hat sich dieser Vorstellung offensichtlich angeschlossen, indem er die Regelung der Kommission übernommen hat.[327] Das entspricht auch dem Ziel der Richtlinie, ein hohes Schutzniveau für die Umwelt insgesamt zu gewährleisten. Dem widerspräche es, wenn die Richtlinie grundsätzlich die Einhaltung von Umweltqualitätsnormen vorschreiben würde, aber dann, wenn diese ihre Funktion erfüllen sollen, nämlich eine weitere Verschmutzung durch mehr Emissionen zu verhindern, trotzdem Neuansiedlungen möglich blieben. Ist die entsprechende Umweltqualitätsnorm eindeutig überschritten, dürfen Neugenehmigungen für emittierende Betriebe nicht mehr erteilt werden.[328] Letztendlich ergibt sich diese Rechtsfolge aber aus den Umweltqualitätsnormen selber, da Voraussetzung ist, daß diese zwingend einzuhal-

---

326 Begründung der Kommission zum Vorschlag der IVU-Richtlinie, KOM (93) 423 endg. v. 14.9.1993, S. 7; vgl. auch STIEF-TAUCH (Europäische Kommission GD XI), in: BMU, IPC-Planspiel, S. 32 (34).

327 So auch KOCH, in: Jahrbuch für Umwelt- und Technikrecht, S. 31 (35).

328 So auch EPINEY/PFENNINGER/GRUBER, S. 206; EPINEY, in: KOCH, Probleme des Immissionsschutzrechts, S. 7 (21); KOCH, in: Jahrbuch für Umwelt- und Technikrecht, S. 31 (35); MARTINI, S. 252; ZÖTTL, Integrierter Umweltschutz, S. 227; SCHREIBER, S. 307.

ten sind. Sinnvoll wäre eine Ausnahme für solche Anlagen, die sich modernster Umwelttechnik bedienen.[329]

B. Die 22. BImSchV

Ein Vorbild für die Umsetzung von Umweltqualitätsnormen und die zur Einhaltung zu ergreifenden Maßnahmen bildet die 22. BImSchV, mit der mehrere Luftreinhalterichtlinien der EG[330] umgesetzt worden sind. Die normierten Immissionswerte dienen dem Schutz vor schädlichen Umwelteinwirkungen, § 1 Abs. 2 der 22. BImSchV. In Gebieten, in denen die festgelegten Werte überschritten werden, sind verschiedene Maßnahmen zu ergreifen, die die Einhaltung sobald wie möglich sicherstellen, § 6 Abs. 1 der 22. BImSchV. Insbesondere ist die Aufstellung von Luftreinhalteplänen vorgesehen, aber auch andere nicht näher spezifizierte Maßnahmen. Diese können ausweislich des § 6 Abs. 2 der 22. BImSchV auch einzelne Emittenten betreffen. Die Behörde kann in der Konsequenz also auch über den Stand der Technik hinausgehende Auflagen erlassen, die Produktion einschränken oder Genehmigungsanträge für neue Anlagen oder Erweiterungen aufgrund der schlechten Umweltqualität ablehnen. Generell sind Umweltqualitätsnormen in dem Verfahren nach dem BImSchG über § 6 Abs. 1 Nr. 2 BImSchG zu beachten. Unter öffentlich-rechtliche Vorschriften im Sinne dieser Vorschrift fallen auch europäische Umweltqualitätsnormen.[331]

C. Umweltqualitätsziele im UGB-KomE

Umweltqualitätsziele werden im UGB-KomE ebensowenig festgelegt, wie sonstige Grenzwerte. Dies behalten die §§ 11-13 UGB-KomE den Rechtsverordnungen und Verwaltungsvorschriften vor. § 11 Abs. 1 UGB-KomE i.V.m. § 15 Abs. 1 UGB-KomE ermächtigt die Bundesregierung dazu, verbindliche Grenzwerte für die Beschaffenheit oder den Zustand der Gewässer, der Luft und des Bodens, sowie für Immissionen in Rechtsverordnungen festzulegen. Die Grenzwerte müssen den Zwecken des § 1 UGB-KomE dienen, insbesondere dem Gefahrschutz oder der Risikovorsorge. Sind die Qualitätsziele zwingend einzuhalten, werden sie bindend nach § 11 Abs. 1 UGB-KomE erlassen. Handelt es sich nur um Richtziele, so sieht § 11 Abs. 2 UGB-KomE die Möglichkeit vor, Richt-

---

329 In diesem Sinne EPINEY, Umweltrecht, S. 217.

330 Vgl. § 1 Abs. 1 der 22. BImSchV.

331 Vgl. MARTINI, S. 252.

werte und sonstige Qualitätsanforderungen zur Risikovorsorge zu normieren, deren Einhaltung von der Exekutive lediglich anzustreben ist. Über § 11 UGB-KomE lassen sich damit zukünftige europäische Umweltqualitätsnormen unproblematisch umsetzen, unabhängig davon, ob sie zwingender Natur sind oder nicht.

Das Umweltgesetzbuch greift damit den Vorschlag eines parallelen Systems von Emissions- und Immissionsgrenzwerten auf. Die Sachverständigenkommission hat sich in der Begründung der Meinung angeschlossen, daß allein Emissionsgrenzwerte keinen hinreichenden Umweltschutz gewährleisten, da sie nicht verhindern, daß in Gebieten mit einer hohen Anlagendichte die örtliche Immissionsbelastung gefährlich zunimmt.[332]

---

332 UGB-KomE, Begründung zu § 11, S. 469.

§ 3 Die inhaltliche Ausgestaltung des Genehmigungsbescheids

Art. 9 IVU-RL wendet sich an die Mitgliedstaaten und gibt detaillierte Anweisungen für die inhaltliche Ausgestaltung der Genehmigung. Die Überschrift der deutschen Fassung – Genehmigungsauflagen – ist in zweierlei Hinsicht irreführend. Die Vorschrift regelt zwar den Genehmigungsinhalt, betrifft mittelbar aber auch Genehmigungsvoraussetzungen. In der englischen Fassung lautet die Überschrift daher auch *Conditions of the permit*.[333] Der Begriff der Auflage, der auch in Art. 9 Abs. 3 S. 2, Abs. 4 S. 2, Abs. 7 IVU-RL verwendet wird, ist zudem untechnisch zu verstehen. Es handelt sich nicht um Auflagen im Sinne des § 36 Abs. 2 Nr. 4 VwVfG, sondern allgemein um Inhaltsbestimmungen der Genehmigung. Dies zeigt der Vergleich der sprachlichen Fassungen. In der englischen wird in Art. 9 Abs. 3 S. 2 IVU-RL allgemein von *requirements* – *Anforderungen* gesprochen, in der französischen von *prescriptions* – *Vorschriften*. Beide Begriffe sind weiter als der Begriff der Auflage im deutschen Recht. Die Übersetzung ist daher im Hinblick auf die dogmatische Bedeutung im deutschen Verwaltungsrecht mißglückt. Gemeint sind jegliche Inhaltsbestimmungen.[334]

A. Der Vollzug nach der IVU-Richtlinie

Die Mitgliedstaaten müssen gemäß Art. 9 Abs. 1 IVU-RL dafür sorgen, daß die Genehmigung alle Maßnahmen umfaßt, die notwendig sind, um die Anforderungen der Art. 3 und 10 IVU-RL zu erfüllen. Ziel ist die Erreichung eines hohen Schutzniveaus für die Umwelt insgesamt. Der Bescheid ist im Hinblick darauf zu konkretisieren und der Inhalt möglichst genau zu bestimmen. Dies folgt auch aus Art. 8 S. 2 IVU-RL. Anforderungen sind primär in der Genehmigung selbst zu definieren und nur ausnahmsweise – im Rahmen des Art. 9 Abs. 8 IVU-RL – in allgemeinverbindlichen Vorschriften.

Gemäß § 12 Abs. 1 BImSchG kann die Behörde die Genehmigung mit Nebenbestimmungen versehen, soweit diese erforderlich sind, um die Erfüllung der Genehmigungsvoraussetzungen sicherzustellen. Darin liegt aber keine zwingende Inhaltsbestimmung. Anforderungen an bestimmte Anlagen sind nach dem Regelungskonzept des Immissionsschutzrechts häufig in Rechtsverordnungen wie der 13. BImSchV (Groß-

---

333 Vgl. BECKER, Art. 2 Rn. 53, Art. 9 Rn. 1.

334 Vgl. BECKER, Art. 2 Rn. 53, Art. 9 Rn. 1; UGB-KomE, Begründung zu § 91, S. 644.

feuerungsanlagen), der 16. BImSchV (Verkehrslärmschutz) und der 17. BImSchV (Abfallverbrennung) normiert.

Nach § 91 Abs. 1 S. 1 UGB-KomE ist der Inhalt der Genehmigung näher zu bestimmen. Der Bescheid soll den Umfang der Genehmigung möglichst genau eingrenzen. Die Sachverständigenkommission will damit zum einen Art. 9 Abs. 1, 3 und 5 IVU-RL umsetzen und zum anderen eine größere Transparenz erreichen. Sie zieht zwar die Möglichkeit des Art. 9 Abs. 8 IVU-RL in Betracht, wonach die Mitgliedstaaten Anforderungen auch in allgemeinverbindlichen Vorschriften festlegen dürfen, sieht aber das Bedürfnis, insbesondere medienübergreifende Anforderungen im Bescheid selber festzulegen, da diese wahrscheinlich nicht durch Rechtsverordnungen u.ä. abgedeckt werden könnten.[335] § 91 Abs. 1 S. 2 UGB-KomE erlaubt den grundsätzlichen Erlaß von Bedingungen und Auflagen, um die Erfüllung der Genehmigungsvoraussetzungen sicherzustellen. Die Vorschrift entspricht § 12 Abs. 1 BImSchG. Damit sind die notwendigen Instrumentarien geschaffen, um die von Art. 9 Abs. 1, 3, 5 und 6 IVU-RL geforderten Inhaltsbestimmungen in den Genehmigungsbescheid aufzunehmen.

I. Die Berücksichtigung der Ergebnisse der UVP

Gemäß Art. 9 Abs. 2 IVU-RL sind die Ergebnisse und Angaben nach den Art. 5, 6 und 7 UVP-RL im Rahmen des Genehmigungsverfahrens zu berücksichtigen, wenn es sich um Neugenehmigungen oder wesentliche Änderungen handelt, die in den Anwendungsbereich des Art. 4 UVP-RL fallen. Während die UVP-Richtlinie gemäß Art. 1 Abs. 2 die Errichtung von Anlagen und sonstige Eingriffe in Natur und Landschaft betrifft, werden die Ergebnisse nun über die Berücksichtigung im Verfahren nach der IVU-Richtlinie auch für die Betriebsgenehmigung genutzt.[336]

Im Hinblick auf die umstrittene Regelung des Art. 8 UVP-RL (§ 12 UVPG), stellt sich die Frage, welchen Gehalt dieses Berücksichtigungsgebot hat. Für die Vertreter, die aus Art. 8 UVP-RL schließen, daß das Genehmigungsrecht durch die Berücksichtigung der Ergebnisse der UVP materiell angereichert wurde[337], hat Art. 9 Abs. 2 IVU-RL nur de-

---

335 UGB-KomE, Begründung zu § 91, S. 643-644.

336 Vgl. KRACHT/WASIELEWSKI, § 35 Rn. 44-45.

337 BayVGH, Urt. v. 5.7.1994, DVBl. 1994, 1198; OVG Koblenz, Urt. v. 29.12.1994, ZUR 1995, 146; HEITSCH, NuR 1996, 453 (455); HOPPE/PÜCHEL, DVBl. 1988, 1 (3-4); SOELL/DIRNBERGER, NVwZ 1990, 705 (709); FELDMANN, in: Handbuch zum europäischen und deutschen Umweltrecht, § 34 Rn. 114-115; MARTINI, S. 271; ERBGUTH/SCHINK, § 12 Rn. 18 ff.

klaratorische Bedeutung. Folgt man hingegen der Ansicht der BVerwG, wonach Art. 8 UVP-RL allein verfahrensrechtliche Bedeutung hat und das materielle Fachrecht unberührt läßt[338], stellt sich die Frage, ob Art. 9 Abs. 2 IVU-RL dies ändert und die Mitgliedstaaten dazu verpflichtet, dafür Sorge zu tragen, daß die Ergebnisse der UVP in die materielle Genehmigungsentscheidung Eingang finden.

Der Wortlaut der Norm ist wie Art. 8 UVP-RL für beide Interpretationen offen. Die Ergebnisse der UVP sind im Rahmen des Genehmigungsverfahrens zu berücksichtigen. Für die Auslegung, daß den Ergebnissen der UVP materielle Bedeutung zukommen soll, enthält die Entstehungsgeschichte keine Anhaltspunkte. Die Vorschrift wurde vom Rat in den Gemeinsamen Standpunkt aufgenommen, um den Bezug zur UVP-RL stärker hervorzuheben.[339] Der Rat hat die Norm damit begründet, daß die Verknüpfung der beiden Richtlinien so bei der Genehmigungserteilung gebührend berücksichtigt werde.[340] Eine Aussage darüber, ob die UVP-Richtlinie sich materiell auf die Genehmigungsentscheidung auswirkt, ist darin nicht enthalten.[341] Dafür spricht die systematische Stellung der Vorschrift, die innerhalb des Art. 9 IVU-RL neben anderen materiellen Genehmigungsanforderungen der Richtlinie angesiedelt ist und nicht bei den Verfahrensregelungen der Art. 6 und 7 IVU-RL.[342] Diese Interpretation könnte auch dem Ziel der Richtlinie gerecht werden, ein hohes Schutzniveau für die Umwelt insgesamt zu gewährleisten. Dieses wird gefördert, wenn die Ergebnisse der UVP in der Genehmigungsentscheidung nach der IVU-Richtlinie berücksichtigt werden. Dem Ziel der IVU-Richtlinie ist es aber vor allem förderlich, wenn die Informationen der UVP genutzt werden. Eine materiell-rechtliche Dimension ist dafür nicht erforderlich, denn die IVU-Richtlinie stellt selber dem integrierten Ansatz der UVP-Richtlinie entsprechende materielle Genehmigungsanforderungen auf. Die Frage, ob die UVP-Richtlinie die Genehmigungsanforderungen des BImSchG verändert, hat sich nur gestellt, weil die UVP keine Entsprechung in der Struktur des deutschen Anlagenzulassungsrechts gefunden hat. Eine Berücksichtigung der Ergebnisse innerhalb der

---

338 So das BVerwG, Urt. v. 21.3.1996, BVerwGE 100, 370 (376); Urt. v. 25.1.1996, 100, 238 (243); Beschl. v. 14.5.1996, 101, 166 (173); Di Fabio, NVwZ 1998, 329 (333); Hien, NVwZ 1997, 422 (425-426); Schmidt-Preuß, DVBl. 1995, 485 (493); Hoppe-Beckmann, § 12 Rn. 64.

339 Begründung des Rates zu Art. 9 des Gemeinsamen Standpunktes, ABlEG 1996, Nr. C 87, S. 8 (25).

340 Begründung des Rates zu Art. 9 des Gemeinsamen Standpunktes, ABlEG 1996, Nr. C 87, S. 8 (25).

341 A.A. Schreiber, S. 166.

342 Vgl. Schreiber, S. 166.

Genehmigungsanforderungen schien nicht möglich. Nun führt die IVU-Richtlinie ein dem medienübergreifenden Ansatz der UVP-Richtlinie entsprechendes Konzept in das materielle Genehmigungsrecht ein. Die bislang vorhandenen Konflikte der verschiedenen Ansätze entfallen damit. Stellt sich im Rahmen der UVP heraus, daß die geplante Anlage nicht die beste praktikable Lösung für die Umwelt darstellt, so ist sie nach der IVU-Richtlinie nicht genehmigungsfähig. In diesem Rahmen erhalten die Ergebnisse der UVP materiell-rechtliche Bedeutung. Die UVP-Richtlinie stellt aber selber keine eigenen zusätzlichen über die Anforderungen der IVU-Richtlinie hinausgehenden Genehmigungserfordernisse auf. Die Behörde berücksichtigt die Ergebnisse und bewertet sie im Rahmen der Anforderungen der IVU-Richtlinie, die die Möglichkeit bietet, die Ergebnisse der UVP materiell umzusetzen. Das entspricht dem Zweck der UVP-Richtlinie, die die Genehmigungsentscheidung vorbereiten soll, aber keine eigenen materiellen Genehmigungserfordernisse enthält. Sie wirkt auf die Entscheidung dadurch ein, daß die Informationsbasis die Grundlage für die Prüfung darstellt. Die Ergebnisse der UVP sind gemäß Art. 9 Abs. 2 IVU-RL bei der Genehmigungsentscheidung nach der IVU-Richtlinie zu berücksichtigen, verändern oder erweitern aber nicht das materielle Genehmigungsprogramm.[343]

Schwierigkeiten bereiten bei der Umsetzung die nicht aufeinander abgestimmten Anwendungsbereiche der nebeneinander geltenden Richtlinien (vgl. Art. 1 IVU-RL).[344] Angesichts der ähnlichen Zielsetzung wäre eine Zusammenführung der Richtlinien schon wegen der Vereinfachung der Umsetzung sinnvoll gewesen und hätte zu einer Bündelung der Kräfte geführt.

Die Sachverständigenkommission ist diesen Weg gegangen. Gemäß § 80 Abs. 3 S. 2 UGB-KomE ist für alle Vorhaben, die der gebundenen und planerischen Genehmigung unterliegen, eine Umweltverträglichkeitsprüfung durchzuführen. Nur bei Anlagen, für die eine einfache Vorhabengenehmigung ausreicht, wird auf eine förmliche Umweltverträglichkeitsprüfung verzichtet. Die Sachverständigenkommission überwindet damit die fehlende Angleichung der Anwendungsbereiche der UVP- und IVU-Richtlinie und führt einheitlich die Umweltverträglichkeits-

---

343 A.A. SCHREIBER, S. 166.

344 Daran ändert auch die UVP-Änderungsrichtlinie nichts Wesentliches, vgl. im einzelnen den Bericht des AD-HOC BUND-LÄNDER ARBEITSKREISES, in: Umwelt-Sonderteil Nr. 2/1995, S. VII-IX; RAT VON SACHVERSTÄNDIGEN FÜR UMWELTFRAGEN, Umweltgutachten 1996, 2.2.1.4 Nr. 132; UGB-KomE, Begründung vor §§ 80-114, S. 612; FELDMANN, in: RENGELING, Auf dem Weg zum Umweltgesetzbuch I, S. 193 (194).

prüfung ein. Gleichzeitig gliedert sie die Vorschriften über die Umweltverträglichkeitsprüfung in die Bestimmungen für die Zulassung von Vorhaben ein.[345] Dies führt zu einer Vereinfachung des geltenden Genehmigungsrechts und vermeidet, daß für bestimmte Vorhaben zwar eine Umweltverträglichkeitsprüfung durchzuführen ist, diese aber nicht der IVU-Richtlinie unterliegen oder umgekehrt.

II. Die Ermittlung der Emissionsgrenzwerte

Gemäß Art. 9 Abs. 3 S. 1 IVU-RL *muß* die Genehmigung Emissionsgrenzwerte für die Schadstoffe enthalten, die von der Anlage in relevanter Menge emittiert werden und zwar insbesondere für die in Anhang III beispielhaft aufgeführten.[346] Die Art der Schadstoffe und die Gefahr einer möglichen Verlagerung von einem Medium auf ein anderes sind dabei zu berücksichtigen. Die Bestimmung der Grenzwerte obliegt damit der zuständigen Behörde, die diese individuell für die jeweilige Anlage ermittelt. Art. 9 Abs. 8 IVU-RL läßt Ausnahmen zu. Die Mitgliedstaaten können statt in der Genehmigung bestimmte Anforderungen in Form allgemein bindender Vorschriften festlegen, wenn diese dem integrierten Konzept entsprechen.

Bei der Festlegung der Grenzwerte muß die Behörde gemäß Art. 9 Abs. 3 S. 1 IVU-RL insbesondere darauf achten, daß sich die Verschmutzung nicht von einem Medium auf das andere verlagert. Die Emissionsgrenzwerte sind so zu bestimmen, daß sie den Betreiber nicht dazu veranlassen, Technologien einzusetzen, die solche Effekte fördern. Falls erforderlich, sind gemäß Art. 9 Abs. 3 S. 2 IVU-RL in der Genehmigung Auflagen zum Schutz des Bodens, des Grundwassers und zur Behandlung erzeugter Abfälle vorzusehen. Nach S. 3 können Grenzwerte durch die Festlegung äquivalenter Parameter oder äquivalenter technischer Normen erweitert oder ersetzt werden. Erwähnt werden in Anhang III *Wasser*, Nr. 12 der Chemische (CSB) und der Biochemische Sauerstoffbedarf (BSB).[347]

Art. 9 Abs. 3 IVU-RL zeigt deutlich die unterschiedlichen Konzeptionen der Richtlinie und des deutschen Immissionsschutzrechts. Die Richtlinie geht von dem Normalfall aus, daß die Behörde Grenzwerte für Emissionen individuell für die jeweilige Anlage festsetzt, wohingegen im deutschen Immissionsschutzrecht die gesetzlichen Anforderungen an die Ge-

---

345 UGB-KomE, Begründung vor §§ 80-114, S. 621 und zu § 80, S. 622.

346 Dies ist zwingend, Begründung des Rates zu Art. 8 des Gemeinsamen Standpunkt, ABlEG 1996, Nr. C 87, S. 8 (25).

347 Erläuterung bei BENDER/SPARWASSER/ENGEL, Rn. 6/21-22.

fahrenabwehr und die Vorsorge häufig in untergesetzlichen Normen konkretisiert sind. Diese enthalten zumeist Emissionsgrenzwerte, die das nach dem Stand der jeweiligen Technik erforderliche Maß an Vorsorge verkörpern.[348] Dies entlastet die Genehmigungsbehörden und führt zu einem einheitlichen Vorsorge- und Schutzniveau. Die Rechtssicherheit erhöht sich, da der Betreiber von vornherein abschätzen kann, welche Werte einzuhalten sind. Die Normierung des Standes der Technik in untergesetzlichen Normen hemmt aber den technischen Fortschritt, wenn der Gesetzgeber Grenzwerte nicht aktualisiert. Dann verliert der Begriff des Standes der Technik die ihm innewohnende Dynamik.[349] So spiegelt die TA Luft zum Teil nicht mehr den Stand der Technik wider.[350] Sind die Grenzwerte in Verwaltungsvorschriften normiert, ist fraglich, ob die Behörden beim Vollzug des BImSchG von den Vorgaben abweichen und schärfere Anforderung durchsetzen dürfen. Grundsätzlich bindet eine Verwaltungsvorschrift wie die TA Luft oder die TA Lärm die Behörden. Diese stellen durch die Art und Weise ihrer Ermittlung eine geeignete, wenn auch nicht optimale Erkenntnisquelle für die Frage dar, ob Immissionen geeignet sind, Gefahren oder erhebliche Belästigungen herbeizuführen. Wegen ihres sachlich fundierten fachlichen Aussagegehalts sind sie auch für die kontrollierenden Gerichte bedeutsam.[351] Diese überprüfen allerdings, ob die festgelegten Werte noch mit der technischen Entwicklung und damit mit dem Gesetz (§ 5 Abs. 1 Nr. 2 BImSchG) in Einklang stehen. Dabei ist zu berücksichtigen, daß die Vor-

---

348 Vgl. nur die 13. BImSchV (Großfeuerungsanlagen) v. 22.6.1983, BGBl. I, 719 und die 17. BImSchV (Abfallverbrennung) v. 23.11.1990, BGBl. I, 2545, 2832, sowie FELDHAUS, NVwZ 1995, 963 (964).

349 FELDHAUS, DVBl. 1981, 165 (171); COENEN/KLEIN-VIELHAUER/MEYER, S. 71-72; STEINBERG, NVwZ 1995, 209 (211); BMU, IPC-Planspiel, Zusammenfassung der Diskussion, S. 70.

350 Mit Beispielen FÜHR, IUR 1991, 131, (136); GUSY, NVwZ 1995, 105 (109); BENDER/SPARWASSER/ENGEL, Rn. 8/73; ähnlich verhielt es sich mit der TA Lärm (6. Allgemeine Verwaltungsvorschrift zum Bundes-Immissionsschutzgesetz v. 26.8.1998, GMBl. S. 503) bis zur Neufassung, vgl. dazu KUNERT, NuR 1999, 430-434. Mittlerweile liegt ein Entwurf vom 27.3.2000 zu einer Neufassung der TA Luft vor.

351 Ständige Rechtsprechung: BVerwG, Urt. v. 17.2.1978, BVerwGE 55, 250 (255-256); Beschl. v. 15.2.1988, DVBl. 1988, 539; Beschl. v. 10.1.1995, DVBl. 1995, 516 (517); Beschl. v. 21.3.1996, NuR 1996, 522 (523); Urt. v. 14.1.1998, NVwZ 1998, 628 (629); VGH Mannheim, Urt. v. 28.6.1995, NVwZ 1996, 297 (298); OVG Koblenz, Urt. v. 4.3.1986, NVwZ 1988, 176 (178); Beschl. v. 11.6.1990, NVwZ 1991, 86 (87). Zu diesem Komplex: BADURA, in: FS Bachof, S. 169 (174-178); PAPIER, § 154 Rn. 68-72; Maunz/Dürig-SCHMIDT-AßMANN, Art. 19 IV, Rn. 206; SCHULZE-FIELITZ, in: DREIER, Art. 19 IV, Rn. 101-104; Landmann/Rohmer-KUTSCHEID, § 3 Rn. 19f; SENDLER, UPR 1993, 321-329; JARASS, JuS 1999, 105 (108-111).

sorgewerte Ergebnis eines komplexen Abwägungsvorgangs sind, den die Behörde in diesem Fall nachvollziehen muß. Erst wenn am Ende dieser Abwägung die Gewißheit steht, daß der Wert den Stand der Technik nicht mehr verkörpert, darf die Behörde von ihm abweichen.[352] Rechtsverordnungen enthalten in der Regel eine entsprechende Vorschrift (beispielsweise § 34 der 13. BImSchV und § 20 der 17. BImSchV).

1. Gemeinschaftsweite Grenzwerte

Mit der individuellen Festsetzung der Emissionsgrenzwerte gibt die EG bewußt das Prinzip der einheitlichen europäischen Grenzwerte auf, das noch der Industrieanlagen- und der Gewässer-Richtlinie zugrunde lag. Grenzwerte sind nun für jede einzelne Anlage individuell festzusetzen.

Nach Art. 18 IVU-RL und Erwägung Nr. 28 kann der Rat allerdings auf Vorschlag der Kommission Emissionsgrenzwerte festlegen, wenn sich herausstellt, daß die Gemeinschaft tätig werden muß. Dies soll sich aus dem nach Art. 16 IVU-RL vorgeschriebenen Informationsaustausch zwischen den Mitgliedstaaten ergeben. Art. 18 IVU-RL dient nur der Klarstellung, da dem Rat die Kompetenz zur Festlegung von gemeinschaftsweiten Grenzwerten schon aus dem EGV zusteht.[353] Die Norm verweist daher auch auf die im EGV vorgesehenen Verfahren. Der Verzicht, Grenzwerte in der Richtlinie festzulegen, wurde von der Kommission mit dem Subsidiaritätsprinzip begründet. Emissionsgrenzwerte könnten am besten auf lokaler Ebene festgelegt werden.[354] Der Rat stellte sich auf den Standpunkt, daß die Festlegung von Grenzwerten grundsätzlich Sache der Mitgliedstaaten sei.[355] Dies stieß insbesondere in Deutschland auf Widerspruch.[356] Das Fehlen von gemeinschaftsweit geltenden

---

352 BVerwG, Beschl. v. 21.3.1996, NuR 1996, 522 (523); Landmann/Rohmer-KUTSCHEID, § 3 Rn. 19 f.; JARASS, JuS 1999, 105 (110).

353 STIEF-TAUCH (Europäische Kommission GD XI), in: BMU, IPC-Planspiel, S. 32 (34, 71).

354 Begründung der Kommission zum Vorschlag der IVU-Richtlinie, KOM (93) 423 endg. v. 14.9.1993, S. 16; STIEF-TAUCH (Europäische Kommission GD XI), in: BMU, IPC-Planspiel, S. 32 (33); kritisch: Stellungnahme des Wirtschafts- und Sozialausschusses, ABlEG 1994, Nr. C 195, S. 54 (55).

355 Begründung zu Art. 17 des Gemeinsamen Standpunkts des Rates, ABlEG 1996, Nr. C 87, S. 8 (27).

356 Beschlußempfehlung des Umweltausschusses, BT-Drs. 12/6952, S. 5; Beschlußempfehlung der Ausschüsse an den Bundesrat, BR-Drs. 803/2/93, S. 3; Stellungnahme der Bundesregierung vom 6.1.1994, S. 10; BMU, IPC-Planspiel, Zusammenfassung, S. 7; vgl. die Ausführungen bei SCHNUTENHAUS, ZUR 1994, 299 (301); AD-HOC BUND-LÄNDER ARBEITSKREIS, in: Umwelt-Sonderteil Nr. 2/1995, S. VI; Replik zu dieser Kritik: KRÄMER, in: RENGELING, Integrierter Umwelt-

Grenzwerten könne innerhalb der EG zu erheblichen Wettbewerbsverzerrungen führen. Da die Festlegung der besten verfügbaren Techniken nach der IVU-Richtlinie Sache der zuständigen Behörde sei, bestehe die Gefahr, daß das Schutzniveau von Land zu Land und Region zu Region erheblich differiere. Ginge es beispielsweise um die Erhaltung oder Schaffung von Arbeitsplätzen, könne es passieren, daß insbesondere in wirtschaftlich schwächeren Regionen die zuständige Behörde aus (kommunal-)politischen Gründen Einzelfallkompromisse aushandele, die hinter den besten verfügbaren Techniken zurückblieben (*race-to-the-bottom*).[357]

Diese Kritik mag aus deutscher Sicht einleuchtend sein, verkennt jedoch den integrierten Ansatz der Richtlinie, der EU-weiten minimierenden Emissionsgrenzwerten entgegensteht.[358]

Der Genehmigungsbescheid nach dem BImSchG enthält Grenzwerte, soweit wie diese nicht in Rechtsverordnungen festgelegt sind, vgl. § 21 der 9. BImSchV.

Art. 9 Abs. 3 IVU-RL wird mit § 91 Abs. 1 S. 1 UGB-KomE umgesetzt. Danach ist der Inhalt der Genehmigung im Bescheid näher zu beschreiben und möglichst genau zu bestimmen, was die Festsetzung von Grenzwerten umfaßt.[359] Die Mitgliedstaaten müssen die Behörden nicht verpflichten, in jedem Bescheid Grenzwerte festzusetzen, da Art. 9 Abs. 8 IVU-RL keine Beschränkungen vorsieht, außer der, daß die Werte dem integrierten Konzept entsprechen müssen. Ist dies gewährleistet, könnten die Mitgliedstaaten auch das Regel-Ausnahmeverhältnis der Art. 9 Abs. 3 und 8 IVU-RL umkehren. Dies ist jedoch aufgrund praktischer Schwierigkeiten kaum möglich.[360]

2. Die Ermittlung der besten verfügbaren Techniken

Gemäß Art. 9 Abs. 4 S. 1 IVU-RL sind die in der Genehmigung festgelegten Emissionsgrenzwerte, äquivalenten Parameter oder technischen Maßnahmen vorbehaltlich des Art. 10 IVU-RL auf die besten verfügbaren Techniken zu stützen. Die Verwendung bestimmter Techniken oder

---

schutz, S. 51 (71, 77). Gegen Grenzwerte auf europäischer Ebene: FAURE/ LEFEVERE, European Environmental Law Review 1996, 112 (122).

357 In diesem Sinne ARBEITSGRUPPEN ENERGIEWIRTSCHAFT UND CHEMISCHE INDUSTRIE, in: BMU, IPC-Planspiel, S. 42, 47 und Zusammenfassung, S. 7-8; DI FABIO, in: RENGELING, Integrierter Umweltschutz, S. 183 (192); FAURE/LEFEVERE, European Environmental Law Review 1996, 112 (118).

358 Siehe Teil 2, § 3 A. II. 3. und 4.

359 Vgl. UGB-KomE, zu § 91, S. 644.

360 Siehe Teil 2, § 3 A. II. 4. und § 4 A. I. 4.

Technologien wird nicht vorgeschrieben, um die Unternehmen nicht auf potentiell ineffiziente technisch-instrumentelle Vorgaben festzulegen und die ökonomische Mittelwahl so wenig wie möglich einzuschränken.[361]

Nach der Definition des Art. 2 Nr. 11 IVU-RL sind die besten verfügbaren Techniken abstrakt zu bestimmen. Es werden weder die Umweltqualität der Umgebung noch sonstige Umstände des Einzelfalls einbezogen. Selbst die wirtschaftliche Vertretbarkeit der Maßnahmen (*verfügbar*) bezieht sich auf den jeweiligen industriellen Sektor und nicht auf die Vertretbarkeit hinsichtlich der einzelnen Anlage. Daran ändern auch die nach Anhang IV zu berücksichtigenden Gesichtspunkte nichts. Sie sind nicht Teil der Definition der besten verfügbaren Techniken.[362]

Besonderheiten des Einzelfalls sind gemäß Art. 9 Abs. 4 S. 1 Halbs. 2 IVU-RL einzubeziehen. Obwohl der Wortlaut insoweit nicht eindeutig ist (*hierbei*), modifiziert die Klausel nicht die Definition der besten verfügbaren Techniken selbst, sondern betrifft allein die Ableitung der Emissionsgrenzwerte von den abstrakt ermittelten Techniken.[363] Erst bei der Festsetzung der Grenzwerte in der Genehmigung fließen individuelle Gesichtspunkte ein. Die Behörden müssen also in einem ersten Schritt die besten verfügbaren Techniken für das jeweils in Frage stehende Produktionsverfahren ermitteln, ohne dabei Aspekte wie den Standort oder die örtliche Umweltqualität zu berücksichtigen.[364]

Die juristische und administrative Umsetzung des integrierten Konzepts trifft an dieser Stelle auf erhebliche Schwierigkeiten. Kritiker befürchten, daß das Recht die Komplexität der Umwelt auf Kosten einer inhaltlichen Entleerung abbilde und das Ergebnis des Verfahrens immer weniger vorhersehbar werde.[365] Gefunden werden soll die Technik, die unter Berücksichtigung der Interdependenzen innerhalb der einzelnen Ökosysteme und zwischen den Ökosystemen den idealen Ausgleich zwischen der Belastung der verschiedenen Umweltmedien herstellt. Die Behörde

---

361 Begründung der Kommission zum Vorschlag der IVU-Richtlinie vom 14.9.1993, KOM (93) 423 endg. v. 14.9.1993, S. 6, 18; LÜBBE-WOLFF, NVwZ 1998, 777 (777, Fn. 4).

362 Siehe Teil 1, § 2 C I.

363 ZÖTTL, Integrierter Umweltschutz, S. 239; LÜBBE-WOLFF, NVwZ 1998, 777 (782); STEINBERG/KOEPFER, DVBl. 1997, 973 (979).

364 SCHREIBER, S. 127; kritisch dazu FAURE/LEFEVERE, European Environmental Law Review 1996, 112 (113), die dafür plädieren, daß auch die besten verfügbaren Techniken unter Einbeziehung lokaler Aspekte ermittelt werden sollen.

365 Vgl. MASING, DVBl. 1998, 549 (554); BREUER, NVwZ 1997, 833 (839); DI FABIO, in: RENGELING, Integrierter Umweltschutz, S. 183 (190); positiver VOLKMANN, VerwArch Bd. 89 (1998), 363 (373).

ermittelt die besten verfügbaren Techniken also bereichsübergreifend. Eine mediale Ermittlung unter Einschluß etwaiger mittelbarer Verschmutzungseffekte reicht nicht aus.[366] Dies stünde im Widerspruch zur Richtlinie, die den Schutz der Umwelt als Ganzes anstrebt. Die gesamten Auswirkungen auf die Umwelt müssen gleichberechtigt nebeneinander berücksichtigt werden. In der Regel stehen verschiedene technische Lösungen zur Verfügung, die unterschiedliche Konsequenzen für die Umwelt haben. Ein Prozeß verursacht beispielsweise 100 Tonnen CO_2 und ein Kilo eines toxischen Stoffes, der in ein fließendes Gewässer emittiert wird. Eine Umstellung des Produktionsverfahrens würde diese Menge auf ein Gramm verringern, aber den Energieverbrauch erhöhen, so daß eine weitere Tonne CO_2 entsteht. Hier steht einer 99,9 prozentige Emissionsverringerung eine 1 prozentigen Steigerung gegenüber.[367] Das gleiche Problem stellt sich bei Filteranlagen, die Luftemissionen verringern, aber den Energieverbrauch und damit den CO_2-Ausstoß erhöhen und Sondermüll produzieren. Die Behörde muß diese Auswirkungen gegeneinander abwägen. Ein rein quantitativer Vergleich reicht dabei nicht aus,[368] da beispielsweise entscheidend ist, wie sich bei obigem Fall die Erhöhung des CO_2-Ausstoßes auf die Umwelt auswirkt und welche Vorteile die Verringerung der Einleitungen in das Gewässer bietet. Diese Frage hängt wiederum von den individuellen Umständen ab, beispielsweise dem Fischbestand oder dem Verlauf des Gewässers. Welche Prioritäten gesetzt werden, ist im Vorsorgebereich zwar zunächst eine naturwissenschaftliche Frage, aber letztendlich eine politische Entscheidung. So kann zum Beispiel die Verminderung des CO_2-Ausstoßes aufgrund von Klimaschutzabkommen Priorität erhalten. Die Behörde muß die Auswirkungen der verschiedenen Verfahren daher qualitativ und quantitativ bewerten, um die optimale Lösung für die Umwelt zu ermitteln. Dies erfordert einen intermedialen Nutzenvergleich.[369]

Die IVU-Richtlinie verlangt eine solche Abwägung, einen Maßstab gibt sie jedoch nicht. Woran soll die Behörde die Auswirkungen der verschiedenen technischen Ausgestaltungen messen, wie entscheiden, ob es für die Umwelt besser ist, weniger Luftverunreinigungen zu verursachen, dafür aber mehr toxische Abfälle zu produzieren und mehr Energie zu verbrauchen? Wie die Behörden vorgehen sollen, bleibt auch an-

---

366 SCHULZ, S. 189-190; so auch KÖCK, ZUR 1998, 225 (226).

367 Beispiel nach LITTEN, in: UMWELTBUNDESAMT, Workshop, S. 1 (4).

368 LITTEN, in: UMWELTBUNDESAMT, Workshop, S. 1 (4).

369 KOCH, in: Jahrbuch für Umwelt- und Technikrecht, S. 31 (49).

gesichts des Anhangs IV völlig offen.[370] Statt dessen findet sich in Art. 1 S. 2 und Art. 9 Abs. 1 IVU-RL die bloße Zielformulierung, *ein hohes Schutzniveau für die Umwelt insgesamt zu erreichen*. Die Richtlinie gibt weder Grenzwerte vor, noch einen abstrakten Abwägungs- und Bewertungsrahmen. Hier stellt sich das gleiche Problem wie schon im Rahmen der Umweltverträglichkeitsprüfung. Um eine einheitliche Verwaltungspraxis zu gewährleisten, müßte die Behörde für jede in Betracht kommende Verfahrensalternative eine ökologische Gesamtbilanz erstellen, die eine mathematische Quantifikation und Saldierung der verschiedenen Auswirkungen erlaubt.[371] Ein solches Verfahren ist aber noch nicht entwickelt worden, und es bestehen erhebliche Zweifel daran, ob dies in Anbetracht der komplexen ökologischen Zusammenhänge überhaupt möglich ist. Bei einer mathematischen Gegenüberstellung der Auswirkungen besteht eher die Gefahr, daß eine Genauigkeit vorgetäuscht wird, die tatsächlich nicht gegeben ist.[372]

Damit sah sich auch die Sachverständigenkommission konfrontiert. SENDLER faßt das Problem im Hinblick auf die Vorhabengenehmigung des UGB-KomE unter den Begriff *Verrechnungseinheiten*. Es fehle ein mathematisches System zur Aufrechnung der verschiedenen möglichen Emissionen und Auswirkungen auf die Umwelt. Aber selbst wenn es gelänge, ein solches zu etablieren, sei es unwahrscheinlich, daß es tatsächlich geeignet wäre, die komplizierten Wechselwirkungen in eine Gleichung zu bringen.[373]

Bei dieser Frage handelt es sich um ein Kernproblem des integrierten Ansatzes, die Generaldirektion XI hat daher eine Studie in Auftrag gegeben: *The practical implications of Integrated BAT*.[374] Aufgabe war es, zunächst das Konzept der integrierten besten verfügbaren Techniken zu beschreiben und auf dieser Grundlage eine Methode zu entwickeln, die es erlaubt, die besten verfügbaren Techniken auf der Ebene des Industriesektors und auf der der einzelnen Anlage zu bestimmen.

Die Gutachter sehen dafür fünf Arbeitsschritte vor:[375]

---

370 Vgl. DOLDE, NVwZ 1997, 313 (314); KARL/ORWAT, ZfU 1997, 343 (360); EPINEY, Umweltrecht, S. 217; SCHÄFER, UPR 1997, 444 (444); zur gleichen Problematik bzgl. der IPC in England WAGNER, S. 137.

371 So zur UVP: LADEUR, UPR 1996, 419 (424).

372 So zu § 11 UVPG: BVerwG, 18.5.1995, DÖV 1995, 951 (954); vgl. STEINBERG, DVBl. 1990, 1369 (1373-1374); BREUER, Entwicklungen des europäischen Umweltrechts, S. 55; Hoppe-APPOLD, UVPG, § 2 Rn. 57.

373 SENDLER, NVwZ 1996, 1145 (1149); DERS., ZAU 1998, 9 (11).

374 Vgl. Ó CLÉIRIGH, in: UMWELTBUNDESAMT, Workshop, S. 1.

375 Entnommen aus: Ó CLÉIRIGH, in: UMWELTBUNDESAMT, Workshop, S. 1 (5).

1. Die verfügbaren Techniken sind zu identifizieren.
2. Die relevanten Emissionen sind zu identifizieren.
3. Die notwendigen Daten sind zu ermitteln.
4. Der *Environmental Impact Index* ist nach einem von den Gutachtern entwickelten Schema zu berechnen.
5. Die verschiedenen Alternativen müssen verglichen und bewertet werden.

Diese Vorgehensweise entspricht im Prinzip dem Konzept der *Environment Agency* in England. Sie hat eine abstrakte Anleitung für die Ermittlung der BPEO publiziert, an der sich die Behörden orientieren können.[376] Aufbauend auf diesen Grundlagen muß die Generaldirektion XI eine europäische Anleitung entwickeln und den zuständigen Behörden zur Verfügung stellen. Nur auf diese Weise kann sie zumindest von der Vorgehensweise her einen einheitlichen Vollzug gewährleisten.

Eine weitere wichtige Hilfe für die Ermittlung der besten verfügbaren Techniken stellt der gemäß Art. 16 Abs. 2 IVU-RL durchzuführende Informationsaustausch zwischen den Mitgliedstaaten und der betroffenen Industrie über die besten verfügbaren Techniken dar.[377]

3. Die Einbeziehung der Umstände des Einzelfalls

Nachdem die Behörde die in Betracht kommenden Verfahren abstrakt verglichen und das oder die Verfahren ermittelt hat, die den besten verfügbaren Techniken entsprechen, muß sie die Grenzwerte bestimmen und in der Genehmigung festlegen. Dabei sind die *technische Beschaffenheit*, der *geographischen Standort der Anlage* sowie die *örtlichen Umweltbedingungen* zu berücksichtigen (Art. 9 Abs. 4 S. 1 IVU-RL).[378] Hierin liegt der Dreh- und Angelpunkt des integrierten Ansatzes und die umstrittenste Regelung der Richtlinie: die individuelle Ermittlung der Emissionsgrenzwerte auf der Grundlage der besten verfügbaren Techniken. Zu beantworten sind zunächst zwei Fragen:

---

376 ENVIRONMENT AGENCY, Best Practicable Environmental Option Assessments for Integrated Pollution Control. Dieses System beruht auf dem Bericht der ROYAL COMMISSION ON ENVIRONMENTAL POLLUTION, Twelfth Report: Best Practicable Environmental Option; vgl. zur Vorgehensweise in den Niederlanden: BRUIJNES, in: UMWELTBUNDESAMT, Workshop, S. 1 (2 ff.).

377 Siehe Teil 2, § 3 A. II. 5.

378 Nach dem EPA 1990 fließen diese Aspekte bereits in die Ermittlung der *best available techniques* ein: BELL, S. 325; WAGNER, S. 124, 128; SMITH, S. 157-158.

Ist die Behörde in jedem Fall verpflichtet, die Umstände des Einzelfalls zu berücksichtigen?

Kann die Behörde aufgrund der Umstände des Einzelfalls mehr Emissionen zulassen, als nach den besten verfügbaren Techniken eigentlich zulässig sind oder darf die Berücksichtigung nur zu einer Verschärfung der Grenzwerte über das Niveau der besten verfügbaren Techniken hinaus führen?

Beide Fragen kann man nur vor dem Hintergrund des Art. 9 Abs. 3 des Richtlinienvorschlags der Kommission beantworten, auf dem die Individualklausel basiert.

a) Die *escape-clause*

Gemäß Art. 9 Abs. 3 des Vorschlags hätte die Behörde mehr Emissionen zulassen können, als bei der Verwendung der besten verfügbaren Techniken entstanden wären, wenn Umweltqualitätsnormen bzw. die Leitlinien der WHO durch weniger strenge Anforderungen einzuhalten gewesen wären. Es durfte aber nur eine zu vernachlässigende Erhöhung der Verschmutzung und kein Beitrag zur grenzüberschreitenden oder globalen Verschmutzung entstehen. Die Kommission wollte so die Möglichkeit schaffen, bei guter lokaler Umweltqualität mehr Emissionen zuzulassen, als eigentlich nach den besten verfügbaren Techniken erlaubt gewesen wären.[379] Die genehmigende Behörde hätte unter den oben genannten Bedingungen im Einzelfall von den Anforderungen der besten verfügbaren Techniken nach unten abweichen dürfen. Die grundsätzlich vorgeschriebene Verwendung der besten verfügbaren Techniken wäre so in erheblichem Maße relativiert worden. Davon hätten insbesondere die südeuropäischen weniger dicht besiedelten Mitgliedstaaten profitiert, da dort die Umweltqualität in der Regel besser ist, als im stärker industrialisierten Norden.[380]

Der Wirtschafts- und Sozialausschuß sowie das Europäische Parlament verlangten, die Klausel zu streichen und die Grenzwerte allein auf die besten verfügbaren Techniken zu stützen.[381] Hingegen trat insbesondere Spanien für die Klausel ein, während Großbritannien und Deutschland

---

[379] Begründung der Kommission zum Vorschlag der IVU-Richtlinie vom 14.9.1993, KOM (93) 423 endg. v. 14.9.1993, S. 7, 23.

[380] SKEA/SMITH, S. 265 (277).

[381] Stellungnahme des Wirtschafts- und Sozialausschusses, ABlEG 1994, Nr. C 195, S. 54 (56, 58); Stellungnahme des Europäischen Parlaments, ABlEG 1995, Nr. C 18, S. 82 (90).

ihr ablehnend gegenüber standen.[382] Der Kommission wurde vorgeworfen, sich mit der Regelung in Widerspruch zu den Zielen des Art. 174 Abs. 2 EGV zu setzen.[383] Danach zielt die Umweltpolitik der Gemeinschaft auf ein hohes Schutzniveau für die Umwelt und beruht insbesondere auf den Grundsätzen der Vorsorge und Vorbeugung. Umweltbeeinträchtigungen sollen primär an der Quelle bekämpft werden. Mit dem Vorsorgeprinzip sei es nicht zu vereinbaren, die Möglichkeit zu schaffen, in schwach belasteten Gebieten mehr als technisch notwendig zu emittieren. Damit würde geradezu eine Anreiz geschaffen, Gebiete mit guter Umweltqualität bis zur Grenze der jeweiligen Umweltqualitätsnorm *aufzufüllen*.[384] Die gleichen Argumente wurden im Hinblick auf das Vorsorgeprinzip des § 5 Abs. 1 Nr. 2 BImSchG geltend gemacht.[385]

Die Möglichkeit, wenig belastete Gebiete bis zur Grenze der jeweiligen Umweltqualitätsnormen aufzufüllen, steht in der Tat im Widerspruch zu dem Prinzip der Vorsorge. Danach ist die Verschmutzung möglichst niedrig zu halten unabhängig von der Vorbelastung. Allerdings müssen Aufwand und Ergebnis in einem vertretbaren Verhältnis stehen. Darum geht es in diesem Fall aber nicht einmal. Grund für die Ausnahme sollte ja die gute lokale Umweltqualität sein, nicht ein etwaiger hoher finanzieller Aufwand der Vorsorgemaßnahmen. Art. 9 Abs. 3 des Vorschlags entsprach daher nicht dem Ziel des Art. 174 Abs. 2 EGV bzw. des § 5 Abs. 1 Nr. 2 BImSchG.

---

382 Vgl. SKEA/SMITH, S. 265 (277); Stellungnahme des Wirtschafts- und Sozialausschusses, ABlEG 1994, Nr. C 195, S. 54 (56); Beschlußempfehlung des Umweltausschusses, BT-Drs. 12/6952, S. 4; Stellungnahme der Bundesregierung vom 6.1.1994, S. 10.

383 Stellungnahme des Wirtschafts- und Sozialausschusses, ABlEG 1994, Nr. C 195, S. 54 (56); Stellungnahme der Bundesregierung vom 6.1.1994, S. 10-11; Beschlußempfehlung des Umweltausschusses, BT-Drs. 12/6952, S. 4; Empfehlung der Ausschüsse an den Bundesrat, BR-Drs. 803/2/93 S. 3; SCHNUTENHAUS, NVwZ 1994, 671 (672); APPEL, DVBl. 1995, 399 (401); LÜBBE-WOLFF, NVwZ 1998, 777 (780-782); DI FABIO, in: RENGELING, Integrierter Umweltschutz, S. 183 (192); AD-HOC BUND-LÄNDER ARBEITSKREIS, in: Umwelt-Sonderteil Nr. 2/1995, S. VI; ARBEITSGRUPPEN ENERGIEWIRTSCHAFT, CHEMISCHE INDUSTRIE, ABFALLENTSORGUNGSANLAGEN, in: BMU, IPC-Planspiel, S. 43, 47, 54 und Zusammenfassung, S. 9; die *escape-clause* aus ökonomischer Perspektive positiv bewertend KARL/ ORWAT, ZfU 1997, 343 (353).

384 Siehe vorherige Fußnote.

385 SELLNER/SCHNUTENHAUS, NVwZ 1993, 828 (832); DOLDE, NVwZ 1997, 313 (315); DI FABIO, in: RENGELING, Integrierter Umweltschutz, S. 183 (192).

b) Die zwingende Berücksichtigung der Umstände des Einzelfalls

Der Rat hat den Vorschlag der Kommission geändert. Da die Festlegung der besten verfügbaren Techniken auf Sektorenebene erfolge, solle aber die Möglichkeit bestehen, bei der Bestimmung des konkreten Genehmigungsinhalts spezifische Kriterien wie den geographischen Standort und die örtlichen Umweltbedingungen zu berücksichtigen.[386]

Wie das geschehen soll, überläßt der Rat den Mitgliedstaaten. Laut Erwägungsgrund Nr. 18 ist es ihre Aufgabe, festzulegen, wie *nötigenfalls* die Aspekte des Einzelfalls *berücksichtigt werden können*. Offensichtlich wollte der Rat den Mitgliedstaaten einen Freiraum bei der Umsetzung einräumen. Dieser Freiraum betrifft aber nur das *Wie* der Berücksichtigung, nicht das *Ob*,[387] denn nach dem Wortlaut des Art. 9 Abs. 4 S. 1 Halbs. 2 IVU-RL muß die Behörde die Umstände des Einzelfalls in ihre Entscheidungsfindung einbeziehen (*sind [...] zu berücksichtigen*). Dies schwächt Erwägungsgrund Nr. 18 IVU-RL nicht ab, denn danach ist es die Aufgabe der Mitgliedstaaten dafür zu sorgen, wie das geschehen soll.[388] Entgegen dem Änderungsvorschlag des Parlaments, das die Individualklausel auf die technische Beschaffenheit der Anlage beschränken und die Berücksichtigung in das Ermessen der Behörden stellen wollte[389], hat der Rat sich gegen eine Ermessensregelung entschieden. Die Berücksichtigung der Kriterien des Art. 9 Abs. 4 Halbs. 2 IVU-RL ist damit zwingend.[390] Wie sich Erwägungsgrund Nr. 18 (*nötigenfalls*) ergibt, allerdings nur dann, wenn sich die Notwendigkeit ergibt. Hinsichtlich der technischen Beschaffenheit kommt dies bei Altanlagen in Betracht; die örtlichen Umweltbedingungen sind dann zu beachten, wenn sie irgendwelche Besonderheiten aufweisen, die sie von der *normalen* Umwelt unterscheiden.

---

386 Begründung des Rates zu Art. 8 des Gemeinsamen Standpunktes, ABlEG 1996, Nr. C 87, S. 8 (26).

387 Begründung des Rates zu Art. 8 des Gemeinsamen Standpunktes, ABlEG 1996, Nr. C 87, S. 8 (26).

388 Vgl. MARTINI, S. 259.

389 Beschluß des Europäischen Parlaments betreffend den Gemeinsamen Standpunkt des Rates, ABlEG 1996, Nr. C 166, S. 69 (73, Änderung 24).

390 LANGE/KARTHAUS, S. 15 (29); WAHL, ZUR 2000, 360 (363, 365); auch EPINEY, in: KOCH, Probleme des Immissionsschutzrechts, S. 7 (19); MARTINI, S. 259; WAHL, ZUR 2000, 360 (363); a.A. KRACHT/WASIELEWSKI, § 35 Rn. 43; PALLEMAERTS, European Environmental Law Review 1996, 174 (176); KÜHLING/RÖCKINGHAUSEN, DVBl. 1999, 1614 (1622), unter Hinweis auf Art. 9 Abs. 8 IVU-RL; STAPELFELDT, S. 281.

c) Verstärkte Schutzmaßnahmen

Was hat sich nun tatsächlich mit der Neufassung des Rates geändert?

Handelt es sich um eine Neuauflage der *escape-clause* oder erlaubt die Klausel auch verstärkte Schutzmaßnahmen?

Aus der Schrankenregelung des Art. 9 Abs. 4 S. 2 IVU-RL ergibt sich, daß eine Absenkung des Schutzniveaus nicht ausgeschlossen ist. Denn *in jedem Fall* muß die Behörde in der Genehmigung Vorkehrungen zur weitestgehenden Verminderung der weiträumigen oder grenzüberschreitenden Umweltverschmutzung vorsehen. Diese Anforderung macht nur Sinn, wenn lokale Verschmutzung über das Emissionsniveau der besten verfügbaren Techniken hinaus zugelassen werden kann.[391]

Die Berücksichtigung der technischen Beschaffenheit der Anlage kann in bezug auf Altanlagen relevant sein, da sich bei diesen integrierte Umwelttechniken nicht ohne weiteres einfügen lassen, so daß Abstriche bei den Emissionsanforderungen gemacht werden müssen.[392] Die Besonderheiten der örtlichen Umweltbedingungen und der geographischen Lage hingegen können auch strengere Maßnahmen erfordern, beispielsweise bei besonders sensiblen Ökosystemen oder besonders schutzwürdiger Flora und Fauna.

In der Begründung des Gemeinsamen Standpunktes nimmt der Rat zu der Frage keine Stellung. Er spricht sich gegen die Absenkung des Schutzniveaus aus, hat den an sich verworfenen Vorschlag der Kommission aber insoweit übernommen, als bei der Festlegung der Emissionsgrenzwerte Umstände des Einzelfalls einfließen. So ließen sich in einem Gebiet mit hoher Industriekonzentration die örtlichen Umweltbedingungen gebührend berücksichtigen.[393] Im Gegensatz zur Kommission zielt der Rat damit auf Regionen mit schlechter Umweltqualität also Regionen mit einer hohen Dichte emittierender Anlagen. Die Kommission hingegen wollte mehr Emissionen zulassen in Gebieten, in denen die Umweltqualität noch überdurchschnittlich gut ist. Damit hat sich der Zweck der Regelung gegenüber der *escape-clause* gewandelt.[394] Will man in Gebieten mit hoher Industriekonzentration die örtlichen Umweltbe-

---

391 So auch ZÖTTL, der die Klausel aber primärrechtskonform auslegen will, Integrierter Umweltschutz, S. 243, 396; STEINBERG/KOEPFER, DVBl. 1997, 973 (979); LÜBBE-WOLFF, NVwZ 1998, 777 (782); DOLDE, NVwZ 1997, 313 (314); KRINGS, S. 47 (59); a.A. EPINEY/PFENNINGER/GRUBER, S. 201-202.

392 LÜBBE-WOLFF, NVwZ 1998, 777 (783).

393 Begründung des Rates zu Art. 8 des Gemeinsamen Standpunktes, ABlEG 1996, Nr. C 87, S. 8 (26).

394 So EPINEY/PFENNINGER/GRUBER, S. 201-202; STAPELFELDT, S. 281; a.A. offensichtlich BREUER, in: CZAJKA, FS Feldhaus, S. 49 (76).

dingungen gebührend berücksichtigen, so kann es sich nicht darum handeln, mehr Emissionen zuzulassen, als bei Verwendung der besten verfügbaren Techniken entstehen würden. Gerade in diesem Fall ist mindestens das Niveau der besten verfügbaren Techniken festzusetzen, da die Umwelt bereits so stark belastet ist, daß Depot- und Regenerationsfähigkeit ausgeschöpft sind. Aus der Begründung des Rates ergibt sich, daß die Klausel nicht nur eine Abschwächung des Vorsorgeniveaus zuläßt, sondern auch verschärfte Schutzmaßnahmen. Dafür spricht auch, daß der Rat dem Vorschlag des Parlaments, die Berücksichtigung in das Ermessen der Behörden zu stellen, nicht gefolgt ist. Es besteht auch kein Grund, eine mögliche Abschwächung des Vorsorgeniveaus zwingend vorzuschreiben.[395] Dies stünde in Widerspruch zu Art. 176 EGV, der verstärkte Schutzmaßnahmen der Mitgliedstaaten ausdrücklich zuläßt.

Dies entspricht auch dem System der IPC in England. Neben der Verwendung der BATNEEC ist die Durchsetzung der BPEO übergeordnetes Genehmigungsziel. Diese wird von den Behörden (in Kooperation mit dem Projektträger) ermittelt und festgelegt. Dabei berücksichtigt die Behörde die Umstände des Einzelfalls (*site-specific-approach*), die sowohl verschärfte als auch schwächere Vorsorgemaßnahmen rechtfertigen können.[396] Diese anlagespezifische Flexibilität der IPC soll auch mit der Einführung der *BAT-Notes* beibehalten werden, wie das DEPARTMENT OF THE ENVIRONMENT im Zuge der Diskussion um die Umsetzung der IVU-Richtlinie betont.[397]

Die Individualklausel des Art. 9 Abs. 4 S. 1 Halbs. 2 IVU-RL läßt also sowohl die Abschwächung des Vorsorgeniveaus als auch verstärkte Maßnahmen zu.[398] Daher können sich die Mitgliedstaaten auch nicht auf Art. 176 EGV berufen. Wenn die Klausel schärfere Genehmigungsanforderungen erlaubt, kann in dem Verzicht auf die Einbeziehung der Um-

---

395 EPINEY/PFENNINGER/GRUBER, S. 201-202.

396 Vgl. DEPARTMENT OF THE ENVIRONMENT, Second Consultation Paper, S. 12 und Third Consultation Paper, S. 5; CASTLE/HARRISON, S. 62, 71.

397 DEPARTMENT OF THE ENVIRONMENT, Fourth Consultation Paper, S. 3.

398 So auch RÖCKINGHAUSEN, S. 108, 120; SCHREIBER, S. 150; ZIEROCK, in: UMWELTBUNDESAMT, Workshop, S. 1 (9); KRACHT/WASIELEWSKI, § 35 Rn. 38; KRINGS, S. 47 (59); LÜBBE-WOLFF sieht hingegen in der Klausel nur die Möglichkeit, vom Emissionsniveau der besten verfügbaren Techniken nach unten abzuweichen, NVwZ 1998, 777 (782); EPINEY/PFENNINGER/GRUBER gehen davon aus, daß die Klausel nur zu einer Verschärfung des Niveaus der besten verfügbaren Techniken ermächtigt, S. 202, so auch EPINEY, in: KOCH, Probleme des Immissionsschutzrechts, S. 19; ZÖTTL kommt über eine primärrechtskonforme Auslegung zum gleichen Ergebnis, Integrierter Umweltschutz, S. 241-245, 396.

stände des Einzelfalls auch keine verstärkte Schutzmaßnahme liegen.[399] Denn dann verlangt die Richtlinie, daß die Mitgliedstaaten die Möglichkeit vorsehen, auch über das geltende Niveau der besten verfügbaren Techniken hinausgehende Anforderungen festzusetzen. Allenfalls können die Mitgliedstaaten die Klausel auf Verschärfungen des Vorsorgeniveaus beschränken.

d) Die Modifizierung der einzusetzenden Techniken

Diese Erkenntnis reicht aber für das Verständnis der Klausel nicht aus, sondern verkennt das eigentliche Ziel der Vorschrift wie zwei Beispiele[400] zeigen:

1. Im Falle der *Stora Hylte* Papierfabrik in Schweden waren die ausschlaggebenden Faktoren für die Wahl des Verfahrens der Abwasserbehandlung die auf dem Industrieareal bereits existierenden Anlagen: Der Klärschlamm, der in der Anlage für Papierrecycling beim Entfärbungsprozeß entstand, konnte in einer vorhandenen Verbrennungsanlage zusammen mit der Borke des Rohholzes verbrannt werden.

2. *Henkel* mußte in Deutschland den SO_2-Ausstoß einer kohlebetriebenen Verbrennungsanlage vermindern. Abstrakt gesehen hätte der besten verfügbaren Technik die Zugabe von Kalk entsprochen, wobei Gips als Abfallprodukt entstanden wäre. Da bei einem anderen Prozeß auf demselben Industriegelände aber ein Bedarf an Natriumsulfat bestand, konnte *Henkel* statt dessen Natriumhydroxid zur SO_2-Verminderung einsetzen und ein nützliches Nebenprodukt gewinnen.

Die beiden Fallkonstellationen illustrieren, daß in der Diskussion um die Individualklausel fälschlicherweise immer die Möglichkeit betont wird, vom Niveau der besten verfügbaren Techniken abzuweichen. Völlig vernachlässigt wird, daß es für die Ermittlung der besten Lösung für die Umwelt notwendig ist, die örtlichen Gegebenheiten zu berücksichtigen. Eine schematische Übertragung der für den jeweiligen industriellen Sektor ermittelten Techniken auf den Einzelfall verbietet sich schon aus umweltpolitischen Gründen. Aufgrund der Umgebung der Anlage kann – wie das Beispiel *Henkel* zeigt – ein anderes Verfahren die beste verfügbare Technik darstellen. Daher geht Art. 9 Abs. 3 IVU-RL auch grundsätzlich davon aus, daß Grenzwerte in der Genehmigung selbst für die jeweilige Anlage festzulegen sind.

---

399 So aber KRACHT/WASIELEWSKI, § 35 Rn. 43; DÜRKOP/KRACHT/WASIELEWSKI, UPR 1995, 425 (431); DOLDE, NVwZ 1997, 313 (Fn. 21); wie hier MARTINI, S. 260.

400 Beispiele nach Ó CLÉIRIGH, in: UMWELTBUNDESAMT, Workshop, S. 1 (9).

Es geht bei der Individualklausel nur sekundär um die Frage unter welchen örtlichen Umweltbedingungen der Betreiber mehr emittieren darf, als dem Niveau der besten verfügbaren Techniken entspricht. Es ist irreführend, den Anwendungsbereich der Individualklausel auf die eindimensionale Frage nach mehr oder weniger Emissionen zu reduzieren. Die Klausel dient der Suche nach der individuell besten Option für die Umwelt. Das Konzept des Vorhabens soll für den jeweiligen Standort die ideale Lösung verkörpern. Da die für die Umwelt schonendste Technologie abstrakt für die jeweilige Branche ermittelt wird, können die Umweltbedingungen am gewählten Standort nur auf der Ebene der Genehmigungsauflagen einbezogen werden. Das integrierte Konzept verlangt aber die Durchsetzung der optimalen Lösung für die Umwelt bezogen auf die jeweilige Anlage. Dies bedeutet, daß gegebenenfalls aufgrund der Umstände des Einzelfalls andere Emissionsgrenzwerte festgesetzt werden, als die, die sektorbezogen den besten verfügbaren Techniken entsprechen. Die Folgen von Lärm- und Geruchsemissionen, die Abgabe von Wärme und die Erzeugung von Erschütterungen können nur auf lokaler Ebene in den Abwägungsprozeß einfließen. Aber auch die Bewertung der anderen Emissionen hängt entscheidend davon ab wie die örtliche Umwelt aussieht. Die endgültige medienübergreifende Abwägung und damit die beste Lösung für die Umwelt kann erst anhand der individuellen Begebenheiten getroffen werden.[401] Diesem Ziel dient die Klausel und ergänzt damit systematisch Art. 9 Abs. 3 IVU-RL, der vorbehaltlich Art. 9 Abs. 8 IVU-RL einzelfallbezogene Grenzwerten vorschreibt. Es geht nicht um ein mehr oder weniger an Emissionen, sondern darum, wie die verschiedenen Auswirkungen auf die Umwelt im Einzelfall zu bewerten sind. Danach entscheidet sich, um welchen Preis Emissionen zugelassen werden. Es handelt sich darum, die für den jeweiligen Standort beste Lösung für die Umwelt zu finden.[402]

Für die Ermittlung der Emissionsgrenzwerte folgt daraus, daß diese auf einer ersten Stufe von den für die industrielle Branche geltenden besten verfügbaren Techniken abgeleitet und anschließend auf einer zweiten Stufe anhand der individuellen Begebenheiten auf die Umstände des Einzelfalls angepaßt werden müssen, um die individuell beste Lösung für die Umwelt widerzuspiegeln.

Die von deutscher Seite geübte Kritik an der Individualklausel geht daher fehl. Wer in der Regelung nur die Möglichkeit des Mißbrauchs zu Lasten der Umwelt sieht, verkennt das integrierte Konzept der Richtli-

---

401 LANGE/KARTHAUS, S. 15 (29); Ó CLÉIRIGH, in: UMWELTBUNDESAMT, Workshop, S. 1 (9); im gleichen Band LITTEN, S. 1 (3); ZIEROCK, S. 1 (10); siehe auch die Zusammenfassung der Diskussionen im Rahmen des Workshops, S. A 14.

402 In diese Richtung auch SCHREIBER, S. 150; KRACHT/WASIELEWSKI, § 35 Rn. 38.

nie. Das kann nur funktionieren, wenn die zuständige Behörde die Emissionsgrenzwerte im Einzelfall neu bestimmt.[403] Daher geht Art. 9 Abs. 3 IVU-RL auch von dem Regelfall der Festsetzung im Genehmigungsbescheid aus. Einheitlich in Europa oder Deutschland verbindlich geltende Grenzwerten kann es nach dem Ansatz der IVU-Richtlinie nicht geben. Sofern dies möglich ist, können verbindliche Grenzwerte nur auf der Ebene der besten verfügbaren Techniken für die jeweilige Branche festgelegt werden. Diese sind dann an die lokalen Umstände anzupassen. Darauf kann nur verzichtet werden, wenn die Anlage und die Umgebung für eine Modifizierung der vorgegebenen Emissionswerte keinerlei Anlaß bieten.

e) Die Beschränkung der Individualklausel

Nach Art. 9 Abs. 4 S. 2 IVU-RL muß die Behörde in den Genehmigungsauflagen *Vorkehrungen zur weitestgehenden Verminderung der weiträumigen oder grenzüberschreitenden Umweltverschmutzung* vorsehen und *ein hohes Schutzniveau für die Umwelt insgesamt* sicherstellen.

Auch wenn die lokalen Umstände zu berücksichtigen sind und daher von dem Niveau der besten verfügbaren Techniken abgewichen wird, darf es nicht zu einer spürbaren Erhöhung der weiträumigen oder grenzüberschreitenden Verschmutzung kommen. Dies gilt zunächst für die Auswirkung der einzelnen Anlage. Diese können insbesondere bei grenznahen Standorten einen relevanten Anteil an der grenzüberschreitenden Verschmutzung haben. Da Art. 9 Abs. 4 S. 2 IVU-RL die weitestgehende Verminderung der weiträumigen Verschmutzung verlangt, können aber auch bei Anlagen, die am Gesamtemissionsaufkommen nur einen geringen Anteil haben, nicht ohne weiteres Abstriche vom Niveau der besten verfügbaren Techniken gemacht werden. Aus der weitestgehenden Verminderung folgt auch, daß die insgesamt verursachte Erhöhung der weiträumigen Belastung minimal bleiben muß.[404] Abweichungen nach unten kommen daher nur in sehr begrenztem Maß in Betracht.

Die Wiederholung des Richtlinienziels – *die Erreichung eines hohen Schutzniveaus für die Umwelt insgesamt* – stellt keine eigene Schrankenregelung dar. Dieses Ziel ist bei der Auslegung und Anwendung aller Normen der Richtlinie zu beachten. Daraus und aus dem integrierten Konzept ergibt sich, daß von Art. 9 Abs. 4 S. 1 Halbs. 2 IVU-RL, soweit es um Vorsorgeabschwächung geht, restriktiv Gebrauch zu machen ist. Der integrierte Ansatz erlaubt nur in begründeten Ausnahmefällen Ab-

---

403 Vgl. HEZEL, S. 179 (182).

404 LÜBBE-WOLFF, NVwZ 1998, 777 (784).

weichungen nach unten, denn Kernpunkt der Richtlinie ist die Durchsetzung der für die Umwelt besten Option. Nur, wenn die beste Option für den jeweiligen Standort aufgrund der lokalen Umstände eine andere ist, als normalerweise, erlaubt der Regelungszweck des Art. 9 Abs. 4 S. 1 Halbs. 2 IVU-RL Abweichungen. Dies stellt die wichtigste immanente Schranke dar. Wenn man die Berücksichtigung der lokalen Umstände als notwendige Stufe ansieht, um die beste Lösung für die Umwelt zu ermitteln, dann ergibt sich schon aus dem Ziel der Norm, daß keinesfalls allein deshalb zusätzliche Verschmutzung zugelassen werden dürfen, weil beispielsweise die lokale Umweltqualiät besonders gut ist.

Eine weitere Einschränkung erfährt die Ausnahmeklausel durch die Verweisung auf Art. 10 IVU-RL. Dieser legt als äußerste Grenze die Einhaltung von europäischen Umweltqualitätsnormen fest.

4. Allgemein bindende Vorschriften

Der erstmals in den Gemeinsamen Standpunkt[405] eingeführte Art. 9 Abs. 8 IVU-RL erlaubt den Mitgliedstaaten, bestimmte Anforderungen statt in der Genehmigung in allgemeinen bindenden Vorschriften festzulegen. Damit wird die Möglichkeit geschaffen, insbesondere Emissionsgrenzwerte abstrakt zu normieren. Art. 9 Abs. 8 IVU-RL scheint damit den Grundsatz des Art. 9 Abs. 3 IVU-RL, wonach Emissionsgrenzwerte individuell in der Genehmigung festzulegen sind, zu relativieren. Gemäß Art. 9 Abs. 8 IVU-RL dürfen die Mitgliedstaaten Anforderungen aber nur dann in allgemeinen verbindlichen Vorschriften festlegen, wenn diese dem integrierten Konzept der Richtlinie entsprechen.

Zunächst ist zu klären, was unter allgemeinen bindenden Vorschriften zu verstehen ist. Vor dem Hintergrund des deutschen Rechts stellt sich die Frage, ob darunter auch Verwaltungsvorschriften fallen. Entscheidend ist, worauf sich die Bindungswirkung bezieht. Verwaltungsvorschriften binden nur die Verwaltung, entfalten aber keine Außenwirkung.[406] Hingegen binden die Festlegungen in einer Rechtsverordnung oder einem anderen Gesetz auch den Betreiber. Der Bürger kann Verstöße vor den Gerichten geltend machen. Da die gemäß Art. 9 Abs. 8 IVU-RL normierten Anforderungen an die Stelle der normalerweise in der Genehmigung festgesetzten Emissionswerte treten, müssen sie eine entsprechende Bindungswirkung entfalten. Das ist im Falle von Verwaltungsvorschriften nicht gegeben, da diese nicht unmittelbar den Betreiber binden, sondern allein die vollziehenden Behörden. Aufgrund der

---

405 Art. 9 Abs. 8 des Gemeinsamen Standpunktes, ABlEG 1996, Nr. C 87, S. 13, 26.

406 MAURER, § 24 Rn. 17.

fehlenden Außenwirkung, kann sich der Bürger in der Regel vor den Gerichten auch nicht auf sie berufen. Bindend im Sinne des Art. 9 Abs. 8 IVU-RL ist also so zu verstehen, daß die allgemeinen Vorschriften gegenüber dem Betreiber verbindlich sein müssen, und der Bürger sich auf sie berufen kann. Macht ein Mitgliedstaat daher von der Möglichkeit des Art. 9 Abs. 8 IVU-RL Gebrauch, so muß er die Grenzwerte in Gesetzen normieren. Verwaltungsvorschriften reichen nicht aus.[407] Diese Interpretation findet ihre Bestätigung in der Rechtsprechung des EuGH zur TA Luft.[408]

Eine andere Frage ist, ob Art. 9 Abs. 8 IVU-RL im Umkehrschluß eine Festlegung in Verwaltungsvorschriften verbietet. Aus Art. 9 Abs. 8 IVU-RL folgt nur, daß diese nicht an die Stelle der Festlegung im Genehmigungsbescheid treten können. Hingegen hindert auch Art. 9 Abs. 3 IVU-RL die Mitgliedstaaten nicht daran, den Vollzug anhand von in Verwaltungsvorschriften vorgegebenen Werten zu organisieren, wenn die Grenzwerte letztendlich im Genehmigungsbescheid festgelegt werden. Es ist daher erlaubt, die behördliche Festsetzung der Grenzwerte über Verwaltungsvorschriften zu schematisieren. Nur wenn an die Stelle der im Genehmigungsbescheid festgelegten Grenzwerte abstrakte Werte treten sollen, müssen diese in Gesetzen festgelegt sein.[409] Bedingung für einen so organisierten Verwaltungsvollzug ist darüber hinaus wie auch gemäß Art. 9 Abs. 8 IVU-RL die Gewährleistung des integrierten Konzepts der Richtlinie.

Da der integrierte Ansatz der IVU-Richtlinie verlangt, daß die beste praktikable Lösung für die Umwelt durchgesetzt wird, müssen die Grenzwerte so ausgestaltet sein, daß sie der Verwirklichung dieses Ziels nicht entgegenstehen. Das wird sich in der Praxis als schwierig erweisen.[410] Bisher wird ein zulässiger Maximalwert für einen Schadstoff bezogen auf ein Medium festgelegt. Die Grenzwerte orientieren sich daran, was bei Einsatz von dem Stand der Technik entsprechenden Technologien erreicht werden kann, sind also relativ streng. Legt man sie in die-

---

407 Vgl. SCHREIBER, S. 155.

408 Vor dem Hintergrund der Rechtsprechung des EuGH erscheint die Festsetzung in Verwaltungsvorschriften generell als problematisch. Der kritische Punkt ist die Frage der Bindungswirkung, die der EuGH im Falle der TA Luft mit angreifbarer Begründung verneint hat, EUGH, Urt. v. 30.5.1991, Slg. 1991, 2567-2606; Urt. v. 30.5.1991, Slg. 1991, 2607-2636; dazu GELLERMANN/SZCZEKALLA, NuR 1993, 54 (58-62). Zudem ist zweifelhaft, ob das Instrument der Verwaltungsvorschrift nennenswerte Vorteile gegenüber dem der Rechtsverordnung aufweist, GUSY, NVwZ 1995, 105 (109-112).

409 So wohl auch SCHREIBER, S. 154-155.

410 Skeptisch auch WAHL, NVwZ 2000, 502 (507).

ser Weise fest, so schränkt dies den Handlungsspielraum der zuständigen Behörde ein. Die Ermittlung der für die Umwelt insgesamt besten Lösung erfordert aber einen Spielraum der Verwaltung bei der Ermittlung der einzelnen Grenzwerte. Wird ein Wert anhand dessen, was technisch machbar ist, zwingend vorgegeben, so schließt dies zahlreiche Optionen aus und kann verhindern, daß die insgesamt umweltverträglichste Lösung gewählt wird. Da die Behörde bei Genehmigungserteilung die Auswirkungen auf alle Medien und den Energie- und Ressourcenverbrauch berücksichtigen muß, dürfen sich die Grenzwerte daher nicht an dem Emissionsniveau orientieren, das mit den besten verfügbaren Techniken bezogen auf ein Medium zu erreichen ist, sondern müssen mit Blick auf alle Umweltauswirkungen der Anlage bestimmt werden.

Art. 9 Abs. 4 S. 1 IVU-RL schreibt die Berücksichtigung der Begebenheiten des Einzelfalls als wesentliches Element des integrierten Konzepts zwingend vor.[411] Dies verträgt sich nicht mit der Normierung von allgemein bindenden Grenzwerten. Diese können nicht verbindlich sein, denn sie stehen unter dem Vorbehalt, daß sich aufgrund der Umstände des Einzelfalls eine andere Variante als die beste Lösung für die Umwelt darstellt. Das integrierte Konzept ist generalisierungsfeindlich.[412] Dieser Grundsatz wird auch nicht durch Art. 9 Abs. 8 IVU-RL relativiert. Die Vorschrift hat den Charakter einer Ausnahme gegenüber dem allgemeinen Prinzip des Art. 9 Abs. 3 IVU-RL. Das belegt die Entstehungsgeschichte. Denn Art. 9 Abs. 8 IVU-RL wurde erst im Nachhinein vom Rat in den Gemeinsamen Standpunkt eingeführt.[413] Die Möglichkeit abstrakter Anforderungen steht nach dem Wortlaut unter dem Vorbehalt des integrierten Konzepts. Dieses wird nicht abgeschwächt, sondern die Norm läßt die Normierung nur soweit zu, wie die Rechtssätze dem integrierten Konzept entsprechen. Wesentlich für dieses Konzept ist aber die medienübergreifende Beurteilung der Auswirkungen des Vorhabens auf die Umwelt und die Durchsetzung der besten Lösung für die Umwelt im Einzelfall. Nur soweit dies auch über normierte Anforderungen zu erreichen ist, sind diese richtlinienkonform. Eine Interpretation, die grundsätzlich die abschließende Festlegung von Grenzwerten in Rechtsverordnungen für richtlinienkonform hält, verkennt die Bedeutung des integrierten Konzepts der Richtlinie. Tatsächlich läßt dieses Konzept prak-

---

411 Siehe Teil 2, § 3 A. II. 3.

412 So auch RÖCKINGHAUSEN, S. 120; MASING, DVBl. 1998, 549 (551); LANGE/KARTHAUS, S. 15 (33); wohl auch BÖHM-AMTMANN, in: RENGELING, Auf dem Weg zum Umweltgesetzbuch I, S. 153 (159); a.A. LÜBBE-WOLFF, NuR 1999, 241 (245-247); STEINBERG, NuR 1999, 192 (198).

413 Art. 9 Abs. 8 des Gemeinsamen Standpunktes, ABlEG 1996, Nr. C 87, S. 13, 26.

tisch nur für jede Anlage individuell festgelegte Emissionsgrenzwerte zu, wie Art. 9 Abs. 3 S. 1 IVU-RL dies auch für den Normalfall vorsieht.

Will man von der Möglichkeit des Art. 9 Abs. 8 IVU-RL Gebrauch machen, so muß auf der ersten Ebene der Ermittlung der Grenzwerte gewährleistet sein, daß die Vorgaben das medienübergreifende Konzept der Richtlinie widerspiegeln. Leitet man Grenzwerte vom Stand der Technik ab, müssen sie die Auswirkungen auf die Umwelt insgesamt, also auf alle Medien unter Einschluß der Verlagerungseffekte, des Energie- und des Rohstoffverbrauchs und des Abfallaufkommens berücksichtigen. Diese statischen Werte müssen es ermöglichen, die beste Lösung für die Umwelt insgesamt durchzusetzen. Dies stößt vor allem auf praktische Probleme, da es bisher noch nicht in überzeugender Weise gelungen ist, in dieser Weise integrierte Grenzwerte zu ermitteln. Möglich wäre aber ohne weiteres, Grenzwerte als Mindeststandards oder eine Bandbreite von erreichbaren Werten in Verbindung mit einer Abwägungsklausel zu normieren. Da die spezifischen Probleme der Verrechnung verschiedener Umweltauswirkungen nicht bei allen Anlagen auftreten, kann der Vollzug entsprechend der vom Stand der Technik abgeleiteten Werte erfolgen und, wenn eine Abwägung zwischen verschiedenen Auswirkungen erforderlich ist, diese von der zuständigen Behörde über die Abwägungsklausel vorgenommen werden. Auf diese Weise würde dem integrierten Konzept genügt. Die Behörde muß weiter die Umstände des Einzelfalls berücksichtigen können. Auch diese sind nicht in jedem Fall von Bedeutung, sondern sind gemäß Art. 9 Abs. 4 IVU-RL nur dann zu beachten, wenn die örtliche Umwelt oder im Falle einer Änderungsgenehmigung die technische Beschaffenheit der Anlage dies erfordert. Werden Anforderungen gemäß Art. 9 Abs. 8 IVU-RL in Rechtsverordnungen oder als Vollzugshilfe in Verwaltungsvorschriften festgelegt, muß es möglich sein, eine medienübergreifende Abwägung vorzunehmen und die Umstände des Einzelfalls zu berücksichtigen. Die Behörde muß dann die festgelegten Vorgaben gegebenenfalls modifizieren dürfen.[414]

5. Die BAT-Notes

Die Kommission sieht zwar keine gemeinschaftsweiten Emissionsgrenzwerte vor, stellt als Vollzugshilfe aber ein Instrument zur Verfügung.

---

414 So auch RÖCKINGHAUSEN, S. 120; SCHREIBER, S. 154-155; WAHL, NVwZ 2000, 502 (507-508); LANGE/KARTHAUS, S. 15 (33); SCHNABL, S. 1 (2); HEZEL, S. 179 (179, 182); a.A. LÜBBE-WOLFF, NuR 1999, 241 (245-247); STEINBERG, NuR 1999, 192 (198); STAPELFELDT, S. 281; KÜHLING/RÖCKINGHAUSEN, DVBl. 1999, 1614 (1622).

Seit Anfang 1997 leitet die Kommission den in Art. 16 Abs. 2 IVU-RL vorgesehenen Informationsaustausch. Sie veröffentlicht die Informationen in sog. *BAT-Reference Documents* kurz *BAT-Notes* oder *BREFs*.[415] Diese beschreiben Verfahren, die – auf den jeweiligen Industriesektor bezogen – den Anforderungen der besten verfügbaren Techniken entsprechen.[416] Bei der Bestimmung dieser Verfahren werden gemäß der IVU-Richtlinie Aspekte wie Energieverbrauch und Abfallanfall berücksichtigt. Angegeben wird auch das durch die jeweiligen Techniken erreichbare Emissionslevel.[417] Verantwortlich ist das *Europäische Büro für die integrierte Vermeidung und Verminderung der Umweltverschmutzung* beim *Institut für technologische Zukunftsforschung* in Sevilla.[418] Expertengruppen, die sich aus Vertretern der Mitgliedstaaten, der Industrie und der Umweltschutzverbände zusammensetzen, erarbeiten die einzelnen Merkblätter.

Die Merkblätter sollen den Behörden, ohne daß sie verbindlich sind,[419] Anhaltspunkte für die Ermittlung der besten verfügbaren Techniken geben. Darüber hinaus dienen sie als Orientierungshilfe für den Betreiber, der so abschätzen kann, was in der jeweiligen Branche als beste verfügbare Technik gilt und mit welchen Genehmigungsanforderungen er rechnen muß.[420]

Vorbild der *BAT-Notes* sind die englischen *Chief Inspector's Guidance Notes* (CIGNs).[421] In Großbritannien litt die Einführung der IPC darunter,

---

415 Abzurufen unter http://www.eippcb.jrc.es/pages/FActivities.htm. Vgl. auch die belgischen Dokumente unter http://www.vito.be/emis/bbt/kennis.htm.

416 Verantwortlich ist das *Europäische Büro für die integrierte Vermeidung und Verminderung der Umweltverschmutzung* beim *Institut für technologische Zukunftsforschung* in Sevilla, Mitteilung der Kommission an den Rat und das Europäische Parlament vom 7.1.1998, KOM (97) 733 endg. Vgl. die Zeittafel für die verschiedenen Industriezweige unter http://www.eippcb.jrc.es/pages/FActivities.htm oder in: DEPARTMENT OF THE ENVIRONMENT, Fourth Consultation Paper, London 1999, S. 20-21; zur Erarbeitung: HEZEL, in: RENGELING, Auf dem Weg zum Umweltgesetzbuch I, 1999, S. 179 (181-182); ZIEROCK/SALOMON, ZUR 1998, 227 (228).

417 Vgl. WICK, in: UMWELTBUNDESAMT, Workshop, S. 1 (5); ZIEROCK, in: RENGELING, Auf dem Weg zum Umweltgesetzbuch I, S. 167-178.

418 Mitteilung der Kommission an den Rat und das Europäische Parlament vom 7.1.1998, KOM(97) 733 endg.

419 ZIEROCK/SALOMON, ZUR 1998, 227 (228).

420 Die *Chief Inspector's Guidance Notes* werden auch veröffentlicht, um den Betreiber zu informieren, welche Anforderungen ihn im Genehmigungsverfahren erwarten, vgl. WAGNER, S. 145.

421 An ihre Stelle treten die von der Environment Agency erarbeiteten IPC Guidance Notes. Auch andere Länder, die ein integriertes System eingeführt haben, benut-

daß die CIGNs von zu schlechter Qualität waren. Die Verwaltung war mit der Erstellung überfordert. Ihr fehlten die personellen Ressourcen und das notwendige Wissen, da die Industrie nicht beteiligt wurde.[422] Dies gehörte zum sog. *arms' length approach*. Anstatt wie vorher mit dem jeweiligen Betreiber einen individuellen Kompromiß zu schließen, sollte unter dem Regime der IPC mit Hilfe der CIGNs ein abstrakter nationaler Emissionsstandard durchgesetzt werden. Dies schlug fehl, weil die Behörden ohne die Industrie nicht in der Lage waren, die besten verfügbaren Techniken zu ermitteln und zu beschreiben.[423] Mittlerweile wird daher betont, daß die CIGNs nicht verbindlich sind und anlagespezifische Aspekte in die Entscheidung einfließen.[424] Ein Abweichen von den technischen Vorgaben der CIGNs ist begründungsbedürftig.[425] Es zeichnet sich ab, daß wie vor der Einführung der IPC die Behörde mit dem Betreiber in Verhandlungen eine individuelle Einigung erzielt.[426] Das eigentliche Ziel der IPC – ein einheitliches Emissionsniveau – wurde daher nicht erreicht.

Trotz der enormen Bedeutung der *BAT-Notes* für den Vollzug der Richtlinie findet sich in der Richtlinie keine Norm, die die Anwendung der technischen Regelwerke betrifft. Lediglich Anhang IV Nr. 12 schreibt vor, daß die aufgrund von Art. 16 Abs. 2 IVU-RL veröffentlichten Informationen bei der Bestimmung der besten verfügbaren Techniken zu berücksichtigen sind. Wie das geschehen soll, müssen die Mitgliedstaaten regeln. Die Bundesregierung will die Regelung ohne Änderungen in das deutsche Recht übernehmen. Nach dem Gesetzentwurf sollen die Kriterien des Anhangs IV gemäß § 3 Abs. 6 S. 2 BImSchG des Entwurfs bei der Bestimmung des Standes der Technik berücksichtigt werden. Wie das im einzelnen aussehen soll, bleibt unklar. Damit einher geht auch die Frage nach der rechtlichen Verbindlichkeit der *BAT-Notes*. Auf europäischer Ebene handelt es sich weder um Richtlinien noch Verordnungen, sondern um bloße von der Kommission veröffentlichte technische Regelwerke. Die *BAT-Notes* sind damit vergleichbar mit DIN-Normen oder VDI-Richtlinien und bislang in keiner Weise rechtlich definiert.[427] Der

---

zen derartige technische Anleitungen, so z.B. Belgien, vgl. DIJKMANS, in: UMWELTBUNDESAMT, Workshop, S. 1-5.

422 SMITH, S. 134-158, 210-211.

423 SMITH, S. 134-158, 210-211.

424 Vgl. Section 7 (11) EPA 1990.

425 STEARN, in: UMWELTBUNDESAMT, Workshop, S. 1 (2).

426 SMITH, S. 158-159.

427 So auch BÖHM-AMTMANN, in: RENGELING, Auf dem Weg zum Umweltgesetzbuch I, S. 153 (162); vgl. auch DELLA ROCCA, in: UMWELTBUNDESAMT, Workshop, S. 1 (2).

Gesetzgeber muß ausführen, welche Rolle diesen Regelwerken zukommen soll und inwieweit sie für die Exekutive verbindlich sind. In Betracht kommt eine Übernahme durch den nationalen Gesetzgeber in Form von Rechtsverordnungen oder Verwaltungsvorschriften. Sonst fehlt den Anleitungen die demokratische Legitimation.

Faktisch legen die *BAT-Notes* die besten verfügbaren Techniken auf europäischer Ebene abstrakt fest. Dies ist auch beabsichtigt, da ausweislich des Erwägungsgrundes Nr. 25 IVU-RL der Informationsaustausch dazu dient, das *Ungleichgewicht auf der technologischen Ebene in der Gemeinschaft auszugleichen*. Die *BAT-Notes* werden allerdings komplett erst in mehreren Jahren zu Verfügung stehen,[428] bis dahin müssen sich die Behörden selbst behelfen.

Die Regelung führt zu einer weitgehenden Festlegung der Vorhabenträger auf die angegebenen Referenztechnologien. Konsultiert der Antragsteller die *BAT-Notes*, was für ihn empfehlenswert ist, so wird er seinem Antrag von sich aus die angegebenen Technologien zugrunde legen, da er so mit einer schnelleren Genehmigungserteilung rechnen kann. Aber auch wenn er sich nicht freiwillig für die Referenztechnologie entscheidet, schränkt das integrierte Konzept der Richtlinie seine Wahlfreiheit ein. Zwar sind die Behörden nicht an die *BAT-Notes* gebunden und, da es sich um abstrakte optimale Lösungen handelt, erfordert die Übertragung der jeweiligen Verfahren auf den einzelnen Standort eine neue Abschätzung, wenn die Umstände dazu Anlaß geben. Die in den *BAT-Notes* vorgestellte Verfahrenstechnologie wird in der Regel nach Ansicht der Behörde die beste Umweltoption darstellen, da dies der deutschen Verwaltungstradition entspricht und die einfachste und für die Behörde sicherste Lösung darstellt. Die Behörden verfügen selber auch weder über die notwendigen Ressourcen noch über die Fachkompetenz, um tatsächlich in jedem Fall individuell die besten verfügbaren Techniken zu ermitteln.[429] Sie werden sich daher trotz der Unverbindlichkeit in der Regel an die Vorgaben der *BAT-Notes* halten. Es steht zu befürchten, daß nicht immer der für das IVU-System erforderliche *sehr selbständige Genehmigungsbeamte mit weitgehender Entscheidungsfreude und Eigenständigkeit*[430] mit der Sache betraut ist. Die durch das Verfahren verursachten Emissionen stehen zueinander in einem bestimmten Verhältnis, das als

[428] Vgl. die Zeittafel unter http://www.eippcb.jrc.es/pages/FActivities.htm.

[429] Überwiegend wird davon ausgegangen, daß die Behörden mit der Festsetzung von Emissionsgrenzwerten überfordert sind, vgl. BMU, IPC-Planspiel, Zusammenfassung, S. 8; REBENTISCH, NVwZ 1995, 949 (952); KRÄMER, ZUR 1997, 303 (307); UMWELTBUNDESAMT, Workshop, Zusammenfassung der Diskussionen, S. A-12.

[430] HEZEL, S. 179 (180).

ideal eingestuft wird. In der Genehmigung werden die entsprechenden Grenzwerte festgesetzt, so daß eine Vielzahl von Parametern die Planungsfreiheit des Betreibers begrenzt. Mit großer Wahrscheinlichkeit wird es nicht viele verschiedene Verfahren geben, die alle Bedingungen erfüllen. MASING merkt daher zu Recht an, daß es widersprüchlich sei, zu verbieten, bestimmte Techniken und Technologien in der Genehmigung vorzuschreiben.[431]

Die Kommission hat mit der Erstellung der *BAT-Notes* die Rolle der Behörden vereinfacht und die größten Probleme auf die Expertengruppen verlagert, wobei im einzelnen umstritten ist, ob auf der Sektorenebene die integrierte Sichtweise verwirklicht werden kann.[432] Inwieweit das gelingt, bleibt abzuwarten.[433] Fest steht aber, daß die Behörde vor Ort mit Hilfe der *BAT-Notes* ohne weiteres in der Lage ist, die besten verfügbaren Techniken für die jeweilige Branche zu identifizieren. Dies ist aber nur der erste Schritt zur Identifizierung der besten Lösung für die Umwelt. In einem zweiten Schritt – und diesen muß die Behörde alleine vollziehen – müssen gemäß Art. 9 Abs. 4 S. 1 IVU-RL bei der Festlegung der Emissionsgrenzwerte individuelle Aspekte berücksichtigt werden.[434]

Die Bundesregierung will die *BAT-Notes* bei der Festlegung der Emissionswerte und der emissionsbegrenzenden Anforderungen in der neuen TA Luft berücksichtigen.[435] Soweit neue Merkblätter erscheinen, überprüft gemäß Nr. 5.1.1 des Entwurfes zur TA Luft ein beim BMU eingerichteter beratender Ausschuß, ob die Anforderungen über die der TA Luft hinausgehen. Ergeben sich Fortentwicklungen des Standes der Technik, so macht das BMU diese bekannt, womit die Behörden nicht mehr an die entsprechenden Anforderungen der TA Luft gebunden sein sollen. Dieser Weg der vorweggenommenen Berücksichtigung der *BAT-Notes* erscheint auf den ersten Blick als sinnvoll. So soll gewährleistet werden, daß die TA Luft mindestens das durch die *BAT-Notes* festgelegte Niveau der besten verfügbaren Techniken widerspiegelt und vermieden werden, daß die Behörden den Vollzug auf zwei nicht aufeinander abgestimmte technische Regelwerke stützen müssen. Trotzdem muß die Behörde bei der Ermittlung des Standes der Technik auch die *BAT-Notes* selber heranziehen, wie es Nr. 12 des Anhangs IV der IVU-Richtlinie vorschreibt. Die Merkblätter gehen über den Regelungsgehalt

431 MASING, DVBl. 1998, 549 (552 und Fußnote 51).

432 Vgl. dazu die Beiträge in dem vom UMWELTBUNDESAMT durchgeführten *Workshop*.

433 Skeptisch WASIELEWSKI, ZUR 2000, 373 (377).

434 Siehe Teil 2, § 3 A. II. 3.

435 Nr. 5.1.1 des Entwurfs zur TA Luft vom 27.3.2000.

der TA Luft hinaus, da sie keine Emissionswerte enthalten, sondern bestimmte, den besten verfügbaren Techniken entsprechende Verfahren beschreiben. Sie sind auch genauer, da sie einzelne Branchen betreffen und nicht wie die technischen Anleitungen generell Grenzwerte festlegen. Eine volle Einbeziehung der *BAT-Notes* in das deutsche untergesetzliche Regelwerk erscheint daher als nicht möglich.[436]

III. Die Ermittlung der Grenzwerte nach dem BImSchG und dem UGB-KomE

Vorsorgemaßnahmen müssen gemäß § 5 Abs. 1 Nr. 2 BImSchG dem Stand der Technik entsprechen, der damit die Grundlage für die Ermittlung der Grenzwerte bildet. Diese sind in der Regel abstrakt in aufgrund § 48 BImSchG erlassenen Verwaltungsvorschriften oder in aufgrund des § 7 BImSchG erlassenen Rechtsverordnungen festgelegt. Umstände des Einzelfalls finden wie auch im Rahmen der IVU-Richtlinie auf der Ebene des Standes der Technik keine Berücksichtigung. Sie spielen erst auf der Ebene der einzelnen Genehmigungsbestimmungen eine Rolle. Es fehlt aber an einer ausdrücklichen Regelung. Eine solche enthält nur die TA Luft.

Gemäß Nr. 2.2.1.3 erlaubt die TA Luft und gemäß Nr. 4.8 auch der Entwurf zur Neufassung[437] zum Schutz vor schädlichen Umwelteinwirkungen ausnahmsweise eine Einzelfallprüfung, wenn Immissionswerte nicht festgelegt sind oder ein atypischer Sonderfall vorliegt.[438] Da das Wesen der Standardisierung darin liegt, eine möglichst große Zahl von Fallkonstellationen abstrakt zu regeln, reicht es nicht aus, daß die Umstände vom Normalfall abweichen. Es sollen auch jenseits der Norm liegende Konstellationen abgedeckt werden. Ein atypischer Sonderfall liegt nur dann vor, wenn tatsächlich besondere außergewöhnliche Umstände des Einzelfalls vorliegen, die von der Standardisierung nicht mehr erfaßt sind. Die TA Luft erfaßt auch neben der Norm liegende Fälle. Eine Ein-

436 Dazu unter Teil 3, § 3.

437 Nr. 4.8 des Entwurfs zur TA Luft vom 27.3.2000.

438 Vgl. die Rechtsprechung zur TA Luft: BVerwG, Beschl. v. 10.6.1998, NVwZ 1998, 1181 (1183); Beschl. v. 30.8.1996, NVwZ 1997, 496 (499); BayVGH, Urt. v. 31.2.2000, DVBl. 2000, 822 (825); Beschl. v. 21.4.1998, NVwZ-RR 1998, 737 (742); VGH Mannheim, Beschl. v. 29.6.1994, NVwZ 1995, 292 (294); Landmann/Rohmer-HANSMANN, Band II, TA Luft 2.2.1.3 Rn. 1.

zelfallprüfung kommt erst dann in Betracht, wenn es sich um einen völlig atypischen Ausnahmefall handelt.[439]

Ob diese Vorschrift der Regelung des Art. 9 Abs. 4 S. 1 Halbs. 2 IVU-RL genügt, ist zweifelhaft. Der Entwurf zur neuen TA Luft enthält keinen Hinweis auf die nach der IVU-Richtlinie notwendige Einzelfallbetrachtung. Für die Umsetzung des Art. 9 Abs. 4 S. 1 Halbs. 2 IVU-RL reicht aber eine Einzelfallprüfung in Sonderfällen nicht aus.[440] Die Norm verlangt nicht nur in atypischen Sonderfällen eine Einzelfallprüfung, sondern immer dann, wenn die lokalen Begebenheiten von dem Normalfall einer idealtypischen Umwelt abweichen. Das setzt keinen atypischen Sonderfall voraus, sondern ist immer dann gegeben, wenn beispielsweise aufgrund geologischer oder geographischer Umstände, dem Charakter der Anlage oder des Industriekomplexes Emissionen anders zu bewerten sein können. Nach Art. 9 Abs. 4 S. 1 Halbs. 2 IVU-RL ist die Einzelfallprüfung immer dann vorzunehmen, wenn die örtlichen Bedingungen dazu Anlaß geben. Um dem gerecht zu werden, müßte der Anwendungsbereich der Sonderfallprüfung nach der TA Luft ausgedehnt werden. Vor allem aber dürfte Nr. 4.8 TA Luft nicht auf immissionsseitige Sonderfälle beschränkt werden, sondern müßte auf Emissionsbegrenzungen ausgedehnt werden. Hingegen ist die Rechtsprechung in bezug auf die TA Lärm großzügiger.[441] Dies erklärt sich aus dem Umstand, daß die Beurteilung von Lärm meist von den lokalen Umständen abhängt.

Aber auch aus anderen Gründen erscheint es zweifelhaft, ob eine derartige Umsetzung richtlinienkonform wäre. Aus der Definition des Anwendungsbereichs des Entwurfes TA Luft ergibt sich, daß diese auf schädliche Umwelteinwirkungen durch Luftverunreinigungen abstellt. Eine Einzelfallbetrachtung die sich auf diesen medial ausgerichteten Blickwinkel beschränkt, genügt der IVU-Richtlinie aber nicht. Gerade bei der Einzelfallbetrachtung geht es darum, die beste Lösung für die Umwelt zu ermitteln. Dies ist nur durch eine medienübergreifende Abwägung aller Umweltauswirkungen bezogen auf den jeweiligen Einzelfall zu realisieren. Auf den integrierten Ansatz stellt der Entwurf zur TA

---

439 Vgl. die in der vorigen Fußnote zitierte Rechtsprechung sowie: JARASS, BImSchG, § 48 Rn. 25; a.A. SELLNER, der die Vorverlegung des Verhältnismäßigkeitsprüfung als unzulässig ansieht und eine einzelfallbezogene Prüfung fordert, NJW 1980, 1255 (1260).

440 WAHL, ZUR 2000, 363 (365); vgl auch: LUDWIG, in: CZAJKA, FS Feldhaus, S. 181 (195).

441 Die Vorgaben der TA Lärm enthalten danach keine normativ bindenden und anspruchsbegründenen Werte, sondern Anhaltspunkte für die stets gebotene Beurteilung des Einzelfalls, vgl. BVerwG, Urt. v. 23.5.1991, BVerwGE 88, 210 (217); Beschl. v. 6.8.1983, NVwZ 1983, 155; KUTSCHEID, NVwZ 1999, 577 (578).

Luft aber erst in dem die Vorsorgeanforderungen betreffenden Nr. 5.1.1. ab. Die Umsetzung der IVU-Richtlinie soll darüber erfolgen, daß die Vorschriften der TA Luft Verlagerungseffekte beachten und ein möglichst hohes Schutzniveau für die Umwelt insgesamt gewährleistet sollen. Die *BAT-Notes* werden bei der Festlegung der Anforderungen in der TA Luft berücksichtigt. Das reicht für den zweistufigen Aufbau der IVU-Richtlinie nicht aus. An die abstrakte Festlegung von Grenzwerten muß sich gemäß Art. 9 Abs. 4 S. 1 Halbs. 2 IVU-RL die Einzelfallbetrachtung anschließen. Nicht der IVU-Richtlinie entspricht es, die notwendige Einzelfallbetrachtung zu vernachlässigen. Das ergibt sich auch aus der Bedeutung des Art. 9 Abs. 4 S. 1 Halbs. 2 IVU-RL für das integrierte Konzept der Richtlinie. Im Gegensatz zum Entwurf für das UGB I hat die Bundesregierung beim Artikelgesetz die Anforderungen der IVU-Richtlinie insoweit ignoriert. Eine richtlinienkonforme Umsetzung verlangt, daß die Behörde die Umstände des Einzelfalls berücksichtigt. Umsetzen kann man Art. 9 Abs. 4 S. 1 Halbs. 2 IVU-RL indem man § 5 Abs. 1 BImSchG beispielsweise um eine an § 83 Abs. 2 UGB-KomE angelehnte Integrationsklausel ergänzt, die die Berücksichtigung der örtlichen Umweltbedingungen vorschreibt. Dies sah der Entwurf der Bundesregierung zum UGB I vor. Die Grundpflichten waren danach so zu erfüllen, daß unter Berücksichtigung der Wechselwirkungen zwischen den Schutzgütern, der Gefahr von Verlagerungen und der Beschaffenheit des Vorhabens, seines Standorts und der örtlichen Umweltbedingungen Mensch und Umwelt in ihrer Gesamtheit geschützt werden.[442] Soweit die Vorsorgeanforderungen über den Stand der Technik abstrakt vorgegeben sind, muß es möglich sein, daß die Behörde diese Vorgaben an die Umstände des Einzelfalls anpaßt, um zu gewährleisten, daß die beste Lösung für die Umwelt bezogen auf die konkrete Anlage durchgesetzt wird.

Die Sachverständigenkommission will das System des BImSchG weitgehend beibehalten und die integrativen Anforderungen über das untergesetzliche Regelwerk umsetzen, §§ 12, 13 UGB-KomE. Eine Norm, die Art. 9 Abs. 4 S. 1 Halbs. 2 IVU-RL entspricht, sucht man zunächst vergeblich. KÖCK nimmt an, daß in der sog. Öffnungsklausel des § 84 Abs. 3 UGB-KomE ein Äquivalent zur Regelung des Art. 9 Abs. 4 S. 1 Halbs. 2 IVU-RL liegen könnte.[443] Allerdings geht die Sachverständigenkommis-

---

442 § V 5 Abs. 2 des Entwurfes der Bundesumweltministeriums zum UGB I vom 5.3.1998.

443 KÖCK, ZUR 1998, 225 (227).

sion in der Begründung auf die IVU-Richtlinie nur insoweit ein, als daß sie von der Richtlinienkonformität der Klausel ausgeht.[444]

§ 84 Abs. 3 UGB-KomE gibt der Behörde die Möglichkeit, auf Antrag des Vorhabenträgers von der Einhaltung einzelner Grenzwerte zur Risikovorsorge abzusehen, wenn dadurch Vorteile für die Umwelt in ihrer Gesamtheit erwachsen, die die Nachteile eindeutig und erheblich überwiegen. Die Vorschrift soll eine flexiblere und effizientere Umsetzung von Vorsorgemaßnahmen gewährleisten und die Möglichkeit schaffen, von verbindlich festgelegten Umweltstandards (insbesondere Emissionsgrenzwerten) abzuweichen. Damit könne man die mit der Gesamtbetrachtung der Auswirkungen eines Vorhabens verbundenen Schwierigkeiten überwinden.[445] Eine der Individualklausel der IVU-Richtlinie entsprechende Regelung liegt darin nicht.[446] Zunächst steht dem schon entgegen, daß der Dispens nach § 84 Abs. 3 UGB-KomE einen Antrag des Vorhabenträgers voraussetzt. Die IVU-Richtlinie verlangt aber, daß die Behörde grundsätzlich die technische Beschaffenheit der Anlage, den geographischen Standort und die örtlichen Umweltbedingungen berücksichtigt. Diese Aspekte erwähnt Art. 84 Abs. 3 UGB-KomE überhaupt nicht. Vergleichbar mit Art. 9 Abs. 4 S. 1 Halbs. 2 IVU-RL ist die Regelung nur insoweit, als daß es möglich ist, von abstrakt ermittelten Vorsorgewerten abzuweichen, wenn dadurch für die Umwelt in ihrer Gesamtheit Vorteile erwachsen. Derselbe Grundgedanke liegt auch Art. 9 Abs. 4 S. 1 Halbs. 2 IVU-RL zugrunde. Allerdings bezieht sich § 84 Abs. 3 UGB-KomE auf normierte Vorsorgewerte, während es bei der Einzelfallregelung der IVU-Richtlinie um die zweite Stufe der Ableitung der individuellen Grenzwerte von der besten verfügbaren Techniken geht. Dabei kann es insbesondere auch darum gehen, Anforderungen aufgrund besonderer geologischer, geographischer oder klimatischer Bedingungen durchzusetzen. Das deckt § 84 Abs. 3 UGB-KomE nicht ab. Die Norm erlaubt nur den Dispens von normierten Vorsorgewerten, wenn dadurch insgesamt Vorteile für die Umwelt erreicht werden. Dabei spielen aber die lokalen Bedingungen keine Rolle. Die Vorschrift ermächtigt auch die Behörde nicht zum Erlaß von Auflagen, die der lokalen Umwelt zugute kommen, sondern nur dazu, von Vorsorgeanforderungen zu befreien. Die Sachverständigenkommission will mit der Öffnungsklausel gar nicht die individuellen Umstände der Anlage einbeziehen. Die Klausel dient hingegen der Harmonisierung verbindlich normierter Grenzwerte mit dem integrierten Konzept.[447] Stehen die ab-

---

444 UGB-KomE, Begründung zu § 84 Abs. 3, S. 631.

445 UGB-KomE, Begründung zu § 84 Abs. 3, S. 631-632.

446 So auch MARTINI, S. 261.

447 UGB-KomE, Begründung zu § 84 Abs. 3, S. 631.

strakt festgelegten Anforderungen einer insgesamt für die Umwelt besseren Anlagenkonzeption im Weg, kann die Behörde über § 84 Abs. 3 UGB-KomE den Vorhabenträger dispensieren.

Nach §§ 83, 84 UGB-KomE kann die Behörde die Umstände des Einzelfalls also nicht berücksichtigen. Der Pflichtenkatalog des § 83 Abs. 1 UGB-KomE ist aber nicht abschließend. Er wird für den Bereich der immissionsrelevanten Anlagen durch § 422 Abs. 1 UGB-KomE ergänzt, der auf die Pflichten des § 83 UGB-KomE verweist und diese modifiziert. Gemäß § 422 Abs. 1 Nr. 2 UGB-KomE sind bei Vorsorgemaßnahmen alle Umstände des Einzelfalls zu berücksichtigen. Danach kann die Behörde lokale und anlagespezifische Gegebenheiten bei der Ermittlung und Festlegung der Genehmigungsanforderungen heranziehen, sofern dafür Anlaß besteht. Die nähere Ausgestaltung bleibt Rechtsverordnungen überlassen, § 423 Abs. 1 UGB-KomE (ebenso § 83 Abs. 2 S. 2 UGB-KomE). Damit fließen Charakteristika des jeweiligen Vorhabens in die Ermittlung der Maßnahmen zur Emissionsbegrenzung ein. Der grundsätzlich gemäß § 2 Nr. 9 UGB-KomE abstrakt festgelegte Stand der Technik wird nicht modifiziert. Die Behörde berücksichtigt, wenn sie die Vorsorgeanforderungen im Genehmigungsbescheid festlegt, gemäß § 422 Abs. 1 Nr. 2 UGB-KomE die Umstände des Einzelfalls.[448] Ob das Vorsorgeniveau unter den Stand der Technik gesenkt werden darf, bleibt offen. Da die Sachverständigenkommission in der Begründung diesen Fall nicht erwähnt und es an einer ausdrücklichen Ausnahmeermächtigung fehlt, ist dies auszuschließen. Dies ist im Hinblick auf Art. 176 EGV als verstärkte Schutzmaßnahme zulässig.[449] Die IVU-Richtlinie verlangt nur die Einbeziehung der Umstände des Einzelfalls nicht die Möglichkeit der Absenkung des Vorsorgeniveaus. Es ist den Mitgliedstaaten überlassen, wie sie Art. 9 Abs. 4 S. 1 IVU-RL im einzelnen umsetzen, da ihnen der Rat in diesem Punkt ausdrücklich einen Gestaltungsspielraum eingeräumt hat (Erwägungsgrund Nr. 18 IVU-RL).

IV. Spezielle Genehmigungsauflagen

Gemäß Art. 9 Abs. 7 IVU-RL kann die Genehmigung andere den Zwecken der Richtlinie dienende spezielle Auflagen enthalten, die die Mitgliedstaaten oder die Behörden für zweckmäßig erachten.

Der BUND sieht in der Vorschrift die Verpflichtung, den Behörden die Möglichkeit zu geben, Nebenbestimmungen zu erlassen, die über die Genehmigungsanforderungen hinausgehen. Damit verbunden wäre ein

---

448 Das übersieht MARTINI, S. 261.

449 Siehe Teil 2, § 3 A. II. c).

Ermessen der Behörde auf der Rechtsfolgenseite, was im Widerspruch zu der gebundenen Genehmigung sowohl des § 12 Abs. 1 BImSchG als auch des § 91 Abs. 1 S. 2 UGB-KomE stehen würde.[450] Der BUND versteht unter *speziellen* Nebenbestimmungen nur solche, die über die Genehmigungsanforderungen der Richtlinie hinausgehen. In Betracht kommen beispielsweise die Verschärfung des Standards der besten verfügbaren Techniken. Gegen diese Interpretation spricht, daß die Norm an die vorhergehenden Absätze 5 und 6 anknüpft. Aus dem systematischen Zusammenhang ergibt sich daher, daß *speziell* sich auf das Schutzziel der Nebenbestimmungen bezieht. Die Absätze 5 und 6 betreffen Nebenbestimmungen für die Überwachung oder besondere Betriebssituationen. Art. 9 Abs. 7 stellt klar, daß die vorhergehenden Absätze nicht abschließend sind. Das deckt sich mit der Begründung der Kommission zu Art. 8 Abs. 6 des Vorschlags, der mit der Fassung des Art. 9 Abs. 7 IVU-RL übereinstimmt. Danach handelt es sich um eine Standardklausel, nach der die Genehmigung andere spezielle Bedingungen nach Ermessen der zuständigen Behörde enthalten kann.[451] Die Bezeichnung als Standardklausel legt nahe, daß die Vorschrift nur klarstellen soll, daß die Mitgliedstaaten frei sind, weitere spezielle Auflagen als Genehmigungsvoraussetzung zu normieren. Dazu wären sie dann aber weder verpflichtet noch müßte der Erlaß solcher Auflagen im Ermessen der Behörden stehen. Für eine solche Deutung spricht, daß Art. 9 Abs. 7 IVU-RL den Mitgliedstaaten ein Ermessen einräumt. Sie können andere spezielle Auflagen vorsehen, müssen aber nicht. Es handelt sich um eine Art Generalklausel für Auflagen, die andere besondere Situationen betreffen.[452] Zweifel an diesem Ergebnis ergeben sich daraus, daß die Norm als Adressat des Ermessens auch die Behörden nennt. Über ein Ermessen der Mitgliedstaaten hinaus könnte die Vorschrift verlangen, daß auch der zuständigen Behörde die Möglichkeit offen stehen muß, zu entscheiden, ob sie weitere Auflagen als zweckmäßig erachtet.[453] Damit würde den Mitgliedstaaten das soeben eingeräumte Ermessen wieder genommen, da diese dann verpflichtet wären, die Behörden entsprechend zu ermächtigen. Diese Interpretation erscheint daher nicht frei von Widersprüchen und geht auch über das hinaus, was man unter der Bezeichnung Standardklausel vermuten würde. Andererseits richtet sich der Wortlaut eindeutig an die Mitgliedstaaten *und* die zuständige Behörde.

---

450 BUND, UVP-report 1997, Nr. 4+5, 247 (248); SCHRADER, ZAU 1998, 19 (20).

451 Statt von Auflagen wird von Bedingungen gesprochen, vgl. Begründung der Kommission zu Art. 8 des Vorschlags, KOM (93) 423 endg. v. 14.9.1993.

452 So BECKER, Art. 9 Rn. 10; wohl auch RENGELING/GELLERMANN, S. 1 (16); LANGE/KARTHAUS, S. 15 (30).

453 So SCHREIBER, S. 161-163.

Bedenkt man den Auslegungsgrundsatz des *effet utile*, wird man trotz der Unsicherheiten zu dem Schluß kommen müssen, daß die Behörden zum Erlaß weiterer über die anderen Vorschriften des Art. 9 IVU-RL hinausgehenden Nebenbestimmungen zu ermächtigen sind. Sonst stünde den Mitgliedstaaten die Möglichkeit offen, ihr Ermessen so auszuüben, daß sie weitere Nebenbestimmungen für nicht notwendig halten und die Vorschrift damit wirkungslos bliebe.[454] Das bedeutet allerdings nicht, daß der Behörde ein Entschließungsermessen einzuräumen ist. Art. 9 Abs. 7 IVU-RL erlaubt weitere Nebenbestimmungen und verlangt, daß die Behörde nicht auf die in Art. 9 IVU-RL geregelten Fälle beschränkt ist. Es reicht aber aus, wenn die Mitgliedstaaten die Behörden bei einer konditionalen Genehmigungsstruktur ermächtigen, alle ihnen für die Einhaltung der Genehmigungsvoraussetzungen als zweckmäßig erscheinenden Nebenbestimmungen zu erlassen. Art. 9 Abs. 7 IVU-RL wollte die Mitgliedstaaten nicht auf eine Ermessensentscheidung festlegen. Diese Frage ist auch im Rahmen des Art. 8 IVU-RL bewußt offengelassen worden.[455]

B. Ausblick

Art. 10 IVU-RL verfolgt ein paralleles Konzept von Emissions- und Immissionswerten. Sofern es sich um zwingend einzuhaltende Umweltqualitätsnormen handelt, folgt aus Art. 10 IVU-RL, daß die Behörde, wenn Umweltqualitätsnormen eindeutig überschritten werden, Neugenehmigungen für emittierende Betriebe nicht mehr erteilen darf.

Die Ergebnisse der UVP sind gemäß Art. 9 Abs. 2 IVU-RL bei der Genehmigungsentscheidung zu berücksichtigen. Dieses Berücksichtigungsgebot hat wie schon bisher nach der Rechtsprechung des BVerwG keine materiell-rechtlichen Auswirkungen. Die IVU-Richtlinie etabliert selber ein im wesentlichen der UVP-Richtlinie entsprechendes integriertes Konzept auf materieller Ebene.

Die Richtlinie stellt detaillierte Anforderungen an die Ermittlung der Emissionsgrenzwerte. Sie sind im Genehmigungsbescheid für die jeweilige Anlage individuell festzulegen. Zwar erlaubt Art. 9 Abs. 8 IVU-RL ausdrücklich, Grenzwerte abstrakt zu normieren, dies stößt aber auf Schwierigkeiten, da es bisher nicht gelungen ist, integrierte Grenzwerte zu formulieren. Verbindliche Grenzwerte dürfen nicht in Verwaltungsvorschriften geregelt sein und müssen die Möglichkeit eröffnen, die Umstände des Einzelfalls gemäß Art. 9 Abs. 4 S. 1 Halbs. 2 IVU-RL zu be-

---

[454] Vgl. SCHREIBER, S. 162-163.

[455] Siehe Teil 2, § 4 A. I. 2.

rücksichtigen. Art. 9 Abs. 8 IVU-RL verbietet nicht die Vorgabe schematisierter Grenzwerte durch Verwaltungsvorschriften, solange diese nicht für die Behörde und den Betreiber verbindlich sind, sondern die Behörde die Werte auf den Einzelfall anpassen darf und sie verbindlich erst in dem Genehmigungsbescheid festsetzt.

Um die Grenzwerte zu ermitteln muß die Genehmigungsbehörde in einem ersten Schritt abstrakt die besten verfügbaren Techniken bestimmen. Dabei orientiert sie sich an den Referenztechnologien der *BAT-Notes*. Diese enthalten Angaben zu den jeweiligen Verfahren, sind aber nicht verbindlich. Mit ihrer Hilfe kann der Projektträger abschätzen, welche Anforderungen auf ihn zukommen. Die abstrakte Evaluierung der verschiedenen Alternativen ist auf die Expertengruppen verlagert worden, die die *BAT-Notes* erstellen. Damit erübrigt sich die Forderung nach gemeinschaftsweiten Grenzwerten. Die *BAT-Notes* legen die besten verfügbaren Techniken und mittelbar auch die Emissionsgrenzwerte für alle Länder der Gemeinschaft fest.

Anschließend ist in einem zweiten Schritt die beste praktikable Lösung für die jeweilige Anlage zu bestimmen. Dabei zieht die Behörde die in Art. 9 Abs. 4 S. 1 Halbs. 2 IVU-RL genannten Umstände des Einzelfalls ein. Aufgrund der individuellen Situation der Anlage können sich Abweichungen von den Vorgaben der besten verfügbaren Techniken ergeben. In Betracht kommen schärfere oder großzügigere Grenzwerte. Im Einzelfall kann auch ein abstrakt nicht den besten verfügbaren Techniken entsprechendes Verfahren die für die Umwelt ideale Technik darstellen.

Bei der Individualklausel des Art. 9 Abs. 4 S. 1 Halbs. 2 IVU-RL handelt sich nicht um eine Neuauflage der *escape-clause* der Kommission. Die Einbeziehung der individuellen Verhältnisse ist notwendig, da die den besten verfügbaren Techniken entsprechenden Verfahren nicht schematisch auf den Einzelfall übertragen werden können. Die beste Lösung für die Umwelt kann nur anhand der individuellen Gegebenheiten ermittelt werden. Die lokalen Umstände beeinflussen die Wahl der einzusetzenden Technologien und damit die Festsetzung der Emissionsgrenzwerte. Die Individualklausel dient der Anpassung der besten verfügbaren Techniken an die Umstände des Einzelfalls. Die Emissionsgrenzwerte sind so anhand der individuellen Umstände der einzelnen Anlage festzulegen. Das BImSchG gewährleistet diese zweistufige Ableitung der Grenzwerte bislang nicht. Soweit der Stand der Technik beispielsweise in der TA Luft konkretisiert ist, reicht die dort vorgesehene Einzelfallprüfung in atypischen Fällen nicht aus. Daran ändern weder der Entwurf zur neuen TA Luft noch das Artikelgesetz etwas. § 422 Abs. 1 UGB-

KomE erlaubt hingegen in hinreichendem Maß die Berücksichtigung der Umstände des Einzelfalls.

Art. 9 Abs. 7 IVU-RL erlaubt gegenüber den in Art. 9 IVU-RL geregelten Fällen weitere Nebenbestimmungen. Für die Umsetzung reicht es aus, wenn die Mitgliedstaaten die Behörden bei einer konditionalen Genehmigungsstruktur ermächtigen, alle ihnen für die Einhaltung der Genehmigungsvoraussetzungen als zweckmäßig erscheinenden Nebenbestimmungen zu erlassen. Das Erfordernis eines Ermessens seitens der Behörden besteht nicht.

§ 4 Die Konsequenzen des integrierten Ansatzes für die Genehmigungserteilung

Nach Art. 8 IVU-RL ist das Betreiben der in Anhang I aufgeführten industriellen Tätigkeiten genehmigungsbedürftig. Eine Genehmigung darf nur erteilt werden, wenn die Anlage den Anforderungen der Richtlinie entspricht.

Wie aber soll die Genehmigung aussehen? Ist eine gebundene Entscheidung richtlinienkonform oder verlangt die Richtlinie eine Ermessensentscheidung oder anders geartete Beurteilungsspielräume?

A. Gebundene Genehmigung oder Versagungsermessen

Art. 7 IVU-RL des Vorschlags der Kommission sah vor, daß die zuständige Behörde die Genehmigung entweder erteilt, sie ändert oder sie aus Gründen der Verschmutzung ablehnt. Der Wortlaut ließ nicht eindeutig erkennen, ob eine gebundene Genehmigung damit vereinbar war.[456] Die Möglichkeit der Ablehnung des Antrags aus Gründen der Verschmutzung legte die Annahme nahe, daß der Behörde ein Entscheidungsspielraum zustehen muß.[457]

I. Anforderungen der IVU-Richtlinie

Der Rat hat die Norm im Gemeinsamen Standpunkt neu gefaßt, ohne die Änderung gegenüber dem Kommissionsvorschlag zu begründen. Art. 8 IVU-RL der Richtlinie lautet nunmehr:

Unbeschadet sonstiger Anforderungen aufgrund einzelstaatlicher oder gemeinschaftlicher Vorschriften erteilt die Behörde eine Genehmigung mit Auflagen, die sicherstellen, daß die Anlage den Anforderungen dieser Richtlinie entspricht, ist dies nicht der Fall, lehnt sie die Genehmigung ab.

---

456 SELLNER/SCHNUTENHAUS, NVwZ 1993, 828 (830).

457 APPEL, DVBl. 1995, 399 (400); WAHL/APPEL, S. 1 (182); BUND, UVP-report 1997, 247 (247); ohne Begründung: EPINEY, Umweltrecht, S. 216; die Bundesregierung ging davon aus, daß der Vorschlag dazu keine Vorgaben enthält, Stellungnahme vom 6.1.1994, S. 19.

1. Grammatikalische Auslegung

Im Gegensatz zur Fassung des Vorschlags läßt sich aus dem Wortlaut die Notwendigkeit eines behördlichen Entscheidungsspielraumes nicht mehr herleiten.[458] Ginge man von der deutschen Dogmatik aus, käme man zu dem Schluß, daß ein Ermessensspielraum der Behörde ausgeschlossen ist. Die Interpretation europarechtlicher Begriffe und Rechtsinstitute darf aber nicht aus nationaler Sicht erfolgen. Der europäische Gesetzgeber richtet sich weder nach den Instituten der nationalen Rechtsordnungen noch besteht eine ausgebildete europäische Dogmatik. Man muß für jeden Einzelfall ermitteln, was mit der in Rede stehenden Formulierung inhaltlich verbunden ist. Der Wortlaut läßt daher sowohl Raum für Entscheidungsspielräume als auch für eine gebundene Genehmigung.[459]

2. Historische Auslegung

Die Richtlinie hat ihren Ursprung in der angelsächsischen Rechtsordnung.[460] Zuständig für die Vorbereitung und Ausarbeitung des ersten Vorschlags der Kommission war innerhalb der Generaldirektion XI ein abgeordneter Beamter des britischen Umweltministeriums als sogenannter nationaler Experte.[461] Der Richtlinienvorschlag entsprach in der Folge weitgehend dem System der IPC. Das englische Verwaltungsrecht ist – im Gegensatz zum deutschen – traditionell geprägt von einem Zusammenwirken der Behörden mit dem jeweiligen Antragsteller.[462] Die Behörde verfügt über einen weiten Entscheidungsspielraum, in dessen Rahmen sie in Verhandlungen mit dem Betreiber einen Kompromiß schließt. Diesem System ist auch das Konzept der IPC verhaftet. Die BPEO wird weniger durch feste rechtliche Vorgaben fixiert als durch

---

458 STEINBERG/KOEPFER, DVBl. 1997, 973 (974); KLOEPFER, § 14 Rn. 24; DOLDE, NVwZ 1997, 313 (318); DÜRKOP/KRACHT/WASIELEWSKI, UPR 1995, 425 (433); irreführend sind die Ausführungen bei EPINEY, Umweltrecht: Dort wird auf den Vorschlag der Kommission abgestellt und von der Notwendigkeit einer Ermessensentscheidung ausgegangen, obwohl der Gemeinsame Standpunkt bereits berücksichtigt wurde, S. 213, 216.

459 LANGE/KARTHAUS, S. 15 (27); SCHREIBER, S. 168.

460 Vgl. DEPARTMENT OF THE ENVIRONMENT, First Consultation Paper, S. 2; SCHNUTENHAUS, NVwZ 1994, 671 (672); DERS., ZUR 1994, 299 (299); MASING, DVBl. 1998, 549 (552); RENGELING, in: CZAJKA, FS Feldhaus, S. 313 (318); KRACHT/WASIELEWSKI, § 35 Rn. 7; MARTINI, S. 191.

461 Vgl. SCHNUTENHAUS, NVwZ 1994, 671 (672, Fn 10); SKEA/SMITH, S. 265 (274, 279).

462 Dies gilt auch für das System der IPC nach dem der *arms' length approach* fehlgeschlagen ist, vgl. SMITH, S. 148-158; SKEA/SMITH, S. 265 (271-274); HOWARTH, S. 37 (41); JANKOWSKI, NuR 1997, 113 (118).

Verhandlungen mit dem Anlagenbetreiber.[463] Die Behörde kann die Genehmigung mit den Auflagen versehen, die ihr geeignet und erforderlich erscheinen.[464] Die historischen Wurzeln der Richtlinie deuten daher auf das Erfordernis eines Entscheidungsspielraumes hin.[465] Allerdings hat der Rat den Vorschlag der Kommission nicht übernommen und - ohne dies zu begründen - eine offenere Formulierung gewählt.[466] Vor dem Hintergrund der Diskussion um die gebundene Genehmigung muß man annehmen, daß die Änderung vorgenommen wurde, um klarzustellen, daß die Richtlinie die Mitgliedstaaten nicht auf einen Genehmigungstypus festlegen soll.[467] Ebensowenig wie sich der Rat damit für ein Ermessen entschieden hat, hat er aber wiederum auch eine gebundene Genehmigung vorgeschrieben.

3. Systematische Auslegung

Art. 8 IVU-RL verweist auf die Anforderungen der Richtlinie. Gemäß Art. 9 Abs. 1 IVU-RL sind die Genehmigungsvoraussetzungen in Art. 3 und 10 IVU-RL normiert. Die Verweisung des Art. 8 und 9 Abs. 1 IVU-RL könnte als Hinweis darauf gedeutet werden, daß es sich um zwingende materielle Voraussetzungen handelt, bei deren Erfüllung die Behörde die Genehmigung erteilen muß. Betrachtet man jedoch die Art. 3 und 10 IVU-RL, so erscheint diese Schlußfolgerung als gewagt. Für die Erfüllung der Grundpflichten des Art. 3 IVU-RL reicht es aus, daß die Behörde die Prinzipien bei Festlegung der Genehmigungsauflagen *berücksichtigt*. Berücksichtigen muß die Behörde gemäß Art. 9 Abs. 2 IVU-RL auch die Ergebnisse einer durchgeführten Umweltverträglichkeitsprüfung sowie die Umstände des Einzelfalls gemäß Art. 9 Abs. 4 IVU-RL. Das setzt eine Abwägung und Gewichtung der einzelnen Pflichten

---

463 SKEA/SMITH, S. 265 (271-274); JANKOWSKI, NuR 1997, 113 (118).

464 Section 7 (1 c) EPA 1990; JANKOWSKI, NuR 1997, 113 (118).

465 So auch LANGE/KARTHAUS, S. 15 (28).

466 Art. 8 des Gemeinsamen Standpunkts des Rates, ABlEG 1996, Nr. C 87, S. 12.

467 Laut DÜRKOP/KRACHT/WASIELEWSKI, UPR 1995, 425 (433) hatte Deutschland angesichts des Wortlauts des Kommissionsvorschlags eine klarstellende Ergänzung vorgeschlagen, wonach die Entscheidung zwischen einer Ermessensentscheidung oder einer gebundenen Genehmigung den Mitgliedstaaten überlassen werden sollte. Dies sei mit dem Hinweis abgelehnt worden, daß mit Art. 8 IVU-RL keine Festlegung erfolge. Beide geben dafür aber keine Belege an und nennen auch nicht den Urheber des Hinweises. DOLDE, NVwZ 1997, 313 (318) und ERBGUTH/STOLLMANN, ZUR 2000, 379 (382) wiederholen das Zitat, beziehen sich aber beide letztendlich nur auf DÜRKOP/KRACHT/WASIELEWSKI, a.a.O.

voraus, geht also in Richtung eines Entscheidungsspielraums der Behörde.[468]

4. Teleologische Auslegung

Rechtsakte der Gemeinschaft sind so auszulegen, daß sie entsprechend dem verfolgten Ziel möglichst große Wirkung entfalten (*effet utile*).[469]

Es stellt sich also die Frage, ob das Ziel der Richtlinie, die Erreichung eines hohen Schutzniveaus für die Umwelt insgesamt, einen Entscheidungsspielraum der Behörde erfordert. Um das Ziel zu erreichen muß die Genehmigungsbehörde für jedes Vorhaben die günstigste Umweltoption ermitteln und durchsetzen.[470] Diese Aufgabe kann aus zwei Gründen einen Entscheidungsspielraum verlangen:

1. Die Abwägung aller Umweltauswirkungen der Vorhaben unter Einbezug der Umstände des Einzelfalls kann nicht an strikten Vorgaben gemessen werden. Es handelt sich um eine Einschätzung der jeweiligen Behörde.

2. Um die beste Umweltoption zu ermitteln, muß die Behörde alternative Ausgestaltungen des Vorhabens untersuchen und gegebenenfalls durchsetzen.

a) Die Abwägung der Umweltauswirkungen

Um die beste praktikable Lösung für die Umwelt zu ermitteln, muß die zuständige Behörde die Umweltauswirkungen des jeweiligen Projekts unter Einbeziehung der Umstände des Einzelfalls gegeneinander abwägen. Sie führt eine vergleichende Belastungs- und Risikobewertung durch. Diese beruht auf der Einschätzung der jeweiligen Behörde, die man nicht an strikten materiellen Vorgaben messen kann. Welche technische Ausgestaltung letztendlich die optimale Lösung für die Umwelt im Einzelfall darstellt, ist eine subjektive Entscheidung, da es sich um eine wertende Festlegung der Belastungsgrenzen handelt.[471]

---

468 So RENGELING/GELLERMANN, S. 1 (17); LANGE/KARTHAUS, S. 15 (28); SCHREIBER, S. 169-170.

469 EuGH, Urt. v. 8.4.1976, 1976, Slg. 1976, 497 (517); Urt. v. 5.4.1979, Slg. 1979, 1629 (1640 ff.); Calliess/Ruffert-ROSSI, Art. 308 Rn. 44; OPPERMANN, Rn. 529.

470 Begründung der Kommission zum Vorschlag der IVU-Richtlinie, KOM (93) 423 endg. v. 14.9.1993, S. 3-5; siehe Teil 2, § 3 A. II. 2., 3. d).

471 Vgl. ROYAL COMMISSION ON ENVIRONMENTAL POLLUTION, Twelfth Report, S. 6, 14, 19.

Ein Entscheidungsspielraum der Behörde ist dann überflüssig, wenn man alle Auswirkungen, die in die Entscheidung einfließen, genau gegeneinander aufrechnen kann. Die Behörde könnte die Umweltauswirkungen beziffern, die ideale Option berechnen und so anhand abstrakter Vorgaben entscheiden. Es ist jedoch nicht möglich, eine mathematisch genaue Gesamtbilanz der Umweltauswirkungen eines Vorhabens zu erstellen und diese zu quantifizieren und zu saldieren, so daß die einzige richtige Lösung abzulesen wäre. Der Gesetzgeber kann nur abstrakte Handlungsanleitungen zur Ermittlung der besten praktikablen Lösung für die Umwelt geben oder wie in den *BAT-Notes* den Anforderungen entsprechende Verfahren beschreiben. Diese vereinfachen die Entscheidungsfindung, indem sie sie schematisieren. Sie nehmen der Behörde die endgültige Entscheidung jedoch nicht ab.[472]

Ein Entscheidungsspielraum der Behörde wäre auch dann nicht notwendig, wenn der Gesetzgeber die Emissionsgrenzwerte so normiert, daß genehmigungsfähig nur die der Richtlinie entsprechende optimale Anlagenkonzeption ist. Dann nimmt die Legislative die Entscheidung der Behörde vorweg und bestimmt selber die bestmögliche Anlagenkonzeption. Dieser Weg aber ist mit dem integrierten Konzept der Richtlinie nicht zu vereinbaren. Allgemein verbindliche Werte gemäß Art. 9 Abs. 8 IVU-RL sind nur sehr begrenzt mit diesem Ansatz in Einklang zu bringen.[473] Die Ermittlung der günstigsten Umweltoption – Kern des integrierten Konzepts – steht dem entgegen.

Die Behörde wägt die entstehenden Umweltauswirkungen gegeneinander ab und legt die Emissionsgrenzwerte so fest, daß das Schutzniveau für die Umwelt optimiert wird. Dafür benötigt sie einen Entscheidungsspielraum. Strenge, für die Behörde verbindliche Werte, behindern die Verwirklichung der besten Lösung, da sie das Ergebnis antizipieren. Wird auf die Gesamtumweltbilanz der Anlage abgestellt, muß es möglich sein, den Grenzwert für ein Medium oder einen Schadstoff höher anzusetzen, als es die besten verfügbaren Techniken bezogen auf einen sektoralen oder medialen Ansatz erlauben würden, um auf einem anderen Feld Vorteile zu erzielen. Die Suche nach der besten praktikablen Lösung für die Umwelt erfordert einen Gestaltungsspielraum der Behörden und steht abstrakten Grenzwerten entgegen.[474] Grenzwerte, wie Art. 9 Abs. 8 IVU-RL sie erlaubt, müssen daher zwangsläufig große Spielräume lassen, da sie sonst dem integrierten Konzept widersprechen

---

472 Siehe Teil 2, § 3 A. II. 2. und 5.

473 Siehe Teil 2, § 3 A. II. 2., 4., 5.

474 ZÖTTL, Integrierter Umweltschutz, S. 223; LANGE/KARTHAUS, S. 15 (26-27); DI FABIO, NVwZ 1998, 329 (336); für England: WAGNER, S. 136. Dies verkennt LÜBBE-WOLFF, ZAU 1998, 43 (48).

und nicht richtlinienkonform sind. Abstrakte verbindliche Grenzwerte können so nur als Leit- und Orientierungswerte einen Rahmen vorgeben.[475] Zudem kann der Gesetzgeber auch die Berücksichtigung der Umstände des Einzelfalls, wie sie Art. 9 Abs. 4 S. 1 Halbs. 2 IVU-RL verlangt, nicht vorwegnehmen.[476]

Welche Anlagenkonzeption letztendlich die beste Lösung für die Umwelt darstellt, beruht also auf der Einschätzung der Behörde. Es gibt einen Korridor von rechtlich vertretbaren Entscheidungen[477], aus deren Spektrum die Behörde die nach ihrer Ansicht beste Option wählt.

b) Alternativenprüfung

Die Ermittlung und Durchsetzung der besten Lösung für die Umwelt könnte eine behördliche Alternativenprüfung notwendig machen. In Betracht kommen Alternativen hinsichtlich des Standortes und der Anlagenkonzeption. Ausdrücklich sieht die Richtlinie weder das eine noch das andere vor. Auch der Genehmigungsantrag muß – entgegen der Fassung des Vorschlags der Kommission[478] – keine Angaben zu von dem Betreiber erwogenen Alternativen enthalten. Die Änderung betrifft aber nur die Seite des Projektträgers. Man kann daraus nicht den Schluß ziehen, daß eine *behördliche* Alternativenprüfung ausgeschlossen ist.

Zweifelhaft erscheint, ob die Behörden im Genehmigungsverfahren Standortalternativen prüfen müssen. Die geplante Anlage ist nach dem Antrag an einem bestimmten Ort situiert. Ein Ausweichen wird dem Betreiber in der Regel schon aufgrund der Lage und Größe des Betriebsgrundstücks nicht möglich sein. Die Behörde kann daher nicht die Anlage genehmigen, gleichzeitig aber eine Verlagerung verlangen. Eine Ausnahme bilden Verschiebungen auf dem vorgesehenen Gelände.[479] Auch die Ermittlung der besten Umweltoption erfordert nicht die Prüfung von Standortalternativen. Im Genehmigungsverfahren soll nicht der ideale Standort bestimmt werden, sondern lediglich die beste Lösung für die Umwelt bezogen auf den vom Betreiber gewählten Standort.[480]

---

475 Vgl. MASING, DVBl. 1998, 549 (551); DI FABIO, NVwZ 1998, 329 (336); WAHL, NVwZ 2000, 502 (507) und Teil 2, § 3 A. II. 2.-5.

476 Siehe Teil 2, § 3 A. II. 3.

477 VOLKMANN, VerwArch Bd. 89 (1998), 363 (390); HOFFMANN-RIEM, DVBl. 1994, 605 (606); LANGE/KARTHAUS, S. 15 (31).

478 Art. 5 Abs. 1 Spiegelstrich 9 des Vorschlags der Kommission, ABlEG 1993, Nr. C 311, S. 6 (9).

479 Dies ist auch die Rechtslage nach dem BImSchG, JARASS, BImSchG, § 6 Rn. 27.

480 So auch bezogen auf die UVP-RL: HOFFMANN-RIEM, DVBl. 1994, 605 (608).

Anders könnte es sich mit der Prüfung von Verfahrens- und Prozeßalternativen verhalten. Die Ermittlung der besten Umweltoption betrifft vor allem die Frage der zu verwendenden Techniken. Den besten verfügbaren Techniken entsprechen Verfahren, die praktisch geeignet sind, Auswirkungen auf die Umwelt als Ganzes zu vermeiden. Angestrebt wird damit die Verwendung von integrierten Techniken, deren prägende Eigenschaft es ist, daß sie nicht nachträglich als letzte Stufe an einen Verfahrensprozeß angeschlossen werden, sondern regelmäßig eine Änderung des Reaktionsprozesses, der Einsatzstoffe oder des Energieeinsatzes oder der Energiezufuhr erfordern.[481] Die Behörde kann daher nicht die Anlage genehmigen und den Anforderungen des Umweltschutzes dadurch Rechnung tragen, daß sie über Nebenbestimmungen den Einsatz nachgeschalteter Reinigungsmaßnahmen oder anderer additiver Technologien verlangt. Statt dessen muß sie von Beginn an Verfahrensalternativen prüfen, die der besten praktikablen Lösung für die Umwelt entsprechen könnten. Ist sie in ihrer Prüfungskompetenz auf den Antrag des Projektträgers beschränkt, kann sie mögliche Alternativen nicht untersuchen und die beste Lösung für die Umwelt nicht ermitteln. Die Alternativenprüfung ist dem integrierten Konzept daher immanent.[482]

Die Behörde sollte von vornherein mit dem Projektträger besprechen, welche Alternativen auf der Grundlage der besten verfügbaren Techniken in Betracht zu ziehen sind. Nach der geänderten UVP-Richtlinie ist der Projektträger zur Prüfung von Alternativen verpflichtet.[483] Diese werden anschließend vom Antragsteller geprüft. Auf dieser Grundlage kann die Behörde im Genehmigungsverfahren beurteilen, aus welchen Gründen der Vorhabenträger die beantragte Option gewählt hat und ob diese der besten Lösung für die Umwelt entspricht. Ist dies nicht der Fall, so lehnt die Behörde den Antrag ab. Mittelbar kann sie so die ideale Anlagenkonzeption durchsetzen. Zwar darf sie nicht die Verwendung bestimmter Techniken oder Technologien vorschreiben (Art. 9 Abs. 4 S. 1 IVU-RL), indem sie aber die einzuhaltenden Emissionsgrenzwerte von

---

481 RENTZ, in: JUNKERNHEINRICH/KLEMMER/WAGNER, S. 66-67; COENEN/KLEIN-VIELHAUER/MEYER, S. 7.

482 Vgl. ENVIRONMENT AGENCY, Best Practicable Environmental Option Assessments, S. 15-19; ROYAL COMMISSION ON ENVIRONMENTAL POLLUTION, Twelfth Report, S. 17-19; ZÖTTL, Integrierter Umweltschutz, S. 225; LANGE/KARTHAUS, S. 15 (26-27); VOLKMANN, VerwArch Bd. 89 (1998), 363 (392-393); SCHRADER, ZAU 1998, 19 (20); a.A. wohl SCHÄFER, UPR 1997, 444 (447) und MASING, DVBl. 1998, 549 (555-556). Auch das Konzept der IPC kommt ohne eine Alternativenprüfung nicht aus, vgl. BELL, S. 328; CASTLE/HARRISON, S. 71-72; WAGNER, S. 138.

483 Siehe Teil 1, § 2 B. III.

den besten verfügbaren Techniken ableitet, schließt sie andere als das von ihr favorisierte Verfahren aus.

Gewährleistet die Anlage, so wie sie der Betreiber plant, nicht die Einhaltung dieser Werte, so ist sie nicht genehmigungsfähig. Die Behörde wird also selber planerisch tätig, da sie unabhängig von der Verfahrenskonzeption des Projektträgers die beste Anlagenkonzeption ermittelt. Sie hat damit eine gestalterische Aufgabe, die sie nur erfüllen kann, wenn sie in ihrem Prüfungsrahmen nicht an den Antrag des Projektträgers gebunden ist.[484]

* * *

Die Auslegung ergibt also, daß die Richtlinie einen Entscheidungsspielraum der Behörde erfordert, sonst kann die Verwaltung die beste Umweltoption und damit das integrierte Konzept nicht verwirklichen.[485]

Bezogen auf das deutsche Recht folgt daraus nicht, daß ein Ermessensspielraum auf der Rechtsfolgenseite geschaffen werden muß. Das europäische Recht kennt – wie viele europäische Rechtsordnungen – nicht die Unterscheidung zwischen (gerichtlich nur eingeschränkt überprüfbaren) Beurteilungsspielräumen auf der Tatbestandsseite und Ermessen auf der Rechtsfolgenseite. Der EuGH überprüft lediglich, ob die Gemeinschaftsnorm generell einen Entscheidungsspielraum (Ermessen) erfordert und ob dies bei der Umsetzung berücksichtigt wurde.[486] Kommt man durch Auslegung also zu dem Ergebnis, daß die Norm einen Entscheidungsspielraum erfordert, können die Mitgliedstaaten wählen, ob sie diesen auf der Rechtsfolgen- oder der Tatbestandsseite normieren. Damit kommt für den deutschen Gesetzgeber neben der gebundenen und der Ermessensentscheidung eine dritte Variante ins Spiel, die der gebundenen Entscheidung mit behördlichen Beurteilungsspielräumen auf der Tatbestandsseite.

---

484 Vgl. VOLKMANN, VerwArch Bd. 89 (1998), 363 (390); HOFFMANN-RIEM, DVBl. 1994, 605 (606); SCHREIBER, S. 82.

485 So auch VOLKMANN, VerwArch Bd. 89 (1998), 363 (390-393); DI FABIO, NVwZ 1998, 329 (335); LANGE/KARTHAUS, S. 15 (27); SCHREIBER, S. 174; BREUER, NVwZ 1997, 833 (839); RENGELING/GELLERMANN, S. 1 (17); BUND, UVP-report 1997, 247 (247-248); SCHRADER, ZAU 1998, 19 (20); a.A. STEINBERG/KOEPFER, DVBl. 1997, 973 (974, 975); wohl auch DOLDE, NVwZ 1997, 313 (318); ZÖTTL, Integrierter Umweltschutz, S. 224.

486 Vgl. EuGH, Urt. v. 14.7.1993, Slg. 1993, I 4109 ff.; Urt. v. 2.8.93, Slg. 1993, I 4221 ff..

Diese Variante reicht für die Umsetzung der Richtlinie aus.[487] Die beste Lösung für die Umwelt läßt sich auch ohne ein Versagungsermessen durchsetzen, wenn die Behörde die Möglichkeit hat, die beste Lösung für die Umwelt zu ermitteln. Dafür muß ihr ein Einschätzungsspielraum zustehen und sie berechtigt sein, alternative Konzepte zu untersuchen. Wird die gebundene Genehmigung beibehalten, so muß sie den Antrag ablehnen, wenn die gewählte Konzeption nicht der besten Lösung für die Umwelt entspricht und umgekehrt dem Antrag stattgeben, wenn die Konzeption der besten Lösung für die Umwelt entspricht.

II. Die Vorhabengenehmigung nach dem BImSchG

§ 6 BImSchG statuiert ein präventives Verbot mit Erlaubnisvorbehalt. Der Antragsteller hat einen Anspruch auf Genehmigungserteilung, sofern die Anlage den gesetzlichen Anforderungen entspricht. Die Behörde kann die Genehmigung mit Nebenbestimmungen versehen, soweit diese erforderlich sind, um die Erfüllung der Anforderungen sicherzustellen.[488] Der Behörde steht nach § 6 Abs. 1 BImSchG weder ein Ermessen auf der Rechtsfolgenseite noch ein Beurteilungsspielraum auf der Tatbestandsseite zu. Die zahlreichen unbestimmten Rechtsbegriffe, mit denen das Genehmigungsrecht arbeitet, führen allerdings dazu, daß auf der Tatbestandsseite in der Praxis ein erheblicher Wertungsspielraum der Behörden besteht, der im Ergebnis einem Ermessensspielraum nahekommt.[489]

1. Die Möglichkeit einer Alternativenprüfung

Diese Spielräume ermöglichen wegen der Bindung der Behörde an den Antrag des Projektträgers aber nicht die Ermittlung der besten Lösung für die Umwelt. Die Behörde kann aufgrund der Antragsbindung dem Genehmigungsantrag nur entweder stattgeben oder ihn ablehnen. Das ergibt sich aus der Konzeption des Genehmigung des BImSchG. Die Behörde muß gemäß § 6 Abs. 1 BImSchG die Genehmigung erteilen, wenn

---

[487] Ob auch ein Ermessen auf der Rechtsfolgenseite richtlinienkonform wäre, wird hier nicht untersucht, da die Frage vor dem Hintergrund der Umsetzungspläne nur theoretische Bedeutung hat, vgl. dazu SCHREIBER, S. 200 ff.

[488] FELDHAUS, BImSchG, § 6 Anm. 2, § 12 Anm. 3; GK-BImSchG-BLANKENAGEL, § 6 Rn. 6, § 12 Rn. 21.

[489] Vgl. JARASS, BImSchG, § 6 Rn. 26; GK-BImSchG-BLANKENAGEL, § 6 Rn. 6-7; VOLKMANN, VerwArch Bd. 89 (1998), 363 (388); LANGE/KARTHAUS, S. 15 (27, 33); SENDLER, UPR 1983, 33 (39-46); BENDER/SPARWASSER/ENGEL, Rn. 8/152; MURSWIEK vertritt die Ansicht, daß der Exekutive ein Ermessen zustehe, S. 353-362.

sichergestellt ist, daß die Anforderungen des BImSchG erfüllt sind und andere öffentlich-rechtliche Vorschriften nicht entgegenstehen. Ist dies nicht der Fall, muß sie den Antrag ablehnen. Zwar kann und muß sie die Genehmigung gemäß § 12 Abs. 1 BImSchG mit Nebenbestimmungen versehen, soweit diese notwendig sind, um die Erfüllung der Genehmigungsvoraussetzungen sicherzustellen. Sie darf aber über die Nebenbestimmungen nicht in die Konzeption der Anlage eingreifen.[490] Nur im Bereich der Vorsorgevorgaben kann die Behörde eine Optimierung der Anlage verlangen und entsprechende alternative Ausgestaltungen der Anlage untersuchen. Diese Ausgestaltungen müssen sich im Rahmen des Antrags bewegen. Nicht zulässig ist es, eine andere Anlagenkonzeption zu prüfen oder durch Auflagen in die Gestaltung der vom Vorhabenträger gewählten Konzeption einzugreifen.[491] Die Behörde kann zum Beispiel die Wahl eines bestimmten Reinigungssystems vorschreiben, nicht aber ein anderes Produktionsverfahren oder die Verwendung eines anderen Ausgangsstoffes.[492]

Die Behörde ist somit an den Antrag des Betreibers gebunden und hat nicht die Möglichkeit, Alternativen zu prüfen. Erfüllt die vom Betreiber beantragte Alternative die Genehmigungsvoraussetzungen, so muß sie die Genehmigung erteilen, auch wenn es innerhalb des Korridors der möglichen rechtmäßigen Entscheidungen eine für die Umwelt schonendere Alternative gibt. Der Projektträger wählt seine Konzeption und schließt damit andere rechtlich zulässige Alternativen aus. Unter mehreren möglichen Ausgestaltungen einer Anlage wird nicht zwingend die umweltfreundlichste Variante genehmigt.[493] Die Behörde darf daher aufgrund der Antragsbindung keine Alternativenprüfung durchführen und kann die beste Lösung für die Umwelt weder ermitteln noch durchsetzen.[494] Die gebundene Genehmigung nach dem BImSchG ist daher nicht richtlinienkonform. Es fehlt eine Klausel, die es der Behörde erlaubt, die umweltverträglichste Lösung zu ermitteln.

2. Notwendigkeit einer Optimierungsklausel

Während sowohl die Sachverständigenkommission als auch das Bundesumweltministerium für die Umsetzung der IVU-Richtlinie eine sog.

---

490 GK-BImSchG-BLANKENAGEL, § 12 Rn. 20-21; FELDHAUS, BImSchG, § 12 Anm. 3.

491 JARASS, BImSchG, § 6 Rn. 27; GK-BImSchG-BLANKENAGEL, § 12 Rn. 22; BREUER, in: CZAJKA, FS Feldhaus, S. 49 (55).

492 SCHULZ, S. 171.

493 Vgl. HOFFMANN-RIEM, DVBl. 1994, 605 (607).

494 VOLKMANN, VerwArch Bd. 89 (1998), 363 (392); SCHRADER, ZAU 1998, 19 (20); zur UVP Hoppe-BECKMANN, UVPG, § 12 Rn. 125.

Integrationsklausel bzw. Optimierungsklausel vorgesehen hatten[495], fehlt im Gesetzentwurf der Bundesregierung eine entsprechende Vorschrift. Angesichts des medienübergreifenden Konzepts der IVU-Richtlinie wird die Zielbestimmung des § 1 BImSchG ausgeweitet. Das Gesetz dient gemäß § 1 Abs. 2 BImSchG n.F. *der integrierten Vermeidung und Verminderung schädlicher Umwelteinwirkungen durch Emissionen in Luft, Wasser und Boden unter Einbeziehung der Abfallwirtschaft, um ein hohes Schutzniveau für die Umwelt insgesamt zu erreichen.* Auch im Rahmen der Definition des Standes der Technik in § 3 Abs. 6 BImSchG wird auf ein hohes Schutzniveau für die Umwelt insgesamt abgestellt. Diesem Ziel dienen gemäß dem um diesen Zusatz ergänzten § 5 Abs. 1 BImSchG nun auch die Grundpflichten. Damit wird das BImSchG auf einen mehrmedialen Ansatz verpflichtet und ein ökosystemarer Umweltbegriff zugrunde gelegt. Allerdings leidet diese programmatische Aussage darunter, daß die Definitionen des § 3 BImSchG weiter auf Luftverunreinigungen ausgerichtet bleiben. Weiter sieht der Entwurf vor, § 7 und § 48 BImSchG jeweils um einen Satz zu ergänzen, wonach bei der Festlegung der Anforderungen Belastungsverlagerungen zu beachten sind und ein hohes Schutzniveau für die Umwelt anzustreben ist. Ob damit das integrierte Konzept der IVU-Richtlinie umgesetzt wird, erscheint zweifelhaft. Zunächst ist festzustellen, daß der Gesetzentwurf keine grundlegenden Neuerungen bezogen auf die Struktur der gebundenen Genehmigung enthält. Der Stand der Technik und die Grundpflichten sind nun bei entsprechender Auslegung des Begriffs der sonstigen Gefahren, medienübergreifend ausgerichtet. Kann darüber aber die beste Lösung für die Umwelt durchgesetzt werden? Eine Aussage, darüber wie die verschiedenen Emissionen und Umweltauswirkungen gegeneinander abzuwägen sind, enthält der Entwurf nicht. Die Bundesregierung hat sich dafür entschieden, entgegen der Vorschläge der Sachverständigenkommission und des Bundesumweltministeriums zum UGB I keine Integrationsklausel aufzunehmen. Die Aufgabe, die beste Lösung für die Umwelt festzulegen, kann aber nicht über Rechtsverordnungen und Verwaltungsvorschriften erfolgen. Zwar ist es richtig, zu versuchen, bei der Vorgabe abstrakter Anforderungen bereits die möglichen Verlagerungen und Wechselwirkungen zu berücksichtigen wie beispielsweise durch die *BAT-Notes.* Die komplette Verlagerung des integrierten Konzepts in das untergesetzliche Normenwerk ist jedoch mit der IVU-Richtlinie schon aufgrund der notwendigen Einzelfallbetrachtung nicht zu vereinbaren.[496] Die Behörde muß auf der Grundlage der Vorgaben selber die ver-

495 § 83 Abs. 2 S. 1 UGB-KomE; § V 5 Abs. 2 des Entwurfes der Bundesumweltministeriums zum UGB I vom 5.3.1998.

496 Siehe Teil 2, § 3 A. II. 2.-4.

schiedenen Umweltauswirkungen gegeneinander abwägen dürfen. Diesen Auftrag hätte eine Integrationsklausel klargestellt, wonach die Genehmigungsvoraussetzungen so zu erfüllen sind, daß unter Berücksichtigung der Wechselwirkungen und der Gefahr von Belastungsverlagerungen die beste Lösung für die Umwelt insgesamt erreicht wird.[497] In diesem Zusammenhang hätte auch die Einbeziehung der Umstände des Einzelfalls geregelt werden können.

Mit der Optimierungsklausel wären keine weitergehenden Genehmigungsanforderungen verbunden. Daß der Betreiber die einzelnen Pflichten erfüllen muß und Wechselwirkungen und Verlagerungseffekte zu berücksichtigen sind, ergibt sich schon aus § 5 Abs. 1 BImSchG des Entwurfs in Verbindung mit § 1 BImSchG n.F. Die Integrationsklausel betrifft allein das Verhältnis der Anforderungen untereinander. Diese können in der Abwägung gegenüber wirtschaftlichen Aspekten nicht überwunden und nicht weggewogen werden, müssen aber im Hinblick auf die Durchsetzung der besten Lösung für die Umwelt gewichtet und in ein Verhältnis zueinander gesetzt werden. Dabei sind die einzelnen umweltbezogenen Anforderungen soweit sie sich gegenläufig zueinander verhalten, mit dem Ziel, die beste Lösung für die Umwelt durchzusetzen, auszugleichen. Fraglich ist, ob sich dies ohne Integrationsklausel aus dem BImSchG ergibt.

WAHL sieht in dem Verzicht auf eine Integrationsklausel kein Umsetzungsdefizit, sondern eine politische Aussage, das integrierte Konzept zwar zu rezeptieren, aber seine Auswirkungen zu minimieren.[498] Dagegen spricht, daß die medienübergreifende Abwägung der gesamten Auswirkungen der Anlage und die Ermittlung der besten Lösung für die Umwelt den Kern des integrierten Konzepts bilden. Die beste Lösung für die Umwelt soll das Leitbild für die Behörde sein. Davon war in dem Gesetzentwurf ursprünglich gar nichts zu erkennen. In der Fassung vom November 2000 hat die Bundesregierung vorgesehen, § 5 Abs. 1 BImSchG um einen Satz zu ergänzen, der klarstellt, daß die Grundpflichten ein hohes Schutzniveau für die Umwelt insgesamt gewährleisten sollen. Sie will darüber sicherstellen, daß der integrierte Ansatz der IVU-Richtlinie auch dann zum Tragen kommt, wenn integrative Vorgaben fehlen oder eine Entscheidungssteuerung nicht über den Stand der Technik erfolgen kann.[499] Darin liegt zwar keine Optimierungsklausel,

---

[497] So auch UGB-KomE, Begründung zu § 83 Abs. 2, S. 627; SCHMIDT-PREUß, in: RENGELING, Auf dem Weg zum Umweltgesetzbuch I, S. 115 (132); anders aber wohl in JZ 2000, 581 (588); WAHL, ZUR 2000, 360 (364).

[498] WAHL, ZUR 2000, 360 (364).

[499] Begründung des Gesetzentwurfes der Bundesregierung zu Art. 2 (Änderung des BImSchG), BT-Drs. 14/4599, Nr. 5 a) aa), S. 126.

aber auch ohne eine solche müssen die verschiedenen Belastungen gegeneinander abgewogen und die gegenläufigen Pflichten in einen Ausgleich gebracht werden. Entscheidend ist aber nicht ob das passiert, sondern mit welchem Ziel. Die Bundesregierung ist der Auffassung, daß diese Entscheidung primär über die untergesetzlichen Anforderungen getroffen wird und in zweiter Linie von der zuständigen Behörde. In letzterem Fall gibt das in § 5 Abs. 1 BImSchG aufgenommene Ziel der Richtlinie - die Gewährleistung eines hohen Schutzniveaus für die Umwelt insgesamt - den Abwägungsmaßstab vor. Daraus ergibt sich, daß die Umwelt in ihren Ausprägungen möglichst effektiv zu schützen ist. Stellt sich also die Frage des Ausgleichs verschiedener sich gegenläufig verhaltender Vorsorgeanforderungen, so muß dieser Ausgleich mit dem Ziel eines möglichst hohen Schutzniveaus für die gesamte Umwelt geschehen. Darin enthalten ist ein Optimierungsauftrag mit dem Ziel der besten Lösung für die Umwelt. Dem Artikelgesetz ist daher, allerdings erst nach einer Auslegung vor dem Regelungshintergrund der IVU-Richtlinie, zu entnehmen, daß die Genehmigungsbehörde eine der Optimierungsklausel entsprechende Abwägung vornehmen soll. Im Hinblick auf eine klare Umsetzung der Richtlinie wäre allerdings eine Klausel, wie sie um UGB-KomE oder im UGB-I vorgesehen war, vorzuziehen gewesen.

III. Die Vorhabengenehmigung nach dem UGB-KomE

Die Errichtung und der Betrieb von Anlagen bedarf nach dem Entwurf zum Umweltgesetzbuch einer Genehmigung. Diese kann entweder als gebundene, planerische oder einfache Vorhabengenehmigung ergehen, § 80 Abs. 2 UGB-KomE.

Die in Anhang IV der IVU-Richtlinie aufgezählten Anlagen unterliegen der gebundenen Vorhabengenehmigung. Dies ergibt sich aus § 81 Abs. 2 Nr. 1 lit. a UGB-KomE i.V.m. § 421 Abs. 1 S. 1 UGB-KomE für immissionsrelevante Anlagen und aus § 81 Abs. 2 Nr. 3 UGB-KomE i.V.m. § 361 Abs. 4 UGB-KomE für die Gewässernutzung. Eine Ausnahme bilden die Abfalldeponien, die gemäß § 81 Abs. 3 UGB-KomE i.V.m. § 747 UGB-KomE wegen des Flächenverbrauchs einer planerischen Vorhabengenehmigung bedürfen. Dies entspricht der Rechtslage nach § 31 Abs. 2 KrW-/AbfG, wonach Abfalldeponien dem Planfeststellungsverfahren unterliegen.

Die Vorhabengenehmigung stellt die Zulässigkeit des Vorhabens fest. Sie erfaßt alle Auswirkungen der geplanten Anlage auf die Umwelt und den Menschen und ersetzt alle weiteren bisher notwendigen umweltbezogenen Zulassungen, insbesondere die wasserrechtlichen Entscheidungen. Ihr kommt eine umfassende Konzentrationswirkung zu, § 99 UGB-KomE.[500]

Wie sich aus der Bezeichnung und dem Wortlaut[501] ergibt, führt der Entwurf die Tradition des BImSchG und der Gewerbeordnung fort und hält an dem präventiven Verbot mit Erlaubnisvorbehalt fest. Der Behörde steht damit kein Versagungsermessen zu.[502] Liegen die Genehmigungsvoraussetzungen vor, so hat der Antragsteller einen Anspruch auf Genehmigungserteilung. Nebenbestimmungen dürfen wie nach § 12 Abs. 1 BImSchG nur erlassen werden, soweit sie erforderlich sind, um die Genehmigungsfähigkeit der Anlage sicherzustellen, § 91 Abs. 1 S. 2 UGB-KomE. Von einer gebundenen Genehmigung verspricht sich die Sachverständigenkommission die bessere Durchsetzung von Umweltbelangen. Dahinter steht die Befürchtung, daß ein Ermessensspielraum häufiger zu Lasten der Umwelt als zu ihrem Nutzen ausgeschöpft würde. Zudem sei bei einer gebundenen Genehmigung für den Antragsteller der Ausgang des Verfahrens vorhersehbarer.[503] Gegenüber der Genehmigung nach dem BImSchG hat die gebundene Entscheidung nach dem UGB-KomE aber entscheidende Änderungen erfahren.

1. Überprüfbarkeit unbestimmter Rechtsbegriffe

§ 43 UGB-KomE räumt der Exekutive eine generelle Einschätzungsprärogative ein. Ähnlich wie nach § 114 VwGO können die Gerichte behördliche Prognosen und Bewertungen, die naturwissenschaftlichen Sachverstand voraussetzen, nur eingeschränkt auf bestimmte Fehler des Verfahrens, der Sachverhaltsermittlung oder der Bewertung überprüfen. Für die Gewässernutzungsgenehmigung sieht § 362 Abs. 1 Nr. 3 UGB-KomE eine spezielle Einschätzungsprärogative vor, die an die Stelle des bisher nach dem Wasserhaushaltsgesetz bestehenden Bewirtschaftungsermessens tritt.

Die Sachverständigenkommission schränkt damit die gerichtliche Überprüfbarkeit von unbestimmten Rechtsbegriffen für den Bereich des Umweltrechts allgemein ein. Bisher billigt das BVerwG der Exekutive

500 Vgl. UGB-KomE, Begründung, zu § 99, S. 655-656.

501 § 84 Abs. 1 UGB-KomE, *Die Vorhabengenehmigung ist zu erteilen, [...].*

502 UGB-KomE, Begründung vor §§ 80-114, S. 618.

503 UGB-KomE, Begründung vor §§ 80-114, S. 618; WEINREICH, NVwZ 1997, 949 (956); kritisch SCHRADER, NuR 1998, 285 (289).

einen eigenen Beurteilungsspielraum nur im Gentechnik[504]- und Atomrecht[505] zu.

Der Entscheidung der Sachverständigenkommission liegen praktische Erwägungen zugrunde. Die Exekutive sei besser ausgestattet, um technische Fragen zu klären. Die gerichtliche Überprüfung solcher Entscheidungen hingegen sei nur über Sachverständigengutachten möglich, da den Gerichten das Wissen und die Ausstattung fehle, was sich wiederum negativ auf die Prozeßdauer auswirke.[506]

Mit der Einschränkung der gerichtlichen Überprüfbarkeit gewinnen die Behörden mehr Spielraum. Zwar hat der Antragsteller einen Anspruch auf die Erteilung der Genehmigung, im Ergebnis wird die gerichtliche Kontrolle aber auf das Maß des § 114 VwGO zurückgenommen, was illustriert, wie sehr sich die Sachverständigenkommission in diesem Punkt an die Struktur der Ermessenslehre und an das angelsächsische System angenähert hat. Bedingt wird dies u.a. durch die Anforderungen der IVU-Richtlinie.

2. Die Optimierungsklausel

Die sogenannte *Optimierungsklausel* des § 83 Abs. 2 UGB-KomE soll sicherstellen, daß die Behörde die beste praktikable Lösung für die Umwelt ermitteln und durchsetzen kann. Danach werden *unter Berücksichtigung aller Belastungspfade und der Wechselwirkungen zwischen den Umweltgütern die Maßnahmen getroffen, die die Umwelt in ihrer Gesamtheit möglichst wenig belasten*. Die Behörde muß die Grundpflichten des § 83 Abs. 1 UGB-KomE in einen verhältnismäßigen Ausgleich bringen und die die Umwelt am wenigsten belastende Lösung wählen.[507] Bei der Abwägung kommt der Behörde eine Einschätzungsprärogative zu, die durch die Grundpflichten und den Grundsatz der Verhältnismäßigkeit begrenzt

---

504 BVerwG, Beschl. v. 15.4.1999, NVwZ 1999, 1232 (1233); OVG Hamburg, Beschl. v. 27.1.1995, ZUR 1995, 93 (94); OVG Berlin, Beschl. v. 29.3.1994, ZUR 1994, 206 (208).

505 Vgl. BVerwG, Urt. v. 14.1.1998; NVwZ 1998, 628 (629); Urt. v. 22.1.1997, NVwZ 1998, 623 (625); Urt. v. 19.12.1985, BVerwGE 72, 300, (316-317); Urt. v. 22.10.1987, 78, 177 (180); Urt. v. 9.9.1988, 80, 207 (217); Urt. v. 19.1.1989, 81, 185 (190); BVerfG, Beschl. v. 8.8.1978, BVerfGE 49, 89 (135-140); Beschl. v. 8.7.1982, 61, 82 (114-115).

506 UGB-KomE, Begründung vor §§ 43-49, S. 532.

507 Die Kommission nimmt audrücklich Bezug auf das englische Modell der BPEO, UGB-KomE, Begründung zu § 83 Abs. 2, S. 627-628; vgl. auch KLOEPFER/DURNER, DVBl. 1997, 1081 (1089); SENDLER, NJ 1997, 506 (511).

wird.[508] Dieser Einschätzungsspielraum erhöht sich durch die zahlreichen unbestimmten Rechtsbegriffe auf Tatbestandsebene. Schon unter dem BImSchG führt dies in der Praxis zu einem erheblichen Spielraum der Verwaltung.[509] Die Behörde ist aber nicht nur zur Ermittlung der besten Lösung für die Umwelt verpflichtet, sondern kann diese auch gegenüber dem Projektträger durchsetzen. Gemäß § 91 Abs. 1 S. 2 UGB-KomE darf sie die Genehmigung mit allen zur Einhaltung der Genehmigungsanforderungen erforderlichen Nebenbestimmungen versehen. Sind die Genehmigungsanforderungen also so ausgestaltet, daß genehmigungsfähig nur die beste Lösung für die Umwelt ist, so sind auch alle dazu notwendigen Bedingungen und Auflagen von § 91 Abs. 1 S. 2 UGB-KomE gedeckt. Das Integrationsgebot des § 83 Abs. 2 S. 1 UGB-KomE setzt für die Erteilung der Genehmigung voraus, daß *die Maßnahmen getroffen werden, die die Umwelt in ihrer Gesamtheit möglichst wenig belasten*. Die Behörde kann dies über Nebenbestimmungen sicherstellen. Im Gegensatz zum BImSchG ist es nach dem UGB-KomE daher im Rahmen der gebundenen Genehmigung möglich, die beste Lösung für die Umwelt durchzusetzen.

§ 83 Abs. 2 S. 2 UGB-KomE ermächtigt das Bundesumweltministerium, Rechtsverordnungen zu erlassen, um den Behörden für die praktische Handhabung des Integrationsgebotes Kriterien bereitzustellen. Die Möglichkeiten der Konkretisierung sind allerdings begrenzt, da strenge allgemein verbindliche Grenzwerte mit dem integrierten Konzept der IVU-Richtlinie kollidieren würden. Vorbild kann die Handlungsanleitung der *Environment Agency* zur Bestimmung der BPEO sein.[510] Mit Hilfe einer solchen generellen Handlungsanweisung in Verbindung mit den *BAT-Notes* kann die Verwaltung die mit der Optimierungsklausel verbundenen Probleme lösen. Die Verwaltung bewältigt ähnliche Probleme bereits bei der Planaufstellung, beispielsweise für Verkehrsvorhaben. Auch dort muß sie die Vorteile – die geringere Belastung der Bevölkerung durch Abgase und Lärm im Falles des Baus einer Ortsumgehung – gegen Eingriffe in Natur und Landschaft abwägen, ohne daß es einen präzisen Maßstab für die Beurteilung der Folgen des Straßenbaus gäbe. Die Behörde muß alle erheblichen Umstände des Einzelfalls in die Entscheidung einbeziehen und diese plausibel und nachvollziehbar berücksichtigen.[511]

---

508 UGB-KomE, Begründung zu § 83 Abs. 2, S. 627-628; LÜBBE-WOLFF, ZAU 1998, 43 (48).

509 Siehe Fn. 489.

510 ENVIRONMENT AGENCY, Best Practicable Environmental Option Assessments for Integrated Pollution Control.

511 Vgl. SENDLER, ZAU 1998, 9 (11); SCHOLTEN, DÖV 1997, 701 (708).

3. Die Öffnungsklausel

Eine Neuerung stellt auch die Öffnungsklausel des § 84 Abs. 3 UGB-KomE dar. Danach hat die Behörde die Möglichkeit, in der Genehmigung von einzelnen Grenzwerten zur Risikovorsorge auf Antrag des Vorhabenträgers nach unten abzuweichen, wenn dadurch Vorteile für die Umwelt in ihrer Gesamtheit erwachsen, die die Nachteile eindeutig und erheblich überwiegen.

Damit soll eine flexiblere und effizientere Umsetzung von Vorsorgemaßnahmen gewährleistet und die Möglichkeit geschaffen werden, von verbindlich festgelegten Umweltstandards (insbesondere Emissionsgrenzwerten) abzuweichen, die der Durchsetzung des bestmöglichen Konzepts für die Umwelt entgegenstehen.[512] Die Regelung ist als Ermessensvorschrift ausgestaltet[513], obwohl es sich bei der Vorhabengenehmigung um eine gebundene Entscheidung handelt. Diesem Widerspruch wird damit abgeholfen, daß das Ermessen der Behörde nur greift, wenn der Vorhabenträger einen entsprechenden Antrag stellt, sich also selber des Anspruchs auf die Genehmigung begibt.

Hat der Träger einen Antrag gestellt und kommt die Behörde nach einer Bilanz der Umweltauswirkungen zu dem Schluß, daß mit einer Abweichung von den Vorsorgewerten in einem Bereich erhebliche Vorteile für die Umwelt insgesamt verbunden sind, so kann sie von der Einhaltung einzelner Grenzwerte absehen. Daraus lassen sich zwei Schlüsse ziehen:

1. Um von vorgegebenen Grenzwerten abzuweichen, bedarf es eines Antrages des Vorhabenträgers. Die Grenzwerte sind abstrakt für einzelne Medien oder einzelne Schadstoffe festgelegt und verbindlich, sie stehen nicht zur Disposition der genehmigenden Behörde.

2. Die Grenzwerte sind so ausgestaltet, daß beispielsweise die Situation eintreten kann, daß zur Einhaltung der Emissionsgrenzwerte für Schadstoffeinträge in die Luft ein erheblicher Energie- oder Ressourcenbedarf notwendig wird, der so hoch ist, daß bei einer Bilanz die erreichten Vorteile für die Umwelt im Mißverhältnis zum Ressourcen- oder Energieverbrauch stehen.

Ob dies ist mit dem integrierten Konzept der Richtlinie zu vereinbaren ist, erscheint zweifelhaft.

---

512 UGB-KomE, Begründung zu § 84 Abs. 3, S. 631-632; ablehnend LÜBBE-WOLFF, ZAU 1998, 43 (49).

513 UGB-KomE, Begründung zu § 84 Abs. 3, S. 632.

Die in der Begründung zu § 84 Abs. 3 UGB-KomE angeführte Fallkonstellation ist ein Paradebeispiel für eines der Probleme des medialen Umweltschutzes. Die integrierte Sichtweise soll verhindern, daß auf Kosten eines unverhältnismäßig hohen Ressourcen- oder Energieeinsatzes Einträge in ein bestimmtes Medium maximal verringert werden, da dies der Umwelt keinen Nutzen bringt, sondern ihr insgesamt schadet. Daß das Regelungsziel der Öffnungsklausel also richtlinienkonform ist, wie es die Sachverständigenkommission darlegt, ist selbstverständlich.

Der beschriebene Fall darf aber nach dem integrierten Konzept der IVU-Richtlinie gar nicht eintreten. Bei jeder Genehmigungserteilung ist eine Ökobilanz zu erstellen und anhand dieser die für die Umwelt beste praktikable Lösung festzulegen. Da in diese Bilanz Aspekte wie Energie- und Ressourcenverbrauch einfließen[514], entsprechen Vorsorgemaßnahmen, die zwar Emissionen vermeiden, aber unverhältnismäßig viel Energie oder Ressourcen benötigen, nicht den besten verfügbaren Techniken bzw. stellen nicht die beste Lösung für die Umwelt dar. In diesem Fall muß die Behörde nach der IVU-Richtlinie die Emissionsminderung und den Energie- und Ressourcenverbrauch in einen verhältnismäßigen Ausgleich bringen, da nur dann dem Richtlinienziel eines hohen Schutzniveaus für die Umwelt insgesamt entsprochen wird. Dies muß der Normalfall bei jeder Genehmigungserteilung sein, ohne daß ein besonderer Antrag des Vorhabenträgers notwendig ist.[515]

Das Problem liegt in der Festsetzung der Emissionsgrenzwerte, denn die Optimierungsklausel des § 83 Abs. 2 S. 1 UGB-KomE stellt die gleichen Anforderungen wie die IVU-Richtlinie; die Durchsetzung der besten Lösung für die Umwelt. Die in der Begründung zu § 84 Abs. 3 UGB-KomE geschilderte Situation tritt nur dann auf, wenn die Behörde aufgrund strikter Grenzwerte nicht die Maßnahmen treffen kann, die die Umwelt in ihrer Gesamtheit möglichst wenig belasten. Sind die Grenzwerte nicht verbindlich, so ist die Behörde schon durch § 83 Abs. 2 S. 1 UGB-KomE verpflichtet, auch ohne Antrag des Vorhabenträgers von dem jeweiligen Grenzwert abzuweichen. Vorgaben aber, die die Behörde daran hindern, die beste Lösung für die Umwelt durchzusetzen, verstoßen gegen die IVU-Richtlinie.

Art. 9 Abs. 8 IVU-RL erlaubt den Mitgliedstaaten zwar, Grenzwerte abstrakt zu normieren, diese müssen aber ein integriertes Konzept und ein gleichwertig hohes Schutzniveau für die Umwelt gewährleisten. Grenzwerte, die der besten praktikablen Lösung für die Umwelt entgegenste-

---

514 Vgl. Anhang IV Nr. 9 der IVU-Richtlinie und Art. 3 S. 1 lit. d IVU-RL.

515 So auch LÜBBE-WOLFF, NuR 1999, 241 (242); das verkennt WICKEL, UPR 2000, 92 (97).

hen, widersprechen dem integrierten Konzept und sind nicht richtlinienkonform. Sind also die normierten Grenzwerte für die Behörde bindend und so streng, daß sie nur unter Einsatz von Verfahren eingehalten werden können, die unverhältnismäßig viel Ressourcen und Energie verbrauchen, so sind sie nicht mit Art. 9 Abs. 8 IVU-RL zu vereinbaren.[516]

Dies ist bei der Normierung von Grenzwerten nach dem UGB-KomE zu beachten. Dies folgt auch aus § 8 UGB-KomE, wonach die Umwelt in ihrer Gesamtheit zu schützen ist. Beachtet der Verordnungsgeber diese Vorgaben bei der Festsetzung der Grenzwerte nach § 11 und § 13 UGB-KomE, so stellt sich die Frage, wo der Anwendungsbereich der Öffnungsklausel liegen soll. Werden die Vorgaben der IVU-Richtlinie beachtet, so ist sie überflüssig.

4. Alternativenprüfung

Die umfassende Abwägung der Grundpflichten, die über die Definitionen des § 2 UGB-KomE medienübergreifend ausgestaltet sind, erfordert eine Alternativenprüfung. Ansonsten ist die Ermittlung der besten Lösung für die Umwelt nicht möglich.

Die Optimierungsklausel des § 83 Abs. 2 S. 2 UGB-KomE antizipiert so die Pflicht zur Prüfung von Alternativen. Die Sachverständigenkommission setzt die Zulässigkeit von Alternativenprüfungen denn auch voraus. Dies folgt aus dem Umkehrschluß zu § 85 Abs. 2 S. 2 UGB-KomE: *Alternativen, die im vorgelagerten Verfahren geprüft und ausgeschlossen worden sind, sind nur dann in die weitere Prüfung einzubeziehen, wenn sich die Sach- und Rechtslage oder der Erkenntnisstand grundlegend verändert haben.* Die Regelung soll Doppelprüfungen bei Vorhaben vermeiden, die der UVP unterliegen.[517] Im vorgelagerten Verfahren geprüfte Alternativen, die nicht ausgeschlossen wurden, sind also Gegenstand der Prüfung durch die Genehmigungsbehörde. Aus § 86 Abs. 2 S. 1 UGB-KomE folgt weiter die Pflicht des Vorhabenträgers, Alternativen zu prüfen, da der Genehmigungsantrag die entsprechenden Unterlagen enthalten muß.[518] Das UGB-KomE sieht damit im Gegensatz zum BImSchG die Möglichkeit und die Pflicht einer Alternativenprüfung sowohl durch den Vorhabenträger als auch durch die zuständige Behörde vor.[519]

---

516 Siehe Teil 2, § 3 A. II. 4.

517 UGB-KomE, Begründung zu § 85 Abs. 2, S. 633.

518 So ausdrücklich die Sachverständigenkommission, UGB-KomE, Begründung zu § 86 Abs. 2, S. 634.

519 So auch HANSMANN, ZAU, 1998, 14 (15).

Zwangsläufig stellt sich die Frage, wie es mit der für gebundene Entscheidungen charakteristischen Antragsbindung im UGB-KomE aussieht.

Die Sachverständigenkommission hält zwar ausdrücklich an der gebundenen Genehmigung nach dem Vorbild des BImSchG fest[520], zu der Frage der Antragsbindung äußert sie sich in der Begründung jedoch nicht. Allerdings will die Sachverständigenkommission die gesetzliche Entscheidungsbindung an die Struktur der Ermessensentscheidung annähern.[521] Daraus und aus der Pflicht zur Durchführung einer Alternativenprüfung läßt sich der Schluß ziehen, daß sie den Prüfungsrahmen der Behörde nicht mehr auf die vom Vorhabenträger gewählte Anlagenkonzeption beschränken will. Dies stellt eine grundlegende Änderung gegenüber der Rechtslage nach dem BImSchG dar.

Unklar bleibt, ob die Behörde, wenn sie zu dem Schluß kommt, daß das beantragte Anlagenkonzept nicht der besten Lösung für die Umwelt entspricht, den Antrag ablehnen muß oder ob sie eine Genehmigung mit einem abweichenden Inhalt erteilen darf. Dies ist nach dem BImSchG nicht möglich. Berücksichtigt man, daß die Sachverständigenkommission sich am Vorbild des BImSchG orientiert und an dem Grundprinzip einer gebundenen Entscheidung hat festhalten wollen, so liegt die Annahme nahe, daß die Behörde in diesem Fall den Antrag ablehnen muß.[522]

Wahrscheinlicher ist aber, daß diese Situation gar nicht eintritt. Angestrebt wird gemäß § 89 Abs. 1 UGB-KomE ein einvernehmlicher Interessenausgleich zwischen Behörden und Vorhabenträgern. Dazu dienen die fakultative Antragskonferenz (§ 85 Abs. 1 UGB-KomE) und der Erörtungstermin (§ 88 UGB-KomE). Beantragt der Vorhabenträger eine Antragskonferenz, was ihm zu empfehlen ist, so sieht § 85 Abs. 1 UGB-KomE ausdrücklich vor, daß die naheliegenden Alternativen besprochen werden. Der Vorhabenträger hat damit die Sicherheit, daß die Behörde nicht später weitere Konzepte ins Spiel bringt. Zu einer Konfrontation zwischen Behörde und Antragsteller wird es daher in der Regel nicht kommen. Die Beteiligten einigen sich im Vorfeld auf die in Betracht kommenden technischen Möglichkeiten, die vom Antragsteller zu prüfen sind. Die Behörde beurteilt anschließend, welche Option die beste Lösung für die Umwelt im Einzelfall darstellt.

Die Sachverständigenkommission hat damit die aufgrund der UVP-Richtlinie in § 2 Abs. 2 und § 2 a der 9. BImSchV eingeführten Instru-

---

520 UGB-KomE, Begründung zu § 84 Abs. 1, S. 629.

521 UGB-KomE, Begründung zu § 84 Abs. 1, S. 630.

522 Kritisch HANSMANN, ZAU 1998, 14 (15).

mente aufgegriffen und zu einem dem gesamten Verfahren zugrunde liegenden Prinzip weiterentwickelt. Damit kann ein Teil der Prüfung vorverlagert und das Genehmigungsverfahren sachlich und zeitlich entlastet werden.[523]

B. Ausblick

I. Die Genehmigungsentscheidung nach der IVU-Richtlinie

Um die beste Lösung für die Umwelt zu ermitteln und durchzusetzen muß die Behörde alle Auswirkungen der in Betracht kommenden technischen Ausgestaltungen gegeneinander abwägen. Das kann nicht in abstrakten Vorgaben vorweggenommen werden. Die Ermittlung der besten praktikablen Lösung für die Umwelt erfordert eine echte Alternativenprüfung. Die Anforderungen an die Ermittlung der Grenzwerte und damit an die Genehmigungserteilung sind insgesamt so komplex, daß sie nur über Abwägungs- bzw. Ermessensdirektiven umgesetzt werden können.[524] Um die Alternativenprüfung durchzuführen und die lokalen Gegebenheiten berücksichtigen zu können, braucht die Behörde Entscheidungsspielräume. Die IVU-Richtlinie weist der Exekutive damit eine anspruchsvolle gestalterische Aufgabe zu.

II. Die Auswirkungen auf das Anlagenzulassungsrecht

Trotz des offenen Wortlauts läßt die IVU-Richtlinie den Mitgliedstaaten nur scheinbar die Wahl zwischen einer gebundenen oder einer Ermessensentscheidung. Zwar muß der Entscheidungsspielraum nicht auf der Ebene des Rechtsfolgenermessens angesiedelt sein, ausreichend für das integrierte Konzept wären auch Beurteilungsspielräume auf der Tatbestandsseite. In jedem Fall nähert sich die gebundene Entscheidung mehr und mehr einer Planungsentscheidung an. Es ist nicht realistisch anzunehmen, daß unter diesen Umständen die gebundene Genehmigung in ihrem Charakter unverändert bleibt. Das System der IVU-Richtlinie läßt eine rein konditionale Genehmigungsstruktur nicht zu. Die Komplexität des Abwägungsvorgangs, die Unbestimmtheit der materiellen Voraussetzungen und das Genehmigungsziel der besten Lösung für die Um-

---

[523] Dies entspricht auch einem Vorschlag der Schlichter-Kommission BMWI, Bericht der Unabhängigen Expertenkommission zur Vereinfachung und Beschleunigung von Planungs- und Genehmigungsverfahren (Schlichter-Gutachten), Rn. 251-257, 560-562.

[524] BREUER, NVwZ 1997, 833 (839).

welt bedingen ein finales Verfahren. Die Offenheit des Verfahrens und der Genehmigungsvoraussetzungen entziehen die Genehmigungsentscheidung damit faktisch auch einer vollen gerichtlichen Kontrolle. Auf die Konsequenzen für die gerichtliche Kontrolle wird in Teil 3 näher eingegangen.

Die Sachverständigenkommission hat an der gebundenen Genehmigung nach dem Vorbild des BImSchG festgehalten. Ihr ist es gelungen, den erforderlichen planerischen Gestaltungsspielraum und die Möglichkeit der Alternativenprüfung richtlinienkonform umzusetzen, unter der Voraussetzung, daß bei Erlaß von Grenzwerten Art. 9 Abs. 8 IVU-RL konsequent beachtet wird. Vom ursprünglichen Charakter der gebundenen Entscheidung bleibt jedoch nicht viel. War schon vorher die Aussage gerechtfertigt, daß sich die gebundene Entscheidung an die Ermessensentscheidung annähert, so besteht nunmehr kaum noch ein Unterschied. Zwar hat der Antragsteller einen Anspruch auf die Genehmigungserteilung, wenn die gesetzlichen Voraussetzungen erfüllt sind, in Wahrheit existiert er aber nur noch auf dem Papier. § 43 UGB-KomE schließt die Durchsetzung weitgehend aus.[525]

Der Einfluß der Verwaltung wird auf diese Weise erheblich ausgeweitet. Die Wahl der Anlagenkonzeption liegt nicht mehr allein in der Hand des Unternehmers. Mit dem Ziel, eine ökologische Stoff- und Produktionssteuerung durchzusetzen, kann die Verwaltung die unternehmerische Freiheit einschränken und den Projektträger faktisch auf eine bestimmte Anlagenkonzeption festlegen. Das traditionelle Umweltordnungsrecht ist statt dessen beschränkt auf die Peripherie der Produktion, die Behandlung und Verteilung der Emissionen durch Schornsteine und Abflußrohre.[526] Ob darin ein Fortschritt für die Umwelt liegt, wird sich in der Genehmigungspraxis zeigen. Zum Teil wird die Verwaltung mit der ihr zugewiesenen Rolle überfordert sein, da die notwendige Fachkompetenz bzw. die Ressourcen fehlen. Dies kann durch die *BAT-Notes* und eine intensivere Zusammenarbeit der zuständigen Behörde mit dem Antragsteller aufgefangen werden.

Die Zusammenarbeit der Beteiligten birgt aber auch die Gefahr, daß je nach dem wie die Machtverhältnisse sind und welchem politischen Druck die Verwaltung ausgesetzt ist, diese es nicht schafft, die beste Lösung für die Umwelt zu verwirklichen, sondern Zugeständnisse an den Vorhabenträger machen muß. Zwar einigen sich auch unter dem Regime des BImSchG Behörde und Betreiber häufig einvernehmlich auf be-

---

525 VOLKMANN, VerwArch Bd. 89 (1998), 363 (395); kritisch auch WICKEL, UPR 2000, 92 (99).

526 LÜBBE-WOLFF, in: ROßNAGEL/NEUSER, S. 97 (110).

stimmte Maßnahmen, ohne daß diese über Vollzugsmaßnahmen zwangsweise durchgesetzt werden,[527] das System abstrakter Grenzwerte garantiert aber Mindeststandards. Das Fehlen von materiellen Entscheidungsmaßstäben kommt einer Einschätzungsprärogative der Behörde gleich und drängt die gerichtliche Kontrolle zurück. Aufgrund der Komplexität der Materie werden die materiell-rechtlichen Regelungen zurückgenommen. Der Schwerpunkt der rechtlichen Vorgaben verlagert sich auf das Verfahren und die Zusammenarbeit mit dem Projektträger. Das bringt die Sachverständigenkommission mit der Antragskonferenz und des Erörtungstermins zum Ausdruck. Ob der Behörde ein Versagungsermessen zusteht oder wie groß die Beurteilungsspielräume letztendlich sind, spielt für den Vorhabenträger nur noch eine untergeordnete Rolle. Das Anlagengenehmigungsrecht entfernt sich damit mehr und mehr vom traditionellen Genehmigungsanspruch und verschiebt die Konfliktbewältigung in den Bereich des Verfahrens.

[527] JARASS, BImSchG, § 17 Rn. 6; GK-BImSchG-BLANKENAGEL, § 6 Rn. 106-111; HOFFMANN-RIEM, DVBl. 1995, 605 (607).

§ 5 Die Änderung der Anlage

Dieser Bereich ist in doppelter Hinsicht interessant. Zum einen ist er einer der praktisch bedeutsamsten Bereiche, da die Mehrzahl der Anlagenzulassungsverfahren Änderungs- und nicht Erstgenehmigungen betreffen.[528] Zum anderen waren die §§ 15, 16 BImSchG Gegenstand der Novellierung durch das *Gesetz zur Beschleunigung und Vereinfachung immissionsschutzrechtlicher Genehmigungsverfahren vom 9. Oktober 1996.*[529] Die Bundesregierung begründete den Gesetzesentwurf unter anderem damit, daß die Regelungen an die IVU-Richtlinie angepaßt werden müßten.[530] Hauptargument für die Novelle war aber der Vereinfachungs- und Beschleunigungsaspekt. In der Begründung des Gesetzesentwurfes wird ausdrücklich auf das *Schlichter*-Gutachten Bezug genommen,[531] der Hinweis auf die gemeinschaftsrechtlichen Regelungen der IVU-Richtlinie soll lediglich die Richtigkeit des Beschleunigungsansatzes unterstreichen.

A. Die Änderungen nach der IVU-Richtlinie

Die Mitgliedstaaten müssen sicherstellen, daß der Betreiber der zuständigen Behörde Änderungen der Anlage anzeigt, Art. 12 Abs. 1 IVU-RL. Wesentliche Änderungen dürfen gemäß Art. 12 Abs. 2 IVU-RL nicht ohne eine Genehmigung vorgenommen werden. Eine Änderung des Betriebs liegt gemäß Art. 2 Nr. 10 lit. a IVU-RL vor, wenn sich die Beschaffenheit oder Funktionsweise verändert oder der Betrieb erweitert wird und dies Auswirkungen auf die Umwelt haben kann. Eine solche Änderung ist wesentlich, wenn sie *nach Auffassung der zuständigen Behörde erhebliche nachteilige Auswirkungen auf den Menschen oder die Umwelt haben kann*, Art. 2 Nr. 10 lit. b IVU-RL.

---

528 80 bis 90% der Verfahren betreffen Änderungen der Anlage, *Führ*, UPR 1997, 421 (421); in Nordrhein-Westfalen waren 1995 67% aller immissionsschutzrechtlichen Genehmigungsverfahren auf die Erteilung einer Änderungsgenehmigung gerichtet, MOORMANN, in: RENGELING, Beschleunigung von Verfahren, S. 159 (184).

529 BGBl. I 1996, S. 1498-1502; dazu: HANSMANN, DVBl. 1997, 1421-1427; DERS., NVwZ 1997, 105-111; KUTSCHEID, NVwZ 1997, 111-116; SCHÄFER, in: RENGELING, Beschleunigung von Verfahren, S. 147-158; MOORMANN, in: RENGELING, Beschleunigung von Verfahren, S. 159-195; DERS., UPR 1996, 408-419; JARASS, NJW 1998, 1097-1102.

530 Gesetzentwurf der Bundesregierung, BT-Drs. 13/3996 vom 6.3.1996, S. 11.

531 Gesetzentwurf der Bundesregierung, BT-Drs. 13/3996 vom 6.3.1996 S. 8.

Damit ist jede Änderung der Anlage, auch baulicher Art, der zuständigen Behörde mitzuteilen. Diese trifft eine Beurteilung über die zu erwartenden Auswirkungen auf den Menschen und die Umwelt. Besteht die Möglichkeit, daß erhebliche nachteilige Auswirkungen entstehen, ist ein förmliches Genehmigungsverfahren durchzuführen. Sind erhebliche Auswirkungen nicht zu erwarten, darf der Betreiber die Änderung vornehmen, die Behörde aktualisiert gegebenenfalls die Genehmigungsauflagen.

Die Regelung wirft viele Fragen insbesondere im Zusammenhang mit den neu gefaßten § 15, 16 BImSchG auf.[532] Hier interessieren bezogen auf den integrierten Ansatz der Richtlinie drei Problemkreise:

1. Muß der Behörde bei der Beurteilung der Änderung ein Entscheidungsspielraum eingeräumt werden? Darauf deutet die Formulierung *nach Auffassung der zuständigen Behörde* in Art. 2 Nr. 10 lit. b IVU-RL hin.[533]

2. Zieht die Behörde die vom Betreiber vorgesehenen Schutzmaßnahmen in die Entscheidung über die Wesentlichkeit der Änderung ein? Eine Änderung wäre dann nicht wesentlich, wenn die vorgesehenen Schutzmaßnahmen die Auswirkungen auf die Umwelt unter die Erheblichkeitsschwelle des Art. 2 Nr. 10 lit. b IVU-RL drücken.

3. Darf die Behörde bei der Entscheidung über die Wesentlichkeit einer Änderung die Umweltauswirkungen saldieren? Das würde bedeuten, daß eine Änderung gegebenenfalls dann nicht als wesentlich einzustufen ist, wenn sie sowohl positive als auch negative Folgen für die Umwelt hat und die negativen nicht überwiegen.

I. Entscheidungsspielraum

Die Formulierung *nach Auffassung der zuständigen Behörde* ist erst durch den Rat in den gemeinsamen Standpunkt aufgenommen worden. In seiner Begründung zur Neufassung des Art. 2 Nr. 10 IVU-RL ist er auf den Zusatz nicht näher eingegangen. Es heißt lediglich, die Behörde müsse entscheiden, ob eine Änderung wesentlich sei oder nicht.[534] Die Bundesregierung, die die Formulierung in ihrem Gesetzesentwurf für ein *Gesetz zur Beschleunigung und Vereinfachung immissionsschutzrechtlicher Geneh-*

---

532 Vgl. dazu ZÖTTL, Integrierter Umweltschutz, S. 304-341; DERS., NVwZ 1998, 234.

533 So MOORMANN, in: RENGELING, Beschleunigung von Verfahren, S. 159 (188).

534 Begründung zu Art. 2 des Gemeinsamen Standpunkts des Rates, ABlEG 1996, Nr. C 87, S. 8.

migungsverfahren vom 19. Januar 1996[535] in § 15 Abs. 1 S. 1 übernommen hatte, ging davon aus, daß damit lediglich eine Einschätzungsprärogative der Behörde verbunden sei.[536] Dieser Entwurf ist jedoch nicht Gesetz geworden.

Aus dem Wortlaut des Art. 2 Nr. 10 lit. b IVU-RL ergibt sich, daß es der Behörde obliegen soll, zu entscheiden, ob eine Änderung wesentliche Auswirkungen auf die Umwelt haben kann und damit eine wesentliche Änderung der Anlage darstellt. Allerdings ist selbstverständlich, daß diese Frage nicht vom Betreiber, sondern von der zuständigen Behörde zu beantworten ist. Insofern hätte die Formulierung lediglich deklaratorische Bedeutung und wäre überflüssig. Unter diesen Umständen bliebe aber unklar, warum der Rat die Formulierung aufgenommen hat. Möglicherweise ist sie dahingehend auszulegen, daß der Behörde bei der Beurteilung ein Einschätzungsspielraum zukommen soll.[537] Gegen eine solche weitreichende Festlegung der Mitgliedstaaten spricht, daß der Rat in der Begründung auf diese Frage nicht eingeht. Nach ihr reicht es aus, wenn die Behörde entscheidet, ob die Änderung wesentlich ist oder nicht. Dies ist aber auch ohne einen besonderen Einschätzungsspielraum der Fall. Weder der Wortlaut noch die Entstehungsgeschichte lassen daher eindeutige Schlüsse zu. Zu fragen ist, was Ziel und Zweck der Norm entspräche.

Es geht um die Beurteilung, ob eine Änderung der Anlage sich erheblich auf die Umwelt auswirken kann. Die Norm soll sicherstellen, daß wesentliche Änderungen einem Genehmigungsverfahren unterliegen. Die entsprechende Beurteilung ist von großer Bedeutung, denn sie entscheidet über die Genehmigungspflichtigkeit der Änderung. Die Behörde muß alle für möglich erachteten Auswirkungen in ihre Entscheidung einstellen und versuchen, die sich daraus ergebenden Folgen zu prognostizieren. Es handelt sich nicht um eine Entscheidung auf sicherer Wissensgrundlage, sondern um eine Prognoseentscheidung. Die Behörde muß auf der Grundlage der zur Verfügung stehenden Erkenntnisse und unter Anwendung wissenschaftlich korrekter Verfahren eine Einschätzung treffen. Diese Entscheidung ist wie generell die Ausfüllung unbestimmter Rechtsbegriffe gerichtlich voll überprüfbar.[538] Nimmt man eine Einschätzungsprärogative der Behörde an, würde das bedeuten, daß die gerichtliche Kontrolle zurückzunehmen ist. Ob dies aber dem verfolgten Ziel dient, erscheint fraglich. Es geht um die Entscheidung, ob ein Ge-

---

535 Gesetzentwurf der Bundesregierung, BT-Drs. 13/3996 vom 6.3.1996, S. 4.

536 Gesetzentwurf der Bundesregierung, BT-Drs. 13/3996 vom 6.3.1996, S. 11.

537 So MOORMANN, in: RENGELING, Beschleunigung von Verfahren, S. 159 (188).

538 BVerwG, Urt. v. 17.2.1978, BVerwGE 55, 250 (253); SCHULZE-FIELITZ, in: DREIER, Art. 19 IV, Rn. 101; JARASS, BImschG, § 48 Rn. 16.

nehmigungsverfahren durchzuführen ist oder nicht. Wichtig ist in diesem Zusammenhang, daß die Entscheidung allein von der staatlichen Gewalt getroffen wird und nicht dem Betreiber obliegt. Die Frage der gerichtlichen Kontrolldichte ist bezogen auf den Zweck der Norm irrelevant. Intention der Norm ist, einen Einfluß des Betreibers auf die Entscheidung auszuschalten, nicht, die nachträgliche Kontrolle der behördlichen Entscheidung durch die Gerichte zu beschränken. Es ist nicht erkennbar, inwiefern die Zurücknahme der gerichtlichen Kontrolle dem Ziel und Zweck der Norm dienen könnte. Die Behörde muß wie in vielen anderen Fällen einen unbestimmten Rechtsbegriff ausfüllen. Sie ist dabei unabhängig von der Einschätzung seitens des Betreibers. Es ist gewährleistet, daß die Frage, ob eine Änderung wesentlich und damit genehmigungsbedürftig ist, allein von den Vertretern staatlicher Gewalt beantwortet wird. Besonderheiten wie beispielsweise eine umfassende Abwägung der einzelnen Auswirkungen die einen besonderen Spielraum der Behörde gegenüber der Judikative erfordern würden, bestehen – wie noch zu zeigen sein wird – nicht. Der Rat hatte daher keinen Anlaß dazu, die Frage der Intensität der gerichtlichen Kontrolle zu regeln. Die bestehende gerichtliche Vollkontrolle unterstützt vielmehr das Ziel der Norm, zu gewährleisten, daß die Behörde und nicht der Betreiber über die Genehmigungsbedürftigkeit von Änderungen entscheidet. Die Formulierung hat damit nur klarstellende Funktion.[539]

Diese Aussage betrifft aber nur die Beurteilung der Wesentlichkeit einer Änderung. Für die aus Art. 12 Abs. 2 IVU-RL folgende Genehmigungspflicht für wesentliche Änderungen gilt das gleiche wie für die Erstgenehmigung. Art. 12 Abs. 2 S. 2 IVU-RL verweist auf die Art. 3 und 6 bis 10 IVU-RL. Auch bei der Genehmigung einer Änderung muß die Behörde daher gemäß Art. 9 Abs. 4 IVU-RL die beste praktikable Lösung für die Umwelt durchsetzen. Sie bedarf dafür ebenso eines Entscheidungsspielraums wie für die Erstgenehmigung.

II. Schutzmaßnahmen

Für den Betreiber ist die Frage, ob es sich um eine wesentliche Änderung handelt oder nicht von eminenter Bedeutung, hängt davon doch ab, ob ein Genehmigungsverfahren durchzuführen ist. Fraglich ist, inwieweit die Behörde bei der Beurteilung dieser Frage Schutzmaßnahmen würdigt. Sind die möglichen Auswirkungen einer Änderung von vornherein

539 Vgl. ZÖTTL, Integrierter Umweltschutz, S. 194; Vgl. Änderungsantrag der SPD-Fraktion, BT-Drs. 13/5100 vom 26.6.1996.

nicht erheblich, wenn die vorgesehenen Umweltschutzmaßnahmen die Emissionen unter die Erheblichkeitsschwelle drücken?

ZÖTTL ist der Auffassung, daß die Behörde Schutzmaßnahmen nicht einbeziehen darf, denn dann bliebe dem *integrierten Konzept der Richtlinie kein sinnvoller Anwendungsbereich mehr.*[540] In der Tat verlangt der integrierte Ansatz, daß die Behörde beurteilt, welche Schutzmaßnahmen für die Umwelt insgesamt am besten geeignet sind. Das erfordert, daß Änderungen, die ohne Einbeziehung der Schutzmaßnahmen als wesentlich zu qualifizieren wären, ein Genehmigungsverfahren durchlaufen. Schutzmaßnahmen sind also bei der Beurteilung der Wesentlichkeit nicht zu berücksichtigen.

Etwas anderes kann sich aber aus dem Charakter der Änderung ergeben.

Verwendet der Betreiber additive Technologien, so lassen sich die Änderung des Betriebs und die Schutzmaßnahmen trennen. Bei integrierten Technologien ist dies schwierig, da es sich um Verfahren handelt, die an sich umweltschonend sind. Bei solchen in sich geschlossenen Verfahren läßt sich die Änderung des Betriebs nicht aufspalten in die Bereiche Änderung und Umweltschutzmaßnahmen.[541] Es handelt sich dann um eine Produktionsumstellung auf ein umweltschonenderes Verfahren. In diesen Fällen kann die Änderung nur als Ganzes beurteilt werden, sie ist also gegebenenfalls nicht genehmigungsbedürftig, wenn sie keine erheblichen Auswirkungen hat.[542]

III. Saldierung

Die Saldierung betrifft die Frage, ob jede erhebliche nachteilige Auswirkung für sich allein bereits die Genehmigungsbedürftigkeit begründet oder ob die Vor- und Nachteile einer Änderung miteinander zu verrechnen sind. So sieht beispielsweise § 16 Abs. 2 S. 2 Var. 2 BImSchG die Verrechnung von Vor- und Nachteilen der geplanten Maßnahme vor. Wenn die Vorteile überwiegen, das heißt, die Nachteile im Verhältnis zu den Vorteilen gering sind, liegen keine erheblichen nachteiligen Auswirkungen vor. Vergleichbar sind die Vor- und Nachteile dann, wenn sie artverwandt sind und im wesentlichen die gleichen Personen betreffen.[543]

Der Normzweck der IVU-Richtlinie steht einer Saldierung grundsätzlich nicht entgegen. Eine Änderung, die tatsächlich mehr Vor- als Nachteile

---

540 ZÖTTL, NuR 1997, 158 (164); DERS., Integrierter Umweltschutz, S. 332-333.

541 FLUCK, VerwArch Bd. 88 (1997), 265 (282).

542 HANSMANN, DVBl. 1997, 1421 (1424); FLUCK, VerwArch Bd. 88 (1997), 265 (282).

543 JARASS, BImSchG, § 16 Rn. 43.

verursacht, wirkt sich schon vom logischen Verständnis her nicht erheblich nachteilig aus. Der integrierte Ansatz erfordert in diesem Zusammenhang gerade eine medienübergreifende Betrachtung und verbietet eine isolierte Bilanz für jedes einzelne Medium. Die Verrechnung von Umweltauswirkungen ist charakteristisch für das integrierte Konzept der Richtlinie. Dabei ist allerdings zu differenzieren:

Bei Genehmigungserteilung obliegt es der Behörde, die beste Lösung für die Umwelt zu ermitteln und die verschiedenen Auswirkungen gegeneinander abzuwägen. Läßt man zu, daß die Behörde bei Beurteilung der Wesentlichkeit die Auswirkungen *verrechnet,* so entzieht man ihr die Möglichkeit, gestaltend einzuwirken und überläßt die Entscheidung vollständig dem Projektträger. Dies widerspricht dem Konzept der Richtlinie, daß in dieser Situation verlangt, daß die Behörde die beste Lösung für die Umwelt durchsetzt.

Eine Änderung ist also schon dann wesentlich, wenn eine einzige nachteilige Auswirkung das Erheblichkeitskriterium erfüllt.[544] Die mit der Änderung verbundenen Vorteile für die Umwelt berücksichtigt die Behörde erst im Rahmen des anschließenden Genehmigungsverfahrens.

B. Änderungen nach dem BImSchG

Die Neufassung der §§ 15, 16 BImSchG verkehrt das Regel- Ausnahmeverhältnis von Genehmigungs- und Anzeigeverfahren ins Gegenteil. § 15 Abs. 1 BImSchG sieht ein präventives Anzeigeverfahren für Änderungen vor. Nach § 16 Abs. 1 BImSchG sind lediglich wesentliche Änderungen genehmigungsbedürftig, wenn *durch die Änderung nachteilige Auswirkungen hervorgerufen werden können und diese für die Prüfung nach § 6 Abs. 1 Nr. 1 erheblich sein können.* Von einer Öffentlichkeitsbeteiligung kann nach § 16 Abs. 2 BImSchG dann abgesehen werden, wenn *erhebliche nachteilige Auswirkungen auf in § 1 genannte Schutzgüter nicht zu besorgen sind.*

I. Das Anzeigeverfahren

Im Gegensatz zur alten Fassung muß nunmehr die Anzeige entsprechend Art. 12 Abs. 1 IVU-RL vor der Durchführung der Änderung erfolgen. Anzuzeigen sind solche Änderungen, die sich auf die Schutzgüter des § 1 BImSchG auswirken können, unabhängig davon, ob die Auswir-

---

544 ZÖTTL, NuR 1997, 158 (164); DERS., Integrierter Umweltschutz, S. 341-342.

kungen unerheblich oder in bezug auf die Schutzgüter rein positiv sind.[545]

Eine Besonderheit stellt die Fristenregelung des § 15 Abs. 2 BImSchG dar. Wenn die Behörde sich nicht innerhalb eines Monats nach Eingang der Anzeige äußert, darf der Antragsteller die beabsichtigte Änderung vornehmen, § 15 Abs. 2 S. 2 BImSchG. Die Regelung birgt die Gefahr, daß tatsächlich wesentliche Änderungen bei Untätigkeit lediglich dem Anzeigeverfahren unterliegen, ohne das die Verwaltung den Sachverhalt wirklich geprüft hat. Trotzdem ist die Regelung aber richtlinienkonform, denn es besteht die Pflicht, die Änderung anzuzeigen und die Behörde muß den Sachverhalt prüfen. Geschieht dies nicht, so verstößt nur der Vollzug der Norm gegen europäisches Recht. Auch wenn man dem Schweigen der Behörde daher die gleiche Wirkung zumißt wie einer ausdrücklichen Erklärung,[546] genügt die Fristenregelung den Anforderungen des Art. 12 Abs. 1 IVU-RL.

Ist der Behörde eine Einhaltung der Frist nicht möglich, so muß sie dies dem Betreiber mitteilen und die Änderung gegebenenfalls als wesentlich einstufen. Damit hat der Gesetzgeber sichergestellt, daß keine wesentlichen Änderungen ohne Genehmigung vorgenommen werden.[547]

II. Wesentliche Änderungen

Im Gegensatz zur Anzeigepflicht stellt § 16 Abs. 1 BImSchG auf mögliche nachteilige Auswirkungen ab, die für die Prüfung nach § 6 Abs. 1 Nr. 1 BImSchG erheblich sein können.

§ 16 Abs. 2 S. 2 BImSchG normiert eine Ausnahme zur Öffentlichkeitsbeteiligung. Wenn erhebliche nachteilige Auswirkungen nicht zu besorgen sind, ist ein Genehmigungsverfahren durchzuführen, es kann aber davon abgesehen werden, das Vorhaben öffentlich bekannt zu machen und die Unterlagen auszulegen. Dieses vereinfachte Verfahren soll die beschleunigte Durchführung von Änderungen ermöglichen, die ausschließlich oder überwiegend zu Umweltverbesserungen führen.[548] Nach § 16 Abs. 2 S. 2 BImSchG liegen erhebliche nachteilige Auswirkungen

---

[545] Vgl. ZÖTTL, Integrierter Umweltschutz, S. 321-322.

[546] JARASS, NJW 1998, 1097 (1101); a.A. MOORMANN, UPR 1996, 408 (417); FÜHR, UPR 1997, 421 (426-428); KUTSCHEID sieht in der Mitteilung einen Verwaltungsakt nicht jedoch in einem Schweigen der Behörde, NVwZ 1997, 111 (116).

[547] ZÖTTL, Integrierter Umweltschutz, S. 325-326.

[548] Vgl. BMWI, Bericht der Unabhängigen Expertenkommission zur Vereinfachung und Beschleunigung von Planungs- und Genehmigungsverfahren (Schlichter-Gutachten), Rn. 518-535.

insbesondere dann nicht vor, wenn *die Auswirkungen durch die getroffenen Maßnahmen oder vom Träger des Vorhabens vorgesehenen Maßnahmen ausgeschlossen werden oder die Nachteile im Verhältnis zu den jeweiligen vergleichbaren Vorteilen gering sind.* Die Vorschrift enthält damit zwei Alternativen. Die erste betrifft das Ergreifen von Schutzmaßnahmen die nachteilige Auswirkungen ausschließen, die zweite die Saldierung der durch die Änderung verursachten Vor- und Nachteile.

Schutzmaßnahmen werden also grundsätzlich bei der Beurteilung, ob es sich um eine wesentliche Änderung nach § 16 Abs. 1 BImSchG handelt, nicht berücksichtigt. Ebensowenig werden die Auswirkungen saldiert.[549] Dies führt nur zu einer fakultativen Einschränkung der Öffentlichkeitsbeteiligung.

Dennoch bestehen Zweifel, ob die Regelung richtlinienkonform ist.

Wie oben festgestellt erlaubt die IVU-Richtlinie weder die Berücksichtigung von Schutzmaßnahmen noch die Saldierung der Umweltauswirkungen. Kommt die Behörde zu dem Schluß, daß eine wesentliche Änderung vorliegt, ist ein Genehmigungsverfahren durchzuführen. Dabei ist in jedem Fall gemäß Art. 15 Abs. 1, 2 und 4 IVU-RL — auf die Art. 12 Abs. 2 S. 3 IVU-RL ausdrücklich verweist — die Öffentlichkeit zu beteiligen. Das gilt auch dann, wenn eine Saldierung ergäbe, daß die Auswirkungen insgesamt nicht nachteilig sind oder Schutzmaßnahmen sie unter die Erheblichkeitsschwelle drücken. Die Ausnahmeregelung des § 16 Abs. 2 S. 2 BImSchG verstößt daher in beiden Alternativen gegen die IVU-Richtlinie.[550]

C. Änderungen nach dem UGB-KomE

§§ 96, 97 UGB-KomE bauen auf der Regelung der §§ 15, 16 BImSchG auf, orientieren sich inhaltlich aber stark an dem Vorbild der IVU-Richtlinie. So decken sich die Definitionen der wesentlichen (§ 96 Abs. 1 S. 2 UGB-KomE) und der unwesentlichen Änderungen (§ 97 Abs. 1 S. 1 UGB-KomE) nahezu wörtlich mit denen des Art. 2 Nr. 10 lit. a und b IVU-RL.

---

549 Vgl. dazu ZÖTTL, Integrierter Umweltschutz, S. 332-335.

550 So auch FLUCK, VerwArch Bd. 88 (1997) 265 (281); ZÖTTL, NuR 1997, 157 (164); DERS., Integrierter Umweltschutz, S. 342; bzgl. der Saldierung GK-BImSchG-FÜHR, § 16 n.F. Rn. 48; a.A. DOLDE, NVwZ 1997, 313 (319); FELDHAUS, BImSchG, § 16 Anm. 78.

I. Wesentliche Änderungen

Wesentlich sind Änderungen, die sich erheblich nachteilig auf die Umwelt oder den Menschen auswirken können. Die Behörde beurteilt, ob sich die Änderung erheblich auswirkt. Dabei berücksichtigt sie die Schutzmaßnahmen ebensowenig, wie sie die Auswirkungen saldiert.[551]

Das vereinfachte Verfahren des § 16 Abs. 2 BImSchG mit eingeschränkter Öffentlichkeitsbeteiligung ist ersatzlos entfallen. § 96 Abs. 3 UGB-KomE bestimmt, daß im Falle einer wesentlichen Änderung immer die Öffentlichkeit zu beteiligen ist. Dies entspricht der Regelung des Art. 12 Abs. 2 S. 3 IVU-RL.

Bei der Auslegung des unbestimmten Rechtsbegriffs hat die Behörde nach § 43 UGB-KomE eine gerichtlich nur eingeschränkt überprüfbare Einschätzungsprärogative. Nach Ansicht der Sachverständigenkommission sieht dies auch die IVU-Richtlinie vor, da in der Definition des Art. 2 Nr. 10 lit. b IVU-Richtlinie auf die Auffassung der Behörde abgestellt wird.[552] Diese Auslegung ist keineswegs zwingend, die Regelung aber in jedem Fall richtlinienkonform.

II. Unwesentliche Änderungen

§ 97 UGB-KomE sieht für unwesentliche Änderungen ein Anzeigeverfahren vor. Dies entspricht Art. 12 Abs. 1 S. 1 IVU-Richtlinie.

Wie schon § 15 Abs. 2 BImSchG enthält § 97 Abs. 1 S. 4 UGB-KomE eine Ausschlußfrist. Äußert sich die Behörde nicht innerhalb eines Monats, so ist der Betreiber berechtigt, die Änderung vorzunehmen. Dies bezeichnet die Kommission als eine Art stillschweigende Freigabe.[553]

§ 97 Abs. 1 S. 5 UGB-KomE sieht die Möglichkeit vor, bei unwesentlichen Änderungen Auflagen zu erlassen, um sicherzustellen, daß die Anlage den für neu zu genehmigende Vorhaben geltenden umweltrechtlichen Vorschriften entspricht. Die Möglichkeit, nachträgliche Auflagen zu erlassen, besteht zwar schon nach § 126 UGB-KomE, § 97 Abs. 1 S. 5 UGB-KomE setzt aber insbesondere Art. 12 Abs. 1 S. 2 IVU-RL um.[554] Danach muß die Behörde die Genehmigung aktualisieren und Auflagen erlassen, wenn die Anlage nicht mehr den Voraussetzungen der Richtlinie, beispielsweise den Anforderungen der besten verfügbaren Techniken entspricht.

---

[551] Vgl. UGB-KomE, Begründung zu § 96, S. 653.

[552] UGB-KomE, Begründung zu § 96, S. 652.

[553] UGB-KomE, Begründung zu § 97, S. 653.

[554] UGB-KomE, Begründung zu § 97, S. 653.

Teil 3: Die Auswirkungen der IVU-Richtlinie auf die Struktur und die Dogmatik des Immissionsschutzrechts

Am Ende der Diskussion um die Umsetzung der IVU-Richtlinie und ihre Folgen für das deutsche Umweltrecht steht der Gesetzentwurf der Bundesregierung. Vor dem Hintergrund der Vorschläge der Sachverständigenkommission und des Bundesumweltministeriums zum UGB nimmt er sich bescheiden aus. Liest man die Begründung des Entwurfs, bekommt man den Eindruck, daß sich das integrierte Konzept ohne Brüche durch die Änderung einiger Vorschriften in das System des deutschen Anlagenzulassungsrechts einfügen läßt. Das erstaunt, bedenkt man die in der Diskussion immer wieder hervorgehobenen unterschiedlichen Regelungsansätze der IVU-Richtlinie und des deutschen Umweltrechts. Hat die IVU-Richtlinie überhaupt Auswirkungen auf die Struktur des Immissionsschutzrechts und wenn ja, transportiert das Artikelgesetz diese Auswirkungen?

§ 1 Der Charakter der Genehmigungsentscheidung

Es ist im Rahmen dieser Untersuchung dargelegt worden, daß die IVU-Richtlinie keine Aufgabe der gebundenen Genehmigung zugunsten eines Versagungsermessens fordert.[555] Das integrierte Konzept bedingt aber eine Zunahme der Abwägungselemente, die die Struktur der Genehmigungsentscheidung nach dem BImSchG verändert.

Die immissionsschutzrechtliche Genehmigung ist formell nach dem Institut des präventiven Verbots mit Erlaubnisvorbehalt konstruiert. Der einzelne hat einen Anspruch auf Betätigungsfreiheit. Erfüllt er die gesetzlichen Anforderungen, so muß die Behörde die Genehmigung erteilen. Die Behörde prüft lediglich, ob der Tätigkeit des Antragstellers zwingende Gründe entgegenstehen. Ermessens- oder Beurteilungsspielräume stehen der Exekutive nicht zu.[556] Die Konstruktion der Genehmi-

---

555 Siehe Teil 2, § 4 A. I.

556 FELDHAUS, BImSchG, § 6 Anm. 2, § 12 Anm. 3; GK-BImSchG-BLANKENAGEL, § 6 Rn. 6, § 12 Rn. 21; Ule/Laubinger-DÖRR, § 4 Rn. B 3; BVerwG, Urt. v. 17.2.1978, BVerwGE 55, 250 (253). TRUTE geht von einer gebundenen Entscheidung aus, sieht diese aber von einem Vorsorgevorbehalt überformt, S. 334 ff.; MURSWIEK vertritt die Ansicht, daß der Verwaltung ein Luftbewirtschaftungsermessen zustehe, S. 353-362.

gungspflicht geht von der grundrechtlich gewährleisteten Freiheit aus und ist primär ausgerichtet auf die Gefahrenabwehr.[557]

A. Die Rücknahme der horizontalen Abschichtung

Im Bereich des Umweltrechts erfüllt die Kontrollerlaubnis gegenüber dem klassischen Gefahrenabwehrrecht weitere Aufgaben. Sie enthält leistende Aspekte und Elemente der Raumplanung.[558] Um die verschiedenen Aufgaben mit adäquaten Instrumenten zu bewältigen, bieten sich zwei Möglichkeiten der Abschichtung. Auf vertikaler Ebene kann der Gesetzgeber über Teilgenehmigungen oder Vorbescheide Vorfragen aus der eigentlichen Genehmigungsentscheidung herauslösen und abschließend klären. Er kann auch der Genehmigung eine eigene Planungsebene vorschalten und grundsätzliche Fragen für eine Vielzahl von Fällen – in der Regel raumbezogen – abstrakt entscheiden[559], beispielsweise im Baurecht durch die Trennung von Bauplanungs- und Bauordnungsrecht. Eine andere Möglichkeit bietet die horizontale Abschichtung. Der Regelungskomplex wird aufgespalten in mehrere Genehmigungstatbestände, die je nach Materie unterschiedlich ausgestaltet sind[560] wie im Fall der unter Bewirtschaftungsermessen stehenden wasserrechtlichen Erlaubnis und der gebundenen Genehmigung des BImSchG. Die Abschichtung dient der verwaltungstechnischen Vereinfachung, steht jedoch in Konflikt mit dem Ziel einer bürgernahen und effektiven Verwaltung. Im Zuge der Beschleunigungsdiskussion ist daher ein Trend zu stärkerer Konzentration von Genehmigungserfordernissen und zur Rücknahme der horizontalen Abstufung zu verzeichnen.[561] Der mediale Aufbau des Anlagenzulassungsrechts folgt dem Prinzip der horizontalen Abschichtung, denn die Gesetze stellen bezogen auf die verschiedenen Medien eigene Genehmigungserfordernisse auf. Die vertikale Abschichtung erfolgt über das aus technischen Anleitungen und Rechtsverordnungen bestehende untergesetzliche Regelwerk und über eine eigene Planungsebene, die allerdings in Gestalt der Luftreinhalte- und Lärmmin-

---

557 STEIGER, ZRP 1971, 133 (139); WAHL, DVBl. 1982, 51 (52-53).

558 Grundlegend: STEIGER, ZRP 1971, 133-139.

559 Vgl. TRUTE, S. 301-302; WAHL, DVBl. 1982, 51 (56); STEIGER, ZRP 1971, 133 (137-139).

560 Vgl. TRUTE, S. 301; BECKMANN, DÖV 1987, 944 (950).

561 Vgl. BECKMANN, DÖV 1987, 944 (950); Schlichter-Kommission BMWI, Bericht der Unabhängigen Expertenkommission zur Vereinfachung und Beschleunigung von Planungs- und Genehmigungsverfahren (Schlichter-Gutachten), Rn. 547.

derungspläne gemäß §§ 44 ff. BImSchG nicht so stark ausgeprägt ist wie im Baurecht.

Die IVU-Richtlinie wirkt auf die praktizierte Abschichtung des Regelungskomplexes ein. Der integrierte Ansatz verlangt, daß bei der Zulassung einer Anlage medienübergreifend alle Auswirkungen auf die Umwelt beachtet werden. Das steht in Widerspruch zu einer horizontalen Aufspaltung der Prüfung der Umweltbelange in mediale Genehmigungserfordernisse. Alle vom Betrieb der Anlage berührten Umweltaspekte sind nach dem integrierten Konzept in ihrem Gesamtzusammenhang zu beurteilen. Konsequent wurde dieses Ziel umgesetzt in dem Entwurf der Sachverständigenkommission zum UGB.[562] Trotz des Scheiterns dieses Vorhabens und trotz der Freiheit, die die IVU-Richtlinie den Mitgliedstaaten bei der Umsetzung läßt, – sie verlangt weder die Behandlung aller Umweltbelange in einem Verfahren noch in einer Genehmigung[563] –, setzt sich der durch den integrierten Ansatz vermittelte Zwang zur Konzentration durch. Das zeigt auch das Artikelgesetz.

Mit der Novellierung des § 1 BImSchG schützt das BImSchG nun die Umwelt in ihrer Gesamtheit unter Einschluß der Wechselwirkungen.[564] Die bereits vorher zu verzeichnende schrittweise Ausweitung des Schutzgutes, insbesondere durch das Dritte Gesetz zur Änderung des BImSchG[565], wird damit zu einem Ende gebracht. Während die bisherigen Novellen eine Ergänzung des § 1 BImSchG um einzelne Umweltgüter wie Boden, Wasser und Atmosphäre gebracht haben, wird nun die gesamte Umwelt als komplexe vernetzte Materie geschützt. Diese Neuorientierung des Umweltbegriffs wirkt sich auf das Genehmigungsprogramm aus. Während nach der horizontalen Aufspaltung der Materie Umwelt jedes Gesetz der Bewältigung verschiedener Aufgaben dient, verklammert das BImSchG nun über das Ziel, die gesamte Umwelt zu schützen, diese Aufgaben.

Die Vorsorgepflicht des § 5 Abs. 1 Nr. 2 BImSchG bezieht sich mit der geplanten Änderung auf die drei Belastungspfade Luft, Wasser und Boden und erfaßt so jegliche Emissionen. Das steht allerdings wie der neu gefaßte § 1 Abs. 2 BImSchG in Widerspruch zu den weiter einseitig auf Luftverunreinigungen ausgerichteten Definitionen des § 3 Abs. 1 - 3 BImSchG.[566] Aus dem eindeutigen Wortlaut des § 3 Abs. 6 BImSchG

562 Siehe Teil 1, § 2 B. III und Teil 2, § 4 A. III.

563 Siehe Teil 1, § 2 B. I.

564 Siehe Teil 1, § 2 A. II. 1.

565 Vom 11.5.1990, BGBl. I S. 870.

566 Siehe Teil 1, § 2 A. II. 1. und B. II. 1. a).

folgt jedoch, daß Verfahren nicht mehr primär geeignet sein müssen, Luftverunreinigungen zu vermeiden, sondern alle Medien zu schonen. Dazu kommen weitere Aspekte des Anhangs I wie der Einsatz abfallarmer Technologie (Nr. 1), der Rohstoffverbrauch und die Energieeffizienz (Nr. 9), die bei der Ermittlung der dem Stand der Technik entsprechenden Verfahren zu berücksichtigen sind, und die neu eingeführte Pflicht, Energie sparsam und effizient zu verwenden (§ 5 Abs. 1 Nr. 4 BImSchG des Entwurfes). Zwar weitet die Bundesregierung die Konzentrationswirkung des § 13 BImSchG nicht weiter aus, sie verknüpft aber die in parallelen Verfahren vorzunehmende medienübergreifende Prüfung über § 10 Abs. 5 BImSchG. Für die danach vorgeschriebene vollständige Koordinierung bleibt das wasserrechtliche Erlaubnisverfahren.[567]

Die IVU-Richtlinie setzt damit eine Entwicklung fort, die bereits in der UVP-Richtlinie angelegt ist. Schon vor Erlaß der IVU-Richtlinie hat sich die Tendenz durchgesetzt, den Schutzbereich des BImSchG weit auszulegen. So wird § 3 Abs. 6 BImSchG trotz des allein auf Luftverschmutzungen abstellenden Wortlauts überwiegend dahingehend interpretiert, daß dem Stand der Technik nur die dem wirksamsten angenäherten, optimalen, technisch vernünftigen Verfahren entsprechen. Dabei soll die Behörde auch mögliche Verlagerungseffekte, den Energieaufwand und weitere Aspekte berücksichtigen.[568] Auch die Schutzpflicht des § 5 Abs. 1 Nr. 1 BImSchG wird medienübergreifend ausgelegt.[569] Von seiner ursprünglich medialen Ausrichtung hat sich das BImSchG gelöst und sich zunehmend medienübergreifenden Gesichtspunkten geöffnet. Es hat sich die Erkenntnis durchgesetzt, daß es der Komplexität der zu regelnden Materie nicht gerecht wird, das Anlagenzulassungsrecht in mehrere monofinal[570] an den verschiedenen Belastungspfaden orientierte Gesetze aufzuspalten. Einer strikten horizontalen Abschichtung steht die Vernetzung des Schutzgutes Umwelt entgegen, das sich nicht in einzelne Wirkungskomplexe aufteilen läßt.

Die Rezeption des integrierten Konzepts der IVU-Richtlinie führt den endgültigen Abschied von der medialen Aufsplitterung des Anlagenzulassungsrechts herbei und drängt die horizontale Abschichtung zurück.

---

567 Siehe Teil 1, § 2 B. II. 1. und 2.

568 Vgl. FELDHAUS, DVBl. 1981, 165 (170); DERS., BImSchG, § 3 Anm. 19; GK-BImSchG-KOCH, § 3 Rn. 383; REBENTISCH, NVwZ 1995, 949 (951-952); DÜRKOP/KRACHT/WASIELEWSKI, UPR 1995, 425 (429-430); KRACHT/WASIELEWSKI, § 35 Rn. 30; HANSMANN, ZfW 1999, 238 (240); DOLDE, NVwZ 1997, 313 (316); kritisch: SENDLER, in: KOCH/LECHELT, S. 217 (219-220); LANGE/KARTHAUS, S. 15 (20).

569 JARASS, BImSchG, § 5 Rn. 35-37; Landmann/Rohmer-KUTSCHEID, § 5 Rn. 41, 68-69, 90.

570 Zum Begriff der Monofinalität, vgl. WAHL, DVBl. 1982, 51 (55).

Das BImSchG wird zu einem zentralen alle anlagebezogenen Umweltaspekte berücksichtigenden Umweltschutzgesetz ausgebaut. Diese Auswirkungen der Richtlinie waren schon früh zu erkennen und ergeben sich unmittelbar aus dem im Rahmen der Diskussion um den integrierten Ansatz im Vordergrund stehenden medienübergreifenden Konzept.

B. Die Zunahme von Spielräumen der Verwaltung

Die Rücknahme der horizontalen Abschichtung vermehrt die in der Entscheidung zu berücksichtigenden Umweltbelange. Sie erhöht damit die Anforderungen an die Genehmigung und deren Komplexität. Dies könnte dazu führen, daß der Verwaltung größere Spielräume bei der Genehmigungsentscheidung eingeräumt werden müssen.

Bereits vor Erlaß der IVU-Richtlinie ist festgestellt worden, daß die Kontrollerlaubnis des BImSchG für den historischen Zweck der Gefahrenabwehr geeignet, in ihrer tradierten Dogmatik aber in Konflikt mit dem Element der Vorsorge steht.[571] Überwiegend wird nicht in Zweifel gezogen, daß es sich um eine gebundene Entscheidung handelt, die nicht im Ermessen der Behörden steht.[572] Es besteht aber Konsens darüber, daß der Exekutive im Rahmen der Entscheidung Spielräume zustehen, die auf die Komplexität der zu leistenden Risikoprognose zurückzuführen sind.[573] Für die Genehmigungsentscheidung muß die Behörde die Auswirkungen der Anlage auf die Umwelt ermitteln und bewerten. Dies ist aufgrund der Wissensdefizite, der Komplexität der Umwelt und den im Begriff der Vorsorge enthaltenen planerischen Elementen von wertenden Beurteilungen geprägt. In die Entscheidung fließen aber nicht nur das ermittelte Besorgnispotential, sondern auch die grundrechtlichen Positionen der Betreiber und der Immissionsbetroffenen sowie wirtschaftliche Aspekte ein. Daraus erwachsen der Verwaltung im Bereich der Vorsorgeentscheidung Spielräume.[574]

Die IVU-Richtlinie fügt dem Vorsorgeprogramm weitere Gesichtspunkte hinzu, die die Anzahl der in einen Ausgleich zu bringenden Parameter

---

[571] Vgl. TRUTE, S. 83 ff., 273 ff. 334 ff.; WAHL/APPEL, S. 1 (29 ff., 174 ff.); MURSWIEK, S. 353 ff.

[572] Vgl. Fn. 556.

[573] Vgl. JARASS, BImSchG, § 6 Rn. 26; GK-BImSchG-BLANKENAGEL, § 6 Rn. 6-7; BENDER/SPARWASSER/ENGEL, Rn. 8/152; FELDHAUS, DVBl. 1981, 165 (170); VOLKMANN, VerwArch Bd. 89 (1998), 363 (388); WAHL/APPEL, S. 1 (176 ff.); WAHL, DVBl. 1982, 51 (61); TRUTE, S. 83 ff., 296 ff., 334 ff.

[574] Vgl. vorige Fußnote.

erhöhen. Die Richtlinie dehnt das Vorsorgeprinzip auf alle Medien aus. Die Behörde muß damit die Folgen jeder Emission in jedes Medium abschätzen. Dafür muß sie die jeweiligen Stoffkreisläufe nachzeichnen. Es reicht nicht aus, die Auswirkungen auf das Medium zu bewerten, in das der Stoff emittiert wird, sondern es müssen die gesamten Stoffwanderungen erforscht werden. Weiter verlangt der ökosystemare Umweltbegriff, daß die gesamte Umwelt in ihrer Vernetztheit bei der Risikoabwägung berücksichtigt wird. Gerade in diesem Bereich ist es schwer, Entwicklungen vorherzusagen, da die Wechselwirkungen unter den einzelnen Umweltgütern nur unzureichend erforscht sind. Beachten muß die Behörde auch die Möglichkeit von Synergie- und Kumulationseffekten verschiedener Schadstoffe und Belastungen. Diese Schwierigkeiten der Erkenntnisgewinnung und der Folgenabschätzung treten bei der Aufgabe der Gefahrenabwehr wie der Vorsorge gleichermaßen auf. Die IVU-Richtlinie erhöht die Anforderungen an die Gefahren- und Risikoprognose. Da es sich um einen Bereich handelt, in dem die Exekutive nicht auf der Grundlage voll erforschter Wirkungsketten entscheiden und die Beurteilung des Gefährdungs- und Risikopotentials von Emissionen nur wertend erfolgen kann, bedingt dies eine Zunahme der Einschätzungsspielräume.

Hinzu kommt, daß mit dem Artikelgesetz der Katalog des § 5 Abs. 1 BImSchG um die Pflicht zur effizienten und sparsamen Verwendung von Energie erweitert wird. Dieser Aspekt ist neu, wenngleich er bei weiter Auslegung der Vorsorgepflicht des § 5 Abs. 1 Nr. 2 BImSchG schon bisher zu den Aspekten zählt, die bei der Ermittlung der dem Stand der Technik entsprechenden Verfahren zu berücksichtigen sind.[575] Nun ist die Pflicht zur effizienten Energieverwendung aber als gleichrangige Pflicht normiert, die ein neues Element in das BImSchG einführt, das sich von der klassischen Vorsorgepflicht unterscheidet.

Das Gebot des § 5 Abs. 1 Nr. 2 BImSchG ist durch die Emissionsvorsorge nach dem Maßstab des Standes der Technik geprägt. Überwiegend wird die Vorsorge als Risikovorsorge verstanden. § 5 Abs. 1 Nr. 2 BImSchG betrifft danach unterhalb der Gefahrenschwelle anzusiedelnde Emissionen, beispielsweise zeitlich und räumlich entfernte Gefahren, Fälle ungeklärter Wirkungszusammenhänge oder geringer Eintrittswahrscheinlichkeit und Emissionen, die für sich genommen unschädlich, insgesamt aber zu Umweltbelastungen führen und technisch vermeidbar sind.[576]

---

575 Vgl. Fn. 568.

576 Vgl. KLOEPFER, § 4 Rn. 12, § 14 Rn. 69 ff.; KLOEPFER/KROEGER, NuR 1990, 8 (11-16); RENGELING, DVBl. 1982, 622 (625-627); BREUER, DVBL. 1978, 829 (836-837); DERS., in: CZAJKA, FS Feldhaus, S. 49 (58-60); OSSENBÜHL, NVwZ 1986, 161 (163); PAPIER, DVBl. 1979, 162 (162).

Vorsorge bezieht sich nicht nur auf die Verhinderung erkannter Risiken, sondern es müssen gefahrenunabhängig und jenseits der Frage der Vorbelastung einer Region alle technisch vermeidbaren Emissionen unterbleiben. Emissionen sind, soweit sie nicht völlig unschädlich sind, im Rahmen des Übermaßverbots nach dem Maßstab des Standes der Technik zu vermeiden. Die Risikovorsorge dient damit der Schaffung eines Sicherheitsabstandes zur Gefahrenschwelle.[577] Andere subsumieren den vorbeugenden sich gegen erkannte Risiken richtenden Immissionsschutz unter § 5 Abs. 1 Nr. 1 BImSchG.[578] Sie sehen die Vorsorge gemäß § 5 Abs. 1 Nr. 2 BImSchG raumbezogen. Sie diene der Sicherung von intakten Lebensräumen für Menschen und der allgemeinen Handlungsfreiheit sowie von Freiräumen für künftige Anlagen.[579]

Beide Interpretationen unterscheiden sich zwar vom Ansatz her, ihre praktischen Differenzen sind aber gering.[580] Vorsorge kann auch als multifunktionales Gebot interpretiert werden, das beide Elemente enthält.[581] Fest steht, daß die Vorsorge gemäß § 5 Abs. 1 Nr. 2 BImSchG der Emissionsminderung unterhalb der Gefahrenschwelle dient.[582]

Die Vorsorgepflicht bedarf in beiden Ausprägungen einer Konkretisierung. Das risikobezogene Element ist an den Stand der Technik gekoppelt, der durch das untergesetzliche Regelwerk ausgefüllt wird. Auch Umweltqualitätswerte können der Einhaltung einer allgemeinen Risikoschwelle dienen. Raumbezogene Vorsorge bedarf aufgrund des planerischen Elements einer Umsetzung, beispielsweise durch Luftreinhaltepläne oder auch durch Immissionswerte.[583] Ohne konkretisierende Rechtsakte bleibt das Ziel, Freiräume zu erhalten, ohne Einfluß auf den konkreten Genehmigungsinhalt.

---

577 KLOEPFER, § 4 Rn. 18, 20 und die vorige Fußnote.

578 SELLNER, NJW 1980, 1255 (1256); FELDHAUS, DVBl. 1980, 133 (134); MURSWIEK, S. 331 ff. 340-342.

579 Grundlegend zur Freiraumthese: SELLNER, NJW 1980, 1255 (1256-1257); FELDHAUS, DVBl. 1980, 133-139; DERS., NVwZ 1995, 963 (970); vgl. auch WAHL/APPEL, S. 1 (78 ff); TRUTE, S. 112 ff.; SENDLER, UPR 1983, 33 (43). Das raumbezogene Element der Vorsorge ist grundsätzlich auch vom Bundesverwaltungsgericht anerkannt, BVerwG, Urt. v. 18.5.1982, BVerwGE 65, 313 (320); Urt. v. 17.2.1984, 69, 37 (42-44).

580 Vgl. KLOEPFER, § 4 Rn. 18, 20; BREUER, in: CZAJKA, FS Feldhaus, S. 49 (58-60).

581 Vgl. BENDER/SPARWASSER/ENGEL, Rn. 8/143; TRUTE, S. 54 ff., 112 ff; Landmann/Rohmer-KUTSCHEID, § 1 Rn. 7; JARASS, § 5 Rn. 47; Grabitz/Hilf-GRABITZ-NETTESHEIM, Art. 130r Rn. 39-40.

582 KLOEPFER, § 4 Rn. 18; BREUER, in: CZAJKA, FS Feldhaus, S. 49 (58-60); MURSWIEK, S. 341.

583 BENDER/SPARWASSER/ENGEL, Rn. 8/143; JARASS, § 5 Rn. 47, 57, 64; TRUTE, S. 298 ff.

Das gilt nicht für die neue Pflicht zur effizienten Energieverwendung. Die Pflicht soll helfen, die quantitative Verfügbarkeit für die nachfolgenden Generationen sicherzustellen. Sie ist weder raum- noch risikobezogen, sondern unabhängig von regionalen oder überregionalen Belastungs- oder Rohstoffsituationen zu sehen. Damit ist sie als generelle Pflicht zur Minimierung des Verbrauchs strukturiert. Die raumbezogene Vorsorge hängt von regionalen Belastungssituationen, Risikovorsorge von dem Schädigungspotential der Emissionen ab. Während die Risikovorsorge über den Stand der Technik und die raumbezogene Vorsorge im Sinne einer vertikalen Abschichtung einer übergeordneten Planung bedarf, ist eine solche hinsichtlich des Verbrauchs von Energie nicht praktikabel. Diese Pflicht ist nicht an den Maßstab des Standes der Technik gekoppelt und läßt sich nicht über ein den Luftreinhalteplänen oder Emissions- oder Immissionswerten entsprechendes Konzept umsetzen. Sie erfordert eine Einzelfallbetrachtung, die nur über allgemeine Vorgaben gesteuert werden kann.[584] Aufgrund des im Vergleich zur Vorsorgepflicht des § 5 Abs. 1 Nr. 2 BImSchG unterschiedlichen Ansatzes fehlt es an konkreten Bezugspunkten für die Umsetzung. Die Pflicht zur effizienten Energieverwendung führt damit ein in dieser Ausprägung neues Element der Vorsorge in den Pflichtenkanon des § 5 Abs. 1 BImSchG ein. Da es an konkretisierenden Grenzwerten fehlt, trägt sie ein weiteres Wertungselement in die Genehmigungsentscheidung. Zusammen mit der Vermehrung der zu beachtenden Umweltbelange erhöht sie die Komplexität der Vorsorgeentscheidung. In dem Maße wie sie die horizontale Abschichtung zurückdrängt, verstärkt die IVU-Richtlinie die schon bestehenden Spielräume der Verwaltung.

C. Die Verstärkung planerischer Elemente

Der Gesetzentwurf verändert die Entscheidung über das Maß und die Art der zu treffenden Vorsorge. Die Erweiterung auf Emissionen in alle Medien und die Ressourcenvorsorge erhöhen die Spielräume der Verwaltung. Diese Folge ist zurückzuführen auf die Wissensdefizite bei der Risikoprognose und bezogen auf die Ressourcenvorsorge auf den Mangel an Maßstabskriterien. Darin liegt aber eher eine quantitative Veränderung der Genehmigungsstruktur. Das integrierte Konzept könnte darüber hinaus auch zu einer qualitativen Veränderung der Genehmigungsentscheidung führen.

Mit der Ausweitung des § 5 Abs. 1 Nr. 2 BImSchG auf alle Medien entfällt die Fokussierung auf die Vermeidung von Luftverschmutzungen.

---

584 Vgl. LUDWIG, in: CZAJKA, FS Feldhaus, S. 181 (197).

Die IVU-Richtlinie verbietet nun, die Vorsorgeentscheidung abzustufen. Das Gesetz gibt mit der Änderung durch das Artikelgesetz keine Rangfolge mehr vor. Es ist Vorsorge bezogen auf alle drei Umweltmedien und die gesamte Umwelt zu betreiben. Neben der Pflicht, Emissionen in Luft, Wasser und Boden zu vermeiden, stehen gleichberechtigt die Pflicht zur effizienten Energieverwendung und die Pflicht zur Abfallvermeidung. Über Nr. 3 und 9 des Anhangs I kommt der Aspekt des effizienten Rohstoffverbrauchs hinzu, der, da er in die Ermittlung der besten verfügbaren Techniken einfließt, Teil der Vorsorgepflicht des § 5 Abs. 1 Nr. 2 BImSchG ist.[585] Diese Vorsorgeaufträge verhalten sich gegenläufig zueinander. Sie können nicht getrennt voneinander erfüllt werden, da die Befolgung des einen Gebots meist andere Parameter der Entscheidung berührt. Es stellt sich die Frage, wie dieses Konfliktverhältnis aufzulösen ist. Möglich wäre eine Kompensation der verschiedenen Belange. Das heißt, daß Vorteile auf dem einen Feld Nachteile auf einem anderen aufwiegen können.

Im Rahmen der Gefahrenabwehrpflicht stellt sich die Frage einer Kompensation der Belange nicht. Droht eine Gefahr, so obliegt den staatlichen Gliederungen die Pflicht, diese zu verhindern. Eine Kompensation derart, daß eine Gefahr zugelassen wird, weil dies Vorteile auf einem anderen Feld mit sich bringt, ist nicht möglich.[586] Dies gilt auch für Risiken, soweit der Staat zu deren Vermeidung verpflichtet ist.[587] Das Argument läßt sich nicht auf den Bereich der Vorsorge übertragen. Rechnet man die Risikovorsorge zur Gefahrenabwehrpflicht des § 5 Abs. 1 Nr. 1 BImSchG wie die Vertreter der Freiraumthese, so gilt das für den gesamten Bereich der Vorsorge. Folgt man den Vertretern der Risikovorsorge, so verläuft die Grenze an derselben Linie, aber innerhalb des Vorsorgegebots des § 5 Abs. 1 Nr. 2 BImSchG. Soweit es um die Schaffung eines Sicherheitsabstandes zur Gefahrenschwelle bzw. um Freiräume oder Ressourcenschonung geht, trifft der Gesetzgeber eine Abwägungsentscheidung und bestimmt den Vorsorgestandard. Es steht ihm frei, einzelnen Feldern Priorität einzuräumen, weil er beispielsweise internationale Abkommen erfüllen will. Die Entscheidung ist nicht durch das Gefährdungs- oder Risikopotential von Emissionen zwingend vorgege-

---

585 Zunächst war vorgesehen, diesen Punkt auszugliedern und mit der Pflicht zur effizienten Energieverwendung zu verbinden, vgl. die ersten Entwürfe zum Artikelgesetz, Stand 31.1.2000 und 30.6.2000.

586 Vgl. WAHL, DVBl. 1982, 51 (56); SCHMIDT-PREUß, Stellungnahme zum Gesetzentwurf der Bundesregierung, Drs. 14/458 des Ausschusses für Umwelt, Naturschutz und Reaktorsicherheit, Teil 2, S. 19.

587 Vgl. zur staatlichen Pflicht der Risikovermeidung: MURSWIEK, S. 138 ff., 331 ff.; TRUTE, S. 229 ff.

ben. Spielräume ergeben sich hier nicht nur aus der Komplexität der Materie. Der Legislative steht vielmehr ein politischer Ermessensspielraum zu.[588] Ein Vorrang, der eine kompensatorische Abwägung verbietet, besteht nur für den Bereich, der mit der Gefahrenabwehr unmittelbar verwandten Risikovorsorge. Dabei ist es irrelevant, ob man die Pflicht, diese Risiken zu verhindern, unter § 5 Abs. 1 Nr. 1 oder unter Nr. 2 BImSchG subsumiert. Weder die raum- noch die ressourcenbezogene Vorsorgepflicht haben hingegen einen der Gefahrenabwehrpflicht entsprechenden zwingenden Charakter. Eine Kompensation der verschiedenen nach der Wertung des Gesetzes gleichberechtigten Vorsorgepflichten ist damit grundsätzlich möglich. Nach welchen Kriterien ist ein Ausgleich der verschiedenen Pflichten aber zu vollziehen?

Die IVU-Richtlinie verpflichtet die Exekutive, die beste Lösung für die Umwelt durchzusetzen. Dieser Auftrag impliziert, daß die Exekutive nicht verpflichtet sein kann, allen Vorsorgepflichten zur vollen Geltung zu verhelfen. Da Genehmigungsziel die beste Lösung für die Umwelt ist, sind die einzelnen Vorsorgeaufträge so zu erfüllen, daß die Umwelt insgesamt so wenig wie möglich belastet wird. Diese Möglichkeit der Kompensation der Vorsorgeaufträge berührt den Charakter der Vorsorgeentscheidung.

Aufgrund der Komplexität der zu treffenden Entscheidung stehen der Behörde bei der Abwägung Bewertungsspielräume zu. Die gebundene Entscheidung ist aber geprägt von einer nachvollziehenden Abwägung.[589] Die Behörde bringt nicht die Rechte der Immissionsbetroffenen, des Anlagenbetreibers und der Allgemeinheit in einen Ausgleich, sondern verhilft ihnen jeweils zur Geltung. Die Rechte der Gruppen begrenzen sich zwar wechselseitig, so tritt beispielsweise das Recht des Betreibers auf Betätigungsfreiheit zurück, wenn das Wohl der Immissionsbetroffenen gefährdet ist. Eine Abwägung derart, daß die Behörde die Interessen gewichtet und bestimmte Interessen auf Kosten anderer überwinden kann, findet aber nicht statt. Jeder entgegenstehende öffentliche Belang bringt das Vorhaben zu Fall.[590]

Bei der Planungsentscheidung wägt die Behörde hingegen private und öffentliche Interessen in einem Akt planender Gestaltung ab, bringt sie in einen Ausgleich und überwindet sie erforderlichenfalls. Dabei geht es nicht um die Sicherung von Ansprüchen, sondern um die Ausgeglichen-

---

588 JARASS, BImSchG, § 5 Rn. 48.

589 Vgl. zu den Begriffen der nachvollziehenden und der gestaltenden Abwägung, WEYREUTHER, BauR 1977, 293 (296-297); KÜHLING, Rn. 31; TRUTE, S. 288-291 ff.

590 BVerwG, Urt. v. 16.6.1988, NVwZ 1988, 1020 (1021); KÜHLING, Rn. 30; ERBGUTH/SCHINK, § 12 Rn. 37; TRUTE, S. 83-84.

heit der Planung im Hinblick auf die Planungsaufgabe. Die Planfeststellungsbehörde trifft eine gestaltende Abwägung. Nachteile für zu berücksichtigende Interessen können durch Vorteile für andere planungsrelevante Belange ausgeglichen werden. In dieser Möglichkeit der Kompensation liegt ein gradueller Unterschied zwischen der nachvollziehenden Abwägung im Rahmen der Vorsorge und der planerischen Gestaltungsfreiheit.[591]

Der gebundenen Genehmigung ist damit eine Vorsorgeentscheidung vorgelagert, in deren Rahmen der Exekutive zwar Spielräume zustehen, die sich jedoch von einer gestaltenden Abwägung im Sinne einer Planungsentscheidung unterscheidet.[592] Die Genehmigung nach dem BImSchG bewegt sich zwischen den dogmatischen Figuren der klassischen gefahrenabwehrrechtlichen Kontrollerlaubnis und der planungsrechtlichen Abwägungsentscheidung bzw. der Ermessensentscheidung.[593] In dieses Spannungsfeld greift das in das BImSchG aufgenommene integrierte Konzept ein.

Die Pflicht zur kompensatorischen Abwägung der einzelnen sich gegenseitig beeinflussenden Vorsorgeaufträge entspricht dem Ausgleich des Interessengeflechts im Rahmen der planerischen Gestaltung. Unter der Prämisse, die beste Lösung für die Umwelt durchzusetzen, sind die verschiedenen Umweltaspekte zu bewerten, gegeneinander abzuwägen und auszugleichen. Diese Abwägung ist nicht nachvollziehend, da sie nicht durch das Gesetz vorgegeben ist. Die Behörde bewertet die Auswirkungen der Anlage und entscheidet dann, inwieweit sie den einzelnen Vorsorgeaufträgen nachkommen kann. Ihr Entscheidungsmaßstab ist das Ziel der besten Lösung für die Umwelt. Um es zu erreichen, wägt sie die einzelnen Belange gegeneinander ab und überwindet sie gegebenenfalls. Da der Gesetzgeber die Möglichkeit der Kompensation einräumt, kann er kein exaktes Vorsorgeniveau vorgeben. Die Behörde gestaltet die Vorsorge damit individuell aus.

Die bisher im Rahmen der Ermittlung des Standes der Technik vorzunehmende Abwägung der verschiedenen zu beachtenden Aspekte ist von anderer Qualität. Zu ermitteln ist das optimale Verfahren zur Ver-

---

591 Vgl. BVerwG, Urt. v. 11.4.1986, BVerwGE 74, 124 (133); Urt. v. 20.8.1982, 66, 133 (135); WAHL, DVBl. 1982, 51 (55); ERBGUTH/SCHINK, § 12 Rn. 37; KÜHLING, Rn. 23, 31; TRUTE, S. 290; a.A. BECKMANN, der als einzigen Unterschied zwischen Kontrollerlaubnis und Planungsentscheidung die gerichtliche Kontrolldichte ausmacht. Er sieht überwiegende Übereinstimmungen zwischen Planungs- und Ermessensentscheidung, DÖV 1987, 944 (949).

592 Vgl. WAHL/APPEL, S. 1 (179-181); TRUTE, S. 296 ff., 334 ff.

593 Vgl. TRUTE, S. 296-300, 336 ff.; WAHL, DVBl. 1982, 51 (57, 61); WAHL/APPEL, S. 1 (179-181).

meidung der Luftemissionen. Das Ziel ist damit eindimensional auf die Vermeidung der Emissionen in die Luft gerichtet. Die Optimierung wird dabei begrenzt durch negative Folgen für andere Bereiche, beispielsweise Schadstoffverlagerungen oder unverhältnismäßig hohe Investitionskosten. Eine Kompensation einzelner Belange findet jedoch nicht statt.

Das Genehmigungsziel der besten Lösung für die Umwelt stellt damit ein finales Planungsziel dar. Mit dem Planungsziel tritt an die Stelle konditionaler Vorsorgevorgaben eine final ausgerichtete Entscheidungsstruktur. Wie im Rahmen der gestalterischen Planungsfreiheit muß die Behörde die verschiedenen Interessen gegeneinander abwägen. Diese Abwägung ist durch die Möglichkeit charakterisiert, einzelne Belange zu kompensieren. Am Ende trifft die Behörde eine Entscheidung, in der die einzelnen Vorsorgeaufträge des Gesetzes zu einem idealen Ausgleich *verschmolzen*[594] sind.

Wie die Planungsentscheidung erfolgt auch diese Abwägung relativ frei von normativen Vorgaben. Voraussetzung für eine kompensatorische Abwägung ist, daß die Behörde die einzelnen Umweltbelastungen evaluiert. Wann aber entspricht die Anlage der Pflicht, Energie effizient zu nutzen?

Man wird nicht vorgeben können, wieviel Energie ein bestimmter Anlagentyp verbrauchen darf, um die Pflicht zu erfüllen. Die Behörde muß beurteilen, ob der Projektträger seiner Pflicht nachkommt, indem er Anstrengungen unternimmt, den Energieverbrauch niedrig zu halten. Ein mögliches Mehr an Energieverbrauch und ein höheres Abfallaufkommen müssen in Verhältnis gestellt werden zu einem Mehr an Emissionen. Das erfordert eine an den verfassungsrechtlichen und allgemeingesetzlichen Vorgaben orientierte Bewertung der einzelnen Umweltauswirkungen. Die IVU-Richtlinie selber liefert als Maßstab für die Entscheidung nur das Planungsziel. Wie für die UVP ist vor dem Hintergrund des Planungsziels eine bewertende Darstellung der Gesamtbelastungen der Umwelt notwendig.[595] Ein Instrument, das die Abwägungsentscheidung vorgeben könnte, wie Verrechnungseinheiten, die erlauben würden, verschiedene Auswirkungen auf die Umwelt gegenüberzustellen und zu saldieren, ist noch nicht entwickelt worden. Es handelt sich um eine mehrdimensionale komplexe Materie auf unsicherer Tatsachengrundlage, die sich nicht in klare materielle Vorgaben kleiden läßt. Die vorsorgebezogene Abwägung entspricht einem Bewirtschaftungs-

---

594 So der von WAHL bezogen auf die Kompensation einzelner Interessen verwendete Ausdruck, DVBl. 1982, 51 (55).

595 Vgl. zur UVP: BVerwG, Urt. v. 18.5.1995, DÖV 1995, 951 (952) unter bezug auf ERBGUTH/SCHINK, § 1 Rn. 8.

ermessen wie es im Bereich des Wasserrechts besteht. Analog zur Bewirtschaftung des Wassers geht es bei der Ressourcenvorsorge um die Bewirtschaftung von Energie und Rohstoffen.

Ein weiterer wesentlicher Unterschied zwischen der gebundenen Genehmigung und der Planungsentscheidung besteht hinsichtlich der Möglichkeit, Alternativen zu prüfen. Das ist im Rahmen der gebundenen Genehmigung nicht möglich,[596] während die Frage nach Planungsvarianten Teil der planerischen Gestaltungsfreiheit ist.[597] Auch in diesem Bereich bewirkt die Umsetzung des integrierten Konzepts Veränderungen.

Wie gezeigt wurde, kann die Behörde die beste Lösung für die Umwelt nur über eine Alternativenprüfung ermitteln. Zu einer solchen ist sie in der Konsequenz des integrierten Konzepts berechtigt und verpflichtet.[598] Sie kann dabei auf die Ergebnisse der UVP aufbauen, die die Behörde gemäß Art. 9 Abs. 2 IVU-RL und Art. 8 UVP-RL berücksichtigt. Bisher dient die UVP nur dem Sammeln von Informationen über die möglichen Umweltauswirkungen der Anlage. Die Genehmigungsbehörde muß das Ergebnis der UVP in ihre Erwägungen einbeziehen, ohne daß dies materielle Auswirkungen auf die Genehmigungsentscheidung hat.[599] Es fehlt ein dem integrierten Ansatz der UVP-Richtlinie entsprechendes materielles Genehmigungsprogramm. Jetzt tritt mit der Umsetzung der IVU-Richtlinie die Situation ein, die über die restriktive Auslegung des § 12 UVPG und des Art. 8 UVP-RL bislang verhindert worden ist.[600] Mit der materiellen Umsetzung des integrierten Ansatzes der UVP-Richtlinie durch die IVU-Richtlinie ist eine kritische Schwelle überschritten. Zur UVP gehören die vom Antragsteller gemäß Art. 5 Abs. 3 der geänderten UVP-RL einzureichenden Unterlagen über die wesentlichen von ihm geprüften Alternativen. Die Erkenntnisse der dem Vorhabenträger auferlegten Alternativenprüfung[601] finden somit Eingang in das Genehmigungsverfahren. Da Ziel des Genehmigungsverfahrens die Ermittlung der besten Lösung für die Umwelt ist, wertet die Behörde auch die geprüften Alternativen aus. Stellt sich dabei heraus, daß eine andere tech-

---

596 Siehe Teil 2, § 4 A. II.

597 Vgl. BVerwG, Urt. v. 30.5.1984, BVerwGE 69, 257 (273); Urt. v. 22.3.1985, 71, 167, (171-172); Urt. v. 5.12.1986, 75, 214 (237, 246, 253); Beschl. v. 20.12.1988, 81, 128 (136).

598 Siehe Teil 2, § 4 A. I. 4. b).

599 BVerwG, Urt. v. 25.1.1996, BVerwGE 100, 238 (243).

600 Siehe Teil 2, § 3 A. I.

601 Siehe Teil 1, § 1 B. III.

nische Alternative aus Sicht der Behörde die schonendere Variante wäre, lehnt sie den Genehmigungsantrag ab. Denn dann ist die Voraussetzung, ein möglichst hohes Schutzniveau für die Umwelt insgesamt zu gewährleisten, bezogen auf die beantragte Anlage nicht gegeben. Nach der bisherigen Genehmigungsstruktur des BImSchG hingegen obliegt die Wahl der Alternative allein dem Betreiber. Durch die Verpflichtung der Behörde, die für die Umwelt beste Lösung zu ermitteln und durchzusetzen, erhält sie Einfluß auf die Wahl der Anlagenkonzeption. Der Projektträger muß gegenüber der Behörde rechtfertigen, warum er die beantragte und nicht eine andere Variante gewählt hat. Nimmt man an, daß das Planungsziel der besten Lösung für die Umwelt eine materielle Genehmigungsvorgabe darstellt, ist es der entscheidende Maßstab für die Behörde dafür, ob sie dem Antrag stattgibt oder nicht.

Das Artikelgesetz hebt damit auf der Ebene der Vorsorgeentscheidung die wesentlichen Unterschiede zur planerischen Gestaltungsfreiheit auf. Die Behörde kann die einzelnen Vorsorgeaufträge kompensatorisch ausgleichen, muß die verschiedenen Belange frei gewichten und ist zu einer Prüfung von Alternativen verpflichtet. Bei gleichzeitiger Beibehaltung der gebundenen Genehmigung führt das integrierte Konzept dazu, daß die Vorsorgeentscheidung zu einer planerischen Entscheidung umgestaltet wird.

§ 2 Die Kontrolldichte der Gerichte

Es stellt sich im Anschluß die Frage, ob die Veränderung der Entscheidungsstruktur sich auch auf die gerichtliche Kontrolldichte auswirkt. Eine explizite Aussage trifft die IVU-Richtlinie zu diesem Punkt nicht. Sie verlangt nur die Umsetzung des integrierten Konzepts. Aus diesem könnte sich aber ergeben, daß mit der Zunahme der planerischen Elemente, zwangsläufig eine Rücknahme der gerichtlichen Kontrolldichte verbunden ist. Grundsätzlich sind die Gerichte zur uneingeschränkten Nachprüfung von Akten der öffentlichen Gewalt befugt und verpflichtet. Dazu gehört auch die Überprüfung und Anwendung unbestimmter Rechtsbegriffe. Dies ist Ausdruck der verfassungsrechtlichen Wertung des Art. 19 Abs. 4 GG.[602] Ausnahmsweise können einzelne Beurteilungen der gerichtlichen Kontrolle entzogen sein, wenn sich dem Gesetz eine Einschätzungsprärogative der Verwaltung entnehmen läßt.[603] Das wäre vorliegend dann der Fall, wenn das integrierte Konzept die Letztentscheidungskompetenz der Exekutive zuweist.

Bisher hat die Rechtsprechung im Rahmen der gebundenen Entscheidung nach dem BImSchG Beurteilungsspielräume der Behörde auf der Ebene der Genehmigungserteilung nicht anerkannt.[604] Die Rechtsprechung, die bei sog. Risiko- bzw. Prognoseentscheidungen die Kontrolle auf die Überprüfung der zugrunde liegenden Daten und Fakten und die methodische Erarbeitung der Risikoprognose beschränkt, hat im Bereich

---

602 Vgl. BVerfG, Beschl. v. 5.2.1969, 15, 275 (282); Beschl. v. 8.7.1982, 61, 82; BVerwG, Urt. v. 1.3.1990, DVBl. 1991, 46 (47-48); SCHULZE-FIELITZ, in: DREIER, Art. 19 IV, Rn. 87; PAPIER, § 154 Rn. 59; Maunz/Dürig-SCHMIDT-AßMANN, Art. 19 IV, Rn. 189; vgl. zur Diskussion über die Überprüfbarkeit unbestimmter Rechtsbegriffe auch: ULE, in: Forschungen, S. 309-330; DERS., VerwArch Bd. 76 (1985), 1 (15-19); BACHOF, JZ 1955, 97-102; REDEKER, DÖV 1971, 757-762; DERS., NVwZ 1992, 302-309; OSSENBÜHL, DÖV 1972, 401-405; BADURA, in: FS Bachof, S. 169-189; PAPIER, DÖV 1986, 621-628; RENGELING, DVBl. 1986, 265-271; GUSY, DVBl. 1987, 497-505; BREUER, NVwZ 1988, 104-115; HERDEGEN, JZ 1991, 747-751; WAHL, NVwZ 1991, 409-418; WILKE, Jura 1992, 186-193; SCHULZE-FIELITZ, JZ 1993, 772-781.

603 BVerfG, Beschl. v. 16.12.1992, BVerfGE 88, 40 (58-61); Urt. v. 17.4.1991, 84, 34 (50); Maunz/Dürig-SCHMIDT-AßMANN, Art. 19 IV, Rn. 189; SCHULZE-FIELITZ, JZ 1993, 772 (776); SENDLER, UPR 1993, 321 (327).

604 BVerwG, Urt. v. 17.2.1978, BVerwGE 55, 250 (253); SCHULZE-FIELITZ, in: DREIER, Art. 19 IV, Rn. 101; JARASS, BImschG, § 5 Rn. 116-117, § 6 Rn. 26, § 48 Rn. 16; Landmann/Rohmer-KUTSCHEID, § 3 Rn. 18a, 18c.

des Umweltrechts nur bezogen auf das Gentechnik-[605] und Atomrecht[606] Bedeutung erlangt. Der Exekutive steht aber auch im Rahmen des BImSchG ein Standardisierungsspielraum zu. Dieser liegt nicht auf der Ebene der einzelnen Entscheidung, sondern auf der Ebene der Verwaltungsvorschriften. Nach der Rechtsprechung des BVerwG sind sog. normkonkretisierende Verwaltungsvorschriften wie die TA Luft auch im gerichtlichen Verfahren zu beachten. Sie stellen durch die Art und Weise ihrer Ermittlung eine geeignete, wenn auch nicht optimale Erkenntnisquelle für die Frage dar, ob Immissionen geeignet sind, Gefahren oder erhebliche Belästigungen herbeizuführen. Wegen ihres sachlich fundierten fachlichen Aussagegehalts sind sie im Unterschied zu sonstigen Verwaltungsrichtlinien, die Gegenstand und nicht Maßstab der gerichtlichen Kontrolle sind, auch für die Gerichte bedeutsam.[607] Sie enthalten dabei Wertungen der Exekutive. Die Gerichte prüfen, ob die im Gesetz getroffenen Wertungen beachtet worden sind und die Vorschrift den gesetzlichen Vorgaben entspricht. Erst wenn die Vorschrift nicht mehr als Konkretisierung des Gesetzes verstanden werden kann, weil beispielsweise die vorgeschriebenen Grenzwerte den Stand der Technik auch unter Berücksichtigung der wertenden Abwägung in keiner Weise mehr wiedergeben, besteht eine Verwerfungskompetenz.[608] Nicht ausreichend dafür ist, daß im Rahmen der gesetzlichen Vorgaben auch eine andere Wertung denkbar wäre. Die Gerichte müssen berücksichtigen, daß die Vorsorgewerte Ergebnis eines komplexen Abwägungsvorgangs sind, den sie in diesem Fall nachvollziehen. Nur wenn am Ende dieser Abwägung die Gewißheit steht, daß ein Grenzwert den Stand der Technik

---

605 BVerwG, Beschl. v. 15.4.1999, NVwZ 1999, 1232 (1233); OVG Hamburg, Beschl. v. 27.1.1995, ZUR 1995, 93 (94); OVG Berlin, Beschl. v. 29.3.1994, ZUR 1994, 206 (208).

606 Vgl. BVerwG, Urt. v. 14.1.1998, NVwZ 1998, 628 (629); Urt. v. 22.1.1997, NVwZ 1998, 623 (625); Urt. v. 19.12.1985, BVerwGE 72, 300 (316-317); Urt. v. 22.10.1987, 78, 177 (180); Urt. v. 9.9.1988, 80, 207 (217); Urt. v. 19.1.1989, 81, 185 (190); BVerfG, Beschl. v. 8.8.1978, BVerfGE 49, 89 (135-140); Beschl. v. 8.7.1982, 61, 82 (114-115).

607 Ständige Rechtsprechung: BVerwG, Urt. v. 17.2.1978, BVerwGE 55, 250 (255-256); Beschl. v. 15.2.1988, DVBl. 1988, 539; Beschl. v. 10.1.1995, DVBl. 1995, 516 (517); Beschl. v. 21.3.1996, NuR 1996, 522 (523); Urt. v. 14.1.1998, NVwZ 1998, 628 (629); VGH Mannheim, Urt. v. 28.6.1995, NVwZ 1996, 297 (298); OVG Koblenz, Urt. v. 4.3.1986, NVwZ 1988, 176 (178); Beschl. v. 11.6.1990, NVwZ 1991, 86 (87). Zu diesem Komplex: BADURA, in: FS Bachof, S. 169 (174-178); PAPIER, § 154 Rn. 68-72; Maunz/Dürig-SCHMIDT-AßMANN, Art. 19 IV, Rn. 206; SCHULZE-FIELITZ, in: DREIER, Art. 19 IV, Rn. 101-104; Landmann/Rohmer-KUTSCHEID, § 3 Rn. 19f; SENDLER, UPR 1993, 321-329; JARASS, JuS 1999, 105 (108-111); TRUTE, S. 339 ff; WAHL, NVwZ 1991, 409 (411-412); WILKE, Jura 1992, 186 (191-193).

608 BVerwG, Beschl. v. 21.3.1996, NuR 1996, 522 (523); Landmann/Rohmer-KUTSCHEID, § 3 Rn. 19f; JARASS, JuS 1999, 105 (110).

nicht mehr verkörpert, sondern von der technischen Entwicklung überholt ist oder eine atypische Konstellation vorliegt, verwirft das Gericht die Vorschrift.[609] Die Literatur hat bestimmte Kriterien entwickelt, die erfüllt sein müssen, um einer Verwaltungsvorschrift eine entsprechende Richtigkeitsgewähr zuzusprechen. Es muß eine normative Ermächtigung wie in § 48 BImSchG zur Ausarbeitung einer Verwaltungsvorschrift bestehen. Die Verwaltungsvorschrift muß in hohem Maße auf besonderem technisch-wissenschaftlichem Sachverstand beruhen und das Verfahren zum Erlaß der Vorschrift muß so geregelt sein, daß es eine besondere Richtigkeitsgewähr garantiert, die die Rücknahme der Kontrolldichte rechtfertigt.[610]

Die Gerichte erkennen damit die Wertungen der Exekutive an und räumen ihr einen nur begrenzt kontrollierbaren Standardisierungsspielraum ein. Die Frage, wann die Pflichten des § 5 Abs. 1 BImSchG erfüllt sind, unterliegen damit, soweit sie in Verwaltungsvorschriften präzisiert sind, keiner vollen Überprüfung durch die Gerichte. Die Letztentscheidungskompetenz obliegt der Exekutive. Daraus folgt allerdings nicht, daß der Behörde bei Einzelfallentscheidungen, die nicht durch die jeweilige Verwaltungsvorschrift geregelt sind, ein Beurteilungsspielraum zusteht.[611] Ob es konsequent ist, zwischen der Standardisierung und der Einzelfallentscheidung zu unterscheiden, erscheint fraglich. Denn daß es sich um wertende Entscheidungen handelt und das Gesetz nicht nur eine mögliche Wertung erlaubt, gilt für beide Fälle gleichermaßen.[612] Als Argument dagegen läßt sich anführen, daß der einzelnen Entscheidung der Behörde keine dem Verfahren zum Erlaß von Verwaltungsvorschriften entsprechende Richtigkeitsgewähr zukommt.[613] Ein gerichtlich nur eingeschränkt überprüfbarer Spielraum der Exekutive besteht also nach der Rechtsprechung allein auf der Ebene der konkretisierenden Verwaltungsrichtlinien.

Bisher hat das BVerwG die Rechtsprechung zum Atom- und Gentechnikrecht nicht auf andere ähnlich strukturierte Bereiche des technischen Umweltrechts übertragen, obwohl beispielsweise die Entscheidung nach dem BImSchG durchaus Parallelen zu der Struktur der atomrechtlichen Genehmigung aufweist.

---

609 Vgl. vorige Fußnote.

610 Vgl. BADURA, in: FS Bachof, S. 169 (176-177); Maunz/Dürig-SCHMIDT-AßMANN, Art. 19 IV, Rn. 206; WAHL, NVwZ 1991, 409 (412); BENDER/SPARWASSER/ENGEL, Rn. 4/35; JARASS, JuS 1999, 105 (109).

611 JARASS, BImSchG, § 48 Rn. 18; DERS., JuS 1999, 105 (109); a.A. TRUTE, S. 317 ff.

612 Vgl. TRUTE, S. 316; FELDHAUS, DVBl. 1981, 165 (170).

613 WAHL, NVwZ 1991, 409 (414).

Das BVerwG hat seine Rechtsprechung zum Atomrecht zuerst im Wyhl-Urteil[614] mit mehreren Argumenten begründet: Es nimmt an, daß der Gesetzgeber der Exekutive die Letztentscheidungskompetenz zugewiesen hat und den Gerichten damit die Möglichkeit der gerichtlichen Vollkontrolle genommen ist.[615] Über den Vorsorgemaßstab des Standes der Wissenschaft und Technik sei die Verantwortung für die Risikoermittlung und Bewertung der Exekutive zugewiesen. Den Gerichten stünde es nicht zu, im Wege der nachträglichen Kontrolle die der Exekutive obliegende Wertung wissenschaftlicher Streitfragen und die daraus folgende Risikoabschätzung durch eine eigene Bewertung zu ersetzen.[616] Sowohl das BVerwG als auch das BVerfG stellen dabei in Abgrenzung zum Stand der Technik auf den Maßstab des Standes der Wissenschaft und Technik ab. In die damit verbundene wissenschaftliche Diskussion sollen die Gerichte nicht einsteigen.[617] Dies entspräche auch der verfassungsrechtlichen Abgrenzung der Gewalten. Art. 19 Abs. 4 GG stünde dem nicht entgegen. Der Gesetzgeber habe in zulässiger Weise der Exekutive die Kompetenz zugewiesen, die nicht durch eine Ausweitung der gerichtlichen Kontrolldichte wieder in Frage gestellt werden könne.[618] Die Behörden seien für die Bewältigung der gestellten Vorsorgeaufgabe sehr viel besser ausgerüstet als die Verwaltungsgerichte.[619] Auf diese Begründung bezieht sich das BVerwG in den nachfolgenden Urteilen[620] und überträgt sie auf das Gentechnikrecht.[621]

Das BVerfG hat in seiner Rechtsprechung die Anforderungen an die Anerkennung von Beurteilungsspielräumen der Exekutive präzisiert.[622]

---

614 BVerwG, Urt. v. 19.12.1985, BVerwGE 72, 300; dazu aus der umfangreichen Literatur: WAHL, NVwZ 1991, 409 (418) m.w.N.; JARASS, JuS 1999, 105-112; SELLNER, NVwZ 1986, 616-620; BREUER, NVwZ 1988, 104-115; Maunz/Dürig-SCHMIDT-AßMANN, Art. 19 IV, Rn. 180 ff.; BADURA, in: FS Bachof, S. 169 (175 ff.); RENGELING, DVBl. 1986, 265-271; GUSY, DVBl. 1987, 497-505.

615 BVerwG, Urt. v. 19.12.1985, BVerwGE 72, 300 (317); BVerfG, Beschl. v. 8.8.1978, BVerfGE 49, 89 (138); Beschl. v. 8.7.1982, 61, 82 (114-115).

616 BVerwG, Urt. v. 19.12.1985, BVerwGE 72, 300 (317).

617 BVerfG, Beschl. v. 8.8.1978, BVerfGE 49, 89 (135-137); BVerwG, Urt. v. 19.12.1985, BVerwGE 72, 300 (316-318); Beschl. v. 15.4.1999, NVwZ 1999, 1232 (1233).

618 BVerwG, Urt. v. 19.12.1985, BVerwGE 72, 300 (316-318).

619 BVerwG, Urt. v. 19.12.1985, BVerwGE 72, 300 (317); BVerfG, Beschl. v. 8.8.1978, BVerfGE 49, 89 (139-140).

620 BVerwG, Urt. v. 22.10.1987, BVerwGE 78, 177 (180) (Brokdorf); Urt. v. 9.9.1988, 80, 207 (217) (Mülheim-Kärlich); Urt. v. 19.1.1989, 81, 185 (190) (Neckarwestheim).

621 BVerwG, Beschl. v. 15.4.1999, NVwZ 1999, 1232 (1233).

622 BVerfG, Beschl. v. 27.11.1990, BVerfGE 83, 130; Urt. v. 22.10.1991, 85, 36; Beschl. v. 16.12.1992, 88, 40; Beschl. v. 17.4.1998, 84, 34.

Danach reicht weder die besondere fachliche Kompetenz oder der spezielle Sachverstand einer Behörde noch die Komplexität bestimmter schwieriger fachlicher Bewertungen für die Annahme aus, daß der Exekutive ein Beurteilungsspielraum zustehen soll. Dies lasse sich durch das Fachwissen von Sachverständigen aufwiegen.[623] Ebensowenig reichten prognostische Elemente.[624] Entscheidende Bedeutung mißt das BVerfG dem Fehlen materieller Vorgaben zu. Damit habe der Gesetzgeber der Verwaltung die Letztentscheidungskompetenz zugewiesen. Dies hätten die Gerichte zu respektieren.[625] Je geringer die Dichte des Gesetzes ist und je weniger Vorgaben der Gesetzgeber der Verwaltung an die Hand gibt, desto eher kann aus den fehlenden Maßstäben für eine gerichtliche Überprüfung darauf geschlossen werden, daß die Letztentscheidungskompetenz der Exekutive zugewiesen sein soll. Nicht der faktische Spielraum, sondern die Ermächtigung des Gesetzgebers führt zur Letztentscheidungskompetenz der Verwaltung.[626] Hinsichtlich der verfassungsrechtlichen Zulässigkeit ist die Bedeutung der betroffenen Grundrechte zu berücksichtigen.[627]

Die durch das integrierte Konzept der IVU-Richtlinie bedingte strukturelle Veränderung der Entscheidung nach dem BImSchG könnte vor dem Hintergrund dieser Rechtsprechung zur Rücknahme der Kontrolldichte führen.

Wie im Bereich des Atomrechts ist die Genehmigungsentscheidung nach dem BImSchG geprägt von der Aufgabe der Exekutive, Kriterien zu entwickeln, um das Gebot der Vorsorge inhaltlich auszufüllen. Aufgrund der wissenschaftlichen Erkenntnisdefizite im Bereich der vernetzten Umwelt erhält die Vorsorgeentscheidung den Charakter einer

---

623 BVerfG, Beschl. v. 16.12.1992, BVerfGE 88, 40 (58); Beschl. v. 17.4.1998, 84, 34 (55).

624 BVerfG, Beschl. v. 16.12.1992, BVerfGE 88, 40 (58); BVerwG, Urt. v. 10.11.1988, BVerwGE 81, 12 (17).

625 BVerfG, Beschl. v. 16.12.1992, BVerfGE 88, 40 (61).

626 Maunz/Dürig-SCHMIDT-AßMANN, Art. 19 IV, Rn. 184-187; PAPIER, § 154 Rn. 66. BVerfG, Beschl. v. 8.7.1982, BVerfGE 61, 82 (111, 114). Zur normativen Ermächtigungslehre: BACHOF, JZ 1955, 97-102; WAHL, NVwZ 1991, 409 (410-412); BADURA, in: FS Bachof, S. 169 (172); SCHULZE-FIELITZ, JZ 1993, 772 (774, 777); DERS., in: DREIER, Art. 19 IV, Rn. 92;. ULE stellt maßgeblich auf die Wertungselemente ab, in: Forschungen, S. 309-330; DERS., VerwArch Bd. 76 (1985), 1 (15-19). Mit einem Überblick über die Entwicklung der Diskussion: TRUTE, S. 305-314. Kritisch: SENDLER, DVBl. 1994, 1089 (1092).

627 Vgl. BVerfG, Beschl. v. 17.4.1991, BVerfGE 84, 34 (53-55); Urt. v. 22.10.1991, 85, 36 (57 f.); Beschl. v. 27.11.1990, 83, 130 (148); BVerwG, Urt. v. 15.4.1988, BVerwGE 79, 208 (214). Zu dieser Einschränkung ausführlich: SCHULZE-FIELITZ, JZ 1993, 772 (775-777); DERS., in: DREIER, Art. 19 IV, Rn. 98; GEIS, NVwZ 1992, 25-31; kritisch REDEKER, NVwZ 1992, 302-309.

Prognoseentscheidung auf unsicherer Tatsachengrundlage. Die jeweiligen den Stand der Technik konkretisierenden technischen Anleitungen sind das Ergebnis einer umfangreichen Abwägung der verschiedenen Belange. Zu berücksichtigen sind die grundrechtlichen Positionen der Betreiber und der Immissionsbetroffenen sowie wirtschaftliche Aspekte. Dasselbe gilt für die einzelne Entscheidung. Bei der Beurteilung der Auswirkungen ist die Umwelt in ihrer Vernetztheit unter Einschluß der Wechselwirkungen zu betrachten. Das verstärkt den Charakter als Prognoseentscheidung, da die Wirkungsmechanismen nicht voll erforscht sind. Hinzu kommen mit der Umsetzung der IVU-Richtlinie weitere in der Abwägung zu berücksichtigende Vorsorgeaufträge, die die Abwägung komplexer machen, und die zwingende Berücksichtigung der Umstände des Einzelfalls bei gleichzeitiger Abwesenheit von materiellen Entscheidungsmaßstäben.

In Abgrenzung der Rechtsprechung zum Atomrecht sieht WAHL einen qualitativen Unterschied zum sonstigen technischen Umweltrecht darin, daß es sich im Atom- und Gentechnikrecht um hypothetische Risiken handele. Es fehle an der langjährigen Erfahrung mit eingetretenen und verwirklichten Risiken.[628] Ein grundsätzlicher Unterschied zum BImSchG liegt darin nicht. Zum einen besteht auch im Bereich des Atomrechts Erfahrung mit bereits eingetretenen Risiken. Zu nennen sind nur die Reaktorkatastrophen von Harrisburg und Tschernobyl. Zum anderen muß die Exekutive, beispielsweise bei der Zulassung von chemischen Betrieben, Risiken beurteilen, bei denen sie nur über theoretisches Wissen verfügt. Auch das Risikopotential ist zum Teil vergleichbar, wenn man an die Katastrophen von Seveso oder Bhopal denkt. Die Komplexität der Entscheidung und das Erfordernis einer Prognoseentscheidung auf unsicherer Tatsachengrundlage allein reichen aber, wie das BVerfG ausgeführt hat, nicht aus, um darauf zu schließen, daß der Gesetzgeber die Letztentscheidungskompetenz der Exekutive zuweisen wollte.

Wie dargelegt, erhöht die IVU-Richtlinie aber nicht nur die Komplexität des Genehmigungsprogramms, sondern verstärkt auf der Ebene der Vorsorge die planerischen Elemente. Um die beste Lösung für die Umwelt durchzusetzen muß die Behörde die verschiedenen Vorsorgeanforderungen gewichten und gegeneinander abwägen. Einzelne Belange können dabei durch Kompensation überwunden werden. Ähnlich wie bei der Planungsentscheidung muß die Behörde die verschiedenen Belange zunächst bewerten, dann gegenüberstellen und anschließend entscheiden, welche Lösung dem vorgegebenen Ziel entspricht. Dabei prüft

---

628 WAHL, NVwZ 1991, 409 (410).

sie auch Alternativplanungen. Schon diese Nähe der integrierten Vorsorgeentscheidung zur Planungsentscheidung spricht für die analoge Beschränkung der gerichtlichen Kontrolldichte.

Die IVU-Richtlinie siedelt die Entscheidung über die beste Lösung auf der Ebene der Exekutive an. Die Behörde muß mit Hilfe der *BAT-Notes* entscheiden, welche Anlagenkonzeption die beste Lösung für die Umwelt darstellt. Dies erfolgt über die Abwägung der verschiedenen Belange. Die beste Lösung für die Umwelt ist geprägt von der zugrunde liegenden Einschätzung der Genehmigungsbehörde. Die vorzunehmende Auflösung des Interessengeflechts läßt nicht nur eine mögliche Lösung zu. Der von der Behörde favorisierte Ausgleich der Belange ist nicht die einzige Möglichkeit eines Interessenausgleichs und damit nicht das einzige *richtige* Ergebnis. Da die Abwägung nicht bloß nachvollziehend, sondern gestaltend ist, erscheint eine volle gerichtliche Kontrolle als nicht möglich. Das Gericht könnte nur seine Wertung an die Stelle der Wertung der Behörde setzen, ohne daß – bei Berücksichtigung der verfahrensrechtlichen Vorgaben – die Entscheidung der Behörde als rechtswidrig erscheinen würde. Wenn die Bewertung und Abwägung den gesetzlichen Rahmenvorgaben entsprechen und in Anlehnung an § 114 VwGO keine Fehler erkennen lassen, ist davon auszugehen, daß das Gericht, anstatt in der Sache anders zu entscheiden, sich der Bewertung der Behörde anschließt. Es kann sich zwar auf den Standpunkt stellen, daß eine andere Konzeption die beste Lösung für die Umwelt darstellt. Hat die Behörde aber alle Aspekte ermittelt, in die Entscheidung eingestellt, anhand wissenschaftlich korrekter Methoden bewertet und in einen vertretbaren Ausgleich gebracht, kann das Gericht die Entscheidung nur dann aufheben, wenn es eine eigene abweichende Abwägung trifft. Das ist aber nicht Aufgabe der Gerichte. Wenn einziger Fehler der behördlichen Entscheidung ist, daß die Wertung nicht mit der gerichtlichen übereinstimmt, besteht für das Gericht kein Grund, den Bescheid aufzuheben.[629] Es würde sich nicht um die Korrektur einer rechtswidrigen Entscheidung handeln, sondern lediglich um eine andere genauso vertretbare Wertung. Aufgrund der offenen materiellen Vorgaben innerhalb der konditionalen Genehmigungsstruktur hat der Projektträger nur dann Chancen, einen ablehnenden Bescheid oder Nebenbestimmungen anzufechten, wenn die Behörde bei der Zusammenstellung des Materials, bei der Beurteilung oder im Verfahren Fehler gemacht hat. Die vollständige gerichtliche Kontrolle ist also auch dann fiktiv, wenn man eine Einschätzungsprärogative der Behörde ablehnt. Die Offenheit des Tatbestandes bedingt die Beschränkung der gerichtlichen

---

[629] Vgl. ULE, in: Forschungen, S. 309 (326).

Überprüfung auf eine Vertretbarkeits- und Plausibilitätskontrolle.[630] Eine volle gerichtliche Kontrolle scheitert daran, daß es keine präzisen materiellen Vorgaben für die Abwägung gibt. Die Verwaltungsgerichte müssen sich daher zwangsläufig darauf beschränken, zu prüfen, ob die Behörde die jeweiligen Anforderungen an das Verfahren beachtet hat. Es fehlt, und das ist für das BVerfG der entscheidende Punkt für die Anerkennung von Beurteilungsspielräumen, das materielle Entscheidungsprogramm. Die Eigenart des Regelungsbereichs bedingt, daß der Gesetzgeber darauf verzichtet, gesetzliche Maßstäbe festzulegen, sondern die Exekutive auf den dynamischen Stand der Technik verweist. Damit verbunden ist die Aufgabe, diesen durch exekutivische Normsetzung auszufüllen. Der Gesetzgeber hat damit die Letztentscheidungskompetenz auf die Exekutive übertragen. Das bestätigt die IVU-Richtlinie, denn sie weist mit den *BAT-Notes* die Aufgabe der Konkretisierung der besten Lösung für die Umwelt fachkompetenten Gremien zu. Die Letztentscheidungskompetenz beschränkt sich aber nicht auf den Bereich der untergesetzlichen Normgebung. Die vorgebrachten Argumente gelten ebenso für die Einzelfallentscheidung wie auch für die abstrakte Standardisierung. Es geht nicht um die Frage, wann Verwaltungsrichtlinien für die Gerichte verbindlich sind, denn dafür wird ein gewisser Verfahrensstandard verlangt, sondern um die Frage, bei wem generell die Entscheidungskompetenz liegt. Die Aufgabe, Maßstäbe für die Entscheidung und die Abwägung der einzelnen Belange im Einzelfall zu treffen, hat der Gesetzgeber in diesem Fall der Exekutive und nicht den Gerichten zugewiesen. Nach dem nun in das BImSchG übernommenen integrierten Konzept soll die Exekutive die einzelnen Vorsorgeaufträge bewerten, gegeneinander abwägen und ausgleichen, um die beste Lösung für die Umwelt zu ermitteln. Es ist nicht Aufgabe der Gerichte, an die Stelle der wertenden Abwägung der Behörde ihre eigene zu setzen. Damit würden die Gerichte die Rolle der Verwaltung übernehmen. Einen Gewinn an Rechtsschutz für den Bürger hätte dies nicht zur Folge, sondern würde vielmehr zu Rechtsunsicherheit führen, da der Ausgang des Verfahrens nicht vorhersehbar wäre. Gleichzeitig würde aufgrund der aufwendigen Verfahren die Leistungsfähigkeit der Gerichte beeinträchtigt.

Das BVerfG verlangt für die Annahme eines gerichtsfreien Beurteilungsspielraums nicht nur eine Ermächtigung des Gesetzgebers, sondern sieht die Möglichkeit solcher Spielräume begrenzt durch die materiellen Grundrechte. Es kommt auf die Bedeutung des Grundrechts und die Intensität des Eingriffs im Einzelfall an. In besonders sensiblen Bereichen

---

630 Vgl. SENDLER, DVBl. 1994, 1089 (1099); TRUTE, S. 316; ULE, in: Forschungen, S. 309 (326-328).

soll die Rücknahme der gerichtlichen Kontrolle trotz praktischer Schwierigkeiten ausgeschlossen sein. Eine solche Bedeutung hat das BVerfG bisher Art. 12 Abs. 1 GG bei Prüfungsentscheidungen[631], Art. 5 Abs. 3 GG bezogen auf den Hochschulzugang[632] und Art. 5 Abs. 1 GG im Fall *Mutzenbacher*[633] zugesprochen. Ob das Abgrenzungskriterium der Grundrechtsbezogenheit tauglich ist, erscheint zweifelhaft.[634] Eine genaue Grenze läßt sich anhand der Entscheidungen des BVerfG nicht ausmachen. Problematisch ist, daß die Bescheide immer mit Grundrechtseingriffen verbunden sind. Wie oben festgestellt, ist mit einer vollen gerichtlichen Überprüfung nicht zwangsläufig ein Rechtsschutzgewinn zu verzeichnen. Als Faustregel gilt, je stärker einzelne Grundrechte von der jeweiligen Entscheidung betroffen sind, desto geringer muß der Spielraum der Verwaltung gegenüber den Gerichten sein. Vorliegend ist zunächst zu prüfen, in welche Grundrechte die Entscheidung überhaupt eingreifen kann.

Die Letztentscheidungskompetenz der Verwaltung bezieht sich allein auf die Vorsorgeentscheidung. Es kommt daher darauf an, welche Grundrechte sie berührt, nicht darauf, welche Eingriffe mit der eigentlichen Genehmigung verbunden sind. Die Vorsorgeentscheidung kann mehrere Grundrechte tangieren. Auf seiten des Betreibers wird in der Regel die durch Art. 12 Abs. 1 GG geschützte Berufsfreiheit des Unternehmers beschränkt. In Betracht kommen daneben Eingriffe in das durch Art. 14 Abs. 1 GG geschützte Eigentum und die allgemeine Handlungsfreiheit des Art. 2 Abs. 1 GG.[635] Auf seiten der Immissionsbetroffenen kann der Gesundheitsschutz des Art. 2 Abs. 2 GG betroffen sein.[636] Allgemein geht es um die Verfolgung des in Art. 20 a GG normierten Ziels des Schutzes der natürlichen Lebensgrundlagen.

Anders als beispielsweise in den Fällen der Prüfungsentscheidungen, die Fragen der Berufszulassung des Art. 12 Abs. 1 GG betreffen[637], geht es

631 BVerfG, Beschl. v. 17.4.1991, BVerfGE 84, 34 (53-55.); Beschl. v. 17.4.1991, 84, 59 (72, 77-78).

632 BVerfG, Urt. v. 22.10.1991, BVerfGE 85, 36 (57 f.).

633 BVerfG, Beschl. v. 27.11.1990, BVerfGE 83, 130 (148).

634 Vgl. REDEKER, NVwZ 1992, 302 (309).

635 Zur Abgrenzung der verschiedenen Grundrechte und zu den möglichen Eingriffen vgl. TRUTE, S. 244 ff.; MURSWIEK, S. 233-235. Eine ins einzelne gehende Prüfung der Beschränkung der grundrechlichen Freiheiten erübrigt sich hier. Zunächst reicht es aus, festzustellen, wie intensiv eventuelle Eingriffe überhaupt sein können.

636 TRUTE, S. 225 ff.; MURSWIEK, S. 233-235.

637 Vgl. BVerfG, Beschl. v. 17.4.1991, BVerfGE 84, 34 (53-55); Beschl. v. 17.4.1991, 84, 59 (72, 77-78).

nicht um die Frage, ob eine grundrechtliche Freiheit überhaupt wahrgenommen werden kann. Das Maß der zu betreibenden Vorsorge betrifft die Freiheit des Betreibers, seine Anlage so zu gestalten, wie er es möchte. Er muß die nach Auffassung der Behörde beste Lösung für die Umwelt verwirklichen und damit die Konzeption der Anlage an die Vorstellungen der Behörde anpassen. Dadurch wird er in seinen Freiheiten beschränkt, der Eingriff bleibt aber relativ gering, da ihm die angestrebte Tätigkeit nicht untersagt, sondern ihm lediglich vorgeschrieben wird, wie er sie auszuüben hat. Bezogen auf Art. 12 Abs. 1 GG würde es sich um eine Berufsausübungs- nicht um eine Berufszulassungsbeschränkung handeln. Auch ein Eingriff in Art. 14 Abs. 1 GG würde nicht den Kernbereich des Grundrechts betreffen, sondern es nur gemäß Art. 14 Abs. 1 S. 2 GG beschränken. Die Vorsorgeentscheidung berührt auch nicht den Kernbereich des Art. 2 Abs. 2 GG. Die Kompensation einzelner Belange ist im Bereich der Gefahrenabwehr und der Vorsorge gegen unmittelbare Risiken nicht zulässig. Bei der Vorsorgeentscheidung geht es um die Wahrung von Freiräumen bzw. die Schaffung eines Sicherheitsabstandes zur Gefahrenschwelle und um Ressourcenvorsorge. Sie dient dem Schutz der Lebensgrundlagen zukünftiger Generationen und nicht dem unmittelbaren Gesundheitsschutz der Immissionsbetroffenen. Die Grundrechtsrelevanz der Vorsorgeentscheidung ist damit deutlich geringer als im Fall einer Prüfungsentscheidung, einer Hochschulzugangsbeschränkung oder der Indizierung einer Schrift als jugendgefährdend. Dabei ist auch zu bedenken, daß sich die beschränkte gerichtliche Kontrolle nur auf einen Teilbereich einer grundsätzlich voll überprüfbaren Genehmigungsentscheidung beschränkt. Der Gesetzgeber hat der Grundrechtsrelevanz bereits Rechnung getragen, indem er die Kontrolle nur bezogen auf einen Ausschnitt der Entscheidung zurücknimmt. Die Grundrechtsrelevanz der Vorsorgeentscheidung bleibt damit im Vergleich zu den oben zitierten Entscheidungen des BVerfG insgesamt gering und steht prinzipiell einer Einschränkung der gerichtlichen Kontrolldichte nicht entgegen.

Aus dem in das BImSchG übernommene integrierten Konzept der IVU-Richtlinie ergibt sich damit, daß die Letztentscheidungskompetenz der Exekutive zugewiesen ist. Die gerichtliche Kontrolle ist beschränkt auf die Überprüfung der Einhaltung der allgemeinen Verfahrensgrundsätze wie im Rahmen der Planentscheidung bzw. des § 114 VwGO.

§ 3 Die Steuerung des Vollzugs

Diese Konsequenzen der IVU-Richtlinie für die Genehmigungsentscheidung und die gerichtliche Kontrolldichte werfen die Frage nach der Steuerung der behördlichen Abwägung auf. Nach dem BImSchG erfolgt sie die über das untergesetzliche Regelwerk. Die Pflichten des § 5 Abs. 1 Nr. 1 und 2 BImSchG sind im Regelfall dann eingehalten, wenn die Anlage den vorgegebenen Grenzwerten entspricht. Es ist festgestellt worden, daß Art. 9 Abs. 8 IVU-RL erlaubt, bindende Vorgaben in Gesetzen zu treffen und nicht verbietet, die Genehmigungsanforderungen durch Verwaltungsvorschriften zu schematisieren. Probleme ergeben sich aus den Anforderungen des zu gewährleistenden integrierten Konzepts, das bindenden Emissionsgrenzwerten entgegensteht.[638] In jedem Fall müssen schematisierte Grenzwerte bei Bedarf in einer zweiten Stufe an die Umstände des Einzelfalls angepaßt werden, um die individuell beste Lösung für die Umwelt durchzusetzen.[639] Das untergesetzliche Regelwerk muß offen sein für die Rezeption des integrierten Konzepts. Durch das Genehmigungsziel der besten Lösung für die Umwelt stehen normierte Grenzwerte unter dem Vorbehalt, daß die gewählte Alternative tatsächlich die für die Umwelt beste Variante darstellt. Die IVU-Richtlinie drängt die vertikale Abschichtung des untergesetzlichen Regelungswerks zurück. Dies läuft dem Ziel eines einheitlichen Emissionsniveaus und eines gleichförmigen Vollzugs der gesetzlichen Vorgaben zuwider. Diese Folge wurde schon frühzeitig prognostiziert und in der Diskussion geäußert. Gewarnt wurde vor einem *globalen und amorphen Abwägungspostulat.*[640]

Es stellt sich die Frage, was für Instrumente die IVU-Richtlinie liefert, die die Rolle des bisherigen untergesetzlichen Regelungswerks als Steuerungsmittel ausfüllen können. In Betracht kommen die *BAT-Notes.* Sie geben Verfahren vor, die typisiert für eine standardisierte Umwelt die Abwägung der Vorsorgebelange abstrakt vorwegnehmen. Sie verkörpern auf europäischer Ebene die besten verfügbaren Techniken. Der wesentliche Unterschied zur deutschen Regelungsphilosophie besteht darin, daß sie keine Emissionsgrenzwerte vorgeben, sondern Verfahren beschreiben.[641]

---

638 Siehe Teil 2, § 3 A. II. 4.

639 Siehe Teil 2, § 3 A. II. 3.

640 So zur IVU-Richtlinie REBENTISCH, NVwZ 1995, 949 (953); zum Umweltgesetzbuch BREUER, Gutachten zum 59. DJT 1992, S. B 56.

641 Siehe Teil 2, § 3 A. II. 5.

Die *BAT-Notes* sind gemäß des durch das Artikelgesetz in deutsches Recht transformierten Anhangs IV der IVU-Richtlinie bei der Ermittlung des Standes der Technik zu berücksichtigen. Steht die Behörde vor der Frage, welche Verfahren dem Stand der Technik entsprechen, darf sie nicht nur auf die TA Luft zurückgreifen, sondern muß gemäß Nr. 12 des Anhangs auch die *BAT-Notes* berücksichtigen. Ungeklärt ist, in welchem Verhältnis diese zueinander stehen. Sowohl die *BAT-Notes* als auch die Vorsorgewerte des untergesetzlichen Regelwerks sind das Ergebnis eines komplexen Abwägungsvorgangs, bei dem wirtschaftliche und umweltpolitische Gesichtspunkte bewertet und gewichtet werden. Die einen binden die Verwaltung in ihrer Eigenschaft als Rechtsverordnungen oder normkonkretisierende Verwaltungsvorschriften, die anderen sind von Expertengruppen erarbeitete technische Regelwerke, die von der europäischen Kommission verkündet werden. Die *BAT-Notes* sind, soweit der nationale Gesetzgeber dies nicht vorschreibt, für die Behörden nicht verbindlich. Sie müssen sie lediglich konsultieren, können aber davon abweichen. Es ist aber aufgrund des hohen Verbreitungsgrads, ihrer Aktualität und Qualität damit zu rechnen, daß sie großen Einfluß auf die Vollzugspraxis haben werden.[642] Will die Behörde ein Verfahren genehmigen, welches in dem jeweiligen Merkblatt nicht aufgeführt ist, wird sie ihre Entscheidung rechtfertigen müssen. Existiert eine *BAT-Note* für eine bestimmte Branche, besteht eine faktische Vermutung dafür, daß die genannten Verfahren den besten verfügbaren Techniken entsprechen und umgekehrt. Ein Abweichen von den Vorgaben ist daher in jedem Fall mit einem erhöhten Begründungsaufwand verbunden.[643] Insbesondere, wenn die *BAT-Note* höhere Anforderungen stellt, als dies bei der jeweiligen technischen Anleitung der Fall ist.

Um solche Konflikte zu vermeiden, will die Bundesregierung die *BAT-Notes* in die TA Luft integrieren. Sie werden bei der aktuellen Novellierung berücksichtigt. Erscheinen weitere Merkblätter oder werden diese neu gefaßt, entscheidet ein beim BMU angesiedelter beratender Ausschuß gemäß Nr. 5.1.1 des Entwurfes zur TA Luft darüber, ob sich aus den *BAT-Notes* weitergehende oder ergänzende emissionsbegrenzende Anforderungen ergeben. Kommt der Ausschuß zu dem Schluß, daß sie höhere Anforderungen stellen und den aktuelleren Stand der Technik wiedergeben, entbindet er die Behörden gemäß Nr. 5.1.1 Entwurf TA Luft von der Einhaltung der jeweiligen Anforderungen. Den europäi-

---

642 Vgl. GUSY, NVwZ 1995, 105 (106-107). Schon jetzt hat der VGH Mannheim unter Bezug auf die BAT-Note für die Zement- und Kalkindustrie erklärt, daß der in der TA Luft festgelegte Grenzwert für Gesamtstaub nicht mehr dem Stand der Technik entspricht, Urt. v. 10.7.2000, DVBl. 2000, 1865 (1866).

643 Vgl. WASIELEWSKI, ZUR 2000, 373 (374).

schen Regelwerken gebührt dann der Vorrang vor der TA Luft. Letztlich wird entscheidend sein, welche Regelwerke in der neueren Fassung vorliegen. Das bedeutet, daß die Abwägung des erforderlichen und vertretbaren Maßes an Vorsorge auf die europäische Ebene verlagert wird.

Im übrigen strebt die Bundesregierung Kontinuität an und will das bisherige System beibehalten. Die technischen Anleitungen wie die TA Lärm und die TA Luft werden oder sind bereits novelliert worden. Es fehlt allerdings an der Einbeziehung der Umstände des Einzelfalls. Die Sonderprüfung nach der TA Luft reicht dafür nicht aus.[644] Ungeklärt ist auch die Frage der Bindungswirkung für die Behörden. Diese müssen berechtigt sein, von Grenzwerten abzuweichen, wenn dies die beste Lösung für die Umwelt erfordert.[645]

Trotz der geplanten Anpassung der TA Luft lassen sich die in den unterschiedlichen Konzepten der Regelwerke angelegten Widersprüche nicht vermeiden. Die *BAT-Notes* sind branchenbezogen und erreichen dadurch ein sehr viel höheres Maß an Genauigkeit als die technischen Anleitungen, die für alle Anlagen gelten und damit gar nicht für jede Branche den Stand der Technik verkörpern können.[646] Damit stellt sich die Frage, wie einzelne Merkblätter in die TA Luft integriert werden sollen. Neue Verfahren, die sich nur auf eine Branche beziehen, führen nicht zu einer Änderung der generellen Emissionsgrenzwerte der TA Luft. Für die einzelne Branche verkörpern die Werte der TA Luft dann aber nicht mehr den Stand der Technik, so daß der Ausschuß beim BMU die Verbindlichkeit aufheben wird. Die *BAT-Notes* werden dazu führen, daß die TA Luft partiell ihre Gültigkeit für einzelne Branchen verliert.[647]

Die *BAT-Notes* sind darüber hinaus gegenüber den technischen Anleitungen im Vorteil, weil sie die besten verfügbaren Techniken über Verfahren beschreiben und nicht nur Grenzwerte festlegen. Damit wird das Problem umgangen, daß es bisher als nicht möglich erscheint, integrierte Grenzwerte zu formulieren. Sie enthalten über die Beschreibung der Verfahren auch mehr Parameter als die jeweiligen technischen Anleitungen oder Rechtsverordnungen, die nur soweit Anhaltspunkte bieten, wie sich die Vorsorgeanforderungen in Grenzwerte fassen lassen. Das vereinfacht den Vollzug. Mit den *BAT-Notes* ist es möglich, das integrierte Konzept auf eine abstrakte Ebene zu heben. Die sonst von der jeweiligen Genehmigungsbehörde vorzunehmende Abwägung der Umweltauswirkungen wird von den Expertenrunden in Sevilla vorweggenommen.

---

644 Siehe Teil 2, § 3 A. III.

645 Siehe, Teil 2, § 3 A. II. 4.

646 Vgl. WAHL/APPEL, S. 153.

647 Vgl. das Urteil des VGH Mannheim, Fn. 642.

Wichtig ist allerdings, daß die *BAT-Notes* regelmäßig überarbeitet werden. Denn sie legen europaweit einen Maßstab für die besten verfügbaren Techniken fest und nehmen dem Begriff damit seine ihm innewohnende Dynamik.

Es sprechen einige Argumente dafür, daß sich die *BAT-Notes* langfristig auf der Ebene des Vollzugs gegenüber der bisherigen Struktur des untergesetzlichen Regelwerks durchsetzen werden. Als Vollzugshilfen stehen beide in einem Konkurrenzverhältnis zueinander. Möglich wäre es, die *BAT-Notes* als untergesetzliches Regelwerk zu übernehmen und sie in diesem Prozeß gegebenenfalls zu modifizieren, statt zu versuchen, sie in die TA Luft zu integrieren. Konsequenz des eingeschlagenen Weges ist, daß zwei Systeme parallel existieren, die sich von der Struktur und im Detail auch in den Anforderungen unterscheiden und damit zu Konflikten führen. Eine volle Rezeption der *BAT-Notes* würde bedeuten, daß diese das bestehende untergesetzliche Regelwerk zum Teil ablösen würden.

Die Steuerung des Vollzugs des integrierten Konzepts kann über die *BAT-Notes* erfolgen. Die mit der IVU-Richtlinie verbundene Rücknahme der horizontalen und der vertikalen Abschichtung wird durch sie ausgeglichen. Der Behörde verbleibt die Aufgabe, die Vorgaben auf den Einzelfall anzuwenden und anzupassen.

Die *BAT-Notes* bringen damit vielleicht die praktisch wichtigste Neuerung im Bereich des Anlagenzulassungsrechts. Sie verkörpern die besten verfügbaren Techniken auf europäischer Ebene und tragen damit mehr als europäische Emissionsgrenzwerte zu einem einheitlichen Emissionsniveau bei.

§ 4 Der Einfluß des integrierten Konzepts auf die Rolle der Verwaltung

Die Umsetzung der IVU-Richtlinie beeinflußt die Rolle der Verwaltung über verschiedene Ebenen. Durch die erhöhte Komplexität des Genehmigungsprogramms verändert sie die Stellung der Genehmigungsbehörde und verlagert die Letztentscheidungskompetenz auf die Exekutive. Der medienübergreifende Ansatz legt die Schaffung einer zentralen Umweltbehörde und eines zentralen Genehmigungsverfahrens nahe.

Gemäß § 10 Abs. 5 BImSchG des Entwurfs sind parallele Genehmigungsauflagen vollständig zu koordinieren. Das Artikelgesetz verstärkt über diese Pflicht und über den medienübergreifenden Ansatz die Entwicklung hin zu einer zentralen Genehmigungsbehörde. Die Koordinierung führt in jedem Fall zu einer engen Verzahnung der einzelnen Verfahren, da die Behörden die jeweiligen Genehmigungsauflagen untereinander abstimmen müssen. Geht beispielsweise das immissionsschutzrechtliche Verfahren dem wasserrechtlichen voraus, ist die Wasserbehörde einzubeziehen. Bereits im ersten Verfahren müssen die im zeitlich späteren wasserrechtlichen Verfahren zu erlassenden Auflagen mit denen der Immissionsschutzbehörde abgestimmt werden. Die Entscheidung der Wasserbehörde wird damit im immissionsschutzrechtlichen Verfahren zum Teil vorweggenommen. Im nachfolgenden wasserrechtlichen Verfahren ist wiederum die Immissionsschutzbehörde zu beteiligen.

In beiden Verfahren müssen die Behörden die Auswirkungen auf die gesamte Umwelt berücksichtigen. Sie können sich nicht, wie es eigentlich der horizontalen Abschichtung entspräche, auf ein Medium konzentrieren. Das führt zu Doppelprüfungen, denn die Immissionsschutzbehörde muß den gesamten Komplex Umwelt in seiner Vernetztheit berücksichtigen, ebenso wie die Wasserbehörde oder andere Fachbehörden. Damit wird die angestrebte Abschichtung der Komplexität zunichte gemacht. Dem medialen System entspräche es, wenn entsprechend den einzelnen Gesetzen jede Behörde ihren Fachbereich abdecken würde, für den sie auch ausgestattet und kompetent ist. Das integrierte Konzept stört dieses System, da die einzelne Behörde sich nicht auf den ihr zugewiesenen Bereich beschränken kann, sondern alle Auswirkungen prüfen muß. Die durch die IVU-Richtlinie bedingte medienübergreifende Novelle des materiellen Rechts bewirkt, daß die Organisation der Umweltbehörden überholt ist. Vorteilhafter wäre es, die Zuständigkeiten zu konzentrieren. Dann könnte man die einzelnen Fachabteilungen behördenintern koordinieren und Reibungsverluste vermeiden. Die IVU-

Richtlinie legt damit wie auch die UVP-Richtlinie nahe, ein einheitliches Genehmigungsverfahren zu schaffen, welches bei einer Behörde angesiedelt ist. Rein praktische Erwägungen sprechen für die Konzentration von Verfahren und Zuständigkeit.[648]

Neben diesem Trend zur Konzentration der Verwaltungskompetenzen stärkt das Artikelgesetz die Rolle der Exekutive gegenüber der Judikative. Die Behörden erhalten durch die erhöhte Komplexität der Vorsorgeanforderungen und die damit verbundene Abwägung der verschiedenen Auswirkungen auf die Umwelt eine mehr gestalterische als nachvollziehende Aufgabe. Da es an einer konkreten Anleitung für die Ermittlung der besten Lösung für die Umwelt und an Parametern für die Saldierung der jeweiligen Auswirkungen fehlt, vergrößert sich ihr Gestaltungsspielraum. Dadurch erhalten Instrumente wie Planungskonferenzen und *scoping*-Verfahren eine größere Bedeutung. Der Projektträger ist aufgrund der Pflicht zur Alternativenprüfung wie schon im Rahmen der UVP darauf angewiesen, den Prüfungsrahmen von vornherein einzugrenzen. Die größeren Freiheiten der Behörden bei der Durchsetzung der besten Lösung für die Umwelt führen dazu, daß die Freiheiten des Betreibers in diesem Maße beschnitten werden. Wie geschildert, bestimmt er nicht mehr völlig autonom über die Ausgestaltung der Anlage, sondern ist auf die Zusammenarbeit mit der Behörde angewiesen, damit er sicher sein kann, daß die von ihm geplante Konzeption auch den Vorstellungen der Genehmigungsbehörde von der besten praktikablen Lösung für die Umwelt entspricht. Die gemäß § 2 Abs. 2 der 9. BImSchV vorgesehene Beratung und der Erörterungstermin gemäß § 2 a der 9. BImSchV erhalten damit für den Betreiber eine noch größere Bedeutung. Die IVU-Richtlinie verstärkt den Trend zu mehr Kooperation zwischen Betreiber und Genehmigungsbehörde.

---

648 Siehe Teil 1, § 2 B. I. 2.

§ 5 Abschließende Bewertung der Novelle

Eine Bewertung des Artikelgesetzes der Bundesregierung kann vor dem Hintergrund des gescheiterten Versuchs einer Umsetzung durch ein UGB nur enttäuschend ausfallen. Neben dem Projekt des UGB sind schon die Möglichkeiten einer Umsetzung im Rahmen der bestehenden Gesetze beschränkt. Von den mit dem UGB geplanten rechtssystematischen Innovationen muß vorerst Abschied genommen werden. Aber auch die begrenzten Möglichkeiten im Rahmen der bestehenden Gesetze hat die Bundesregierung mit ihrem Entwurf zum Artikelgesetz nicht ausgeschöpft.

Sie beschränkt sich darauf, einzelne Vorschriften zu novellieren, und versucht, die Struktur der Genehmigung unangetastet zu lassen. Zwar nimmt sie so die nach der IVU-Richtlinie zu prüfenden Aspekte zum größten Teil in das BImSchG auf. In wesentlichen Punkten entspricht die Umsetzungsstrategie aber nicht dem Geist der Richtlinie.[649] Die Definitionen des § 3 Abs. 1-3 BImSchG werden nicht auf die Medien Wasser und Boden erweitert, obwohl dies eine einfache und naheliegende Möglichkeit gewesen wäre, das medienübergreifende Konzept zu verwirklichen. Ebensowenig nennt § 5 Abs. 1 Nr. 2 BImSchG nun alle Medien. Boden und Wasser werden statt dessen unter den Begriff der sonstigen Gefahren gefaßt. Die Bundesregierung verzichtet auch auf eine echte Integrations- bzw. Optimierungsklausel, obwohl dies nach einhelliger Meinung und allen Umsetzungskonzepten ein wichtiges Element des integrierten Ansatzes ist.[650] Die zweite Stufe der Ableitung der Emissionswerte, die Ermittlung der besten Lösung für die Umwelt bezogen auf den Einzelfall, wird ignoriert. Die Bundesregierung hält am bestehenden System des untergesetzlichen Regelwerks fest, in der Annahme, daß es gelingen werde, medienübergreifende Grenzwerte festzuschreiben. Tatsächlich wird dieses Problem nicht gelöst, sondern auf das untergesetzliche Regelwerk verlagert. Auch die Berücksichtigung der *BAT-Notes* folgt keiner überzeugenden Strategie, da sie sich aufgrund ihrer Struktur nicht in das bestehende Regelwerk transferieren lassen.

Zwar werden die Zielbestimmung des § 1 BImSchG und die Definition des Standes der Technik des § 3 Abs. 6 BImSchG medienübergreifend ausgestaltet. Das Genehmigungsziel, die beste Lösung für die Umwelt durchzusetzen, soll nun – entgegen den ersten Absichten – immerhin als Ersatz für eine Optimierungsklausel vor die Grundpflichten des § 5

---

649 Vgl. WAHL, ZUR 2000, 360 (363-364).

650 Siehe Teil 2, § 4 A. II. 2.

Abs. 1 BImSchG gestellt werden. Eine echte Optimierungsklausel hätte aber das Ziel und die Aufgabe der Behörden, die verschiedenen Auswirkungen zu einem für die Umwelt idealen Ausgleich zu bringen, deutlicher zum Ausdruck gebracht und hätte auch als Ansatz für den Vollzug dienen können. Die Aufnahme einer solchen Klausel hätte offengelegt, daß die medienübergreifende Erweiterung des Prüfungsrahmens auf alle Umweltauswirkungen unter der Prämisse der besten Lösung für die Umwelt den Behörden mehr abverlangt, als sie bisher nach dem BImSchG leisten müssen. Dies hätte aber auch den Konflikt mit der Genehmigungsstruktur des BImSchG und die Notwendigkeit eines erweiterten Spielraums der Behörden deutlich gemacht.

Die Bundesregierung versucht, die Veränderungen im deutschen Recht möglichst gering zu halten. Diese Absicht prägt die Umsetzung. Eine signifikante sichtbare Änderung, die einen Paradigmenwechsel im BImSchG kennzeichnen würde, fehlt. Für sich genommen haben die jeweiligen Änderungen nur geringe Auswirkungen. Das Artikelgesetz transportiert aber trotz der vorsichtigen Umsetzung die wesentliche Elemente der IVU-Richtlinie in das BImSchG. Die medienübergreifenden Vorsorgeanforderungen verbunden mit der Ergänzung um die Pflicht zur effizienten Energieverwendung weiten die erforderliche Abwägungsentscheidung aus. Auch ohne die Integrationsklausel muß die Behörde die Anlagenkonzeption mit dem Ziel der besten Lösung für die Umwelt optimieren.[651] Dieses Genehmigungsziel führt die gebundene Entscheidung des BImSchG auf der Ebene der Vorsorge in die Nähe einer Planungsentscheidung. Damit verbunden ist die Rücknahme der gerichtlichen Kontrolldichte, denn die IVU-Richtlinie weist die Letztentscheidungskompetenz der Exekutive zu. Trotz des Versuchs, die *BAT-Notes* in das bestehende untergesetzliche Regelwerk zu integrieren, ist anzunehmen, daß sie im Vollzug eine entscheidende Rolle spielen und langfristig zumindest neben die technischen Anleitungen treten werden.

Mit der Art und Weise der Umsetzung ist nichts gewonnen. Weder ist es möglich, die Genehmigung nach dem BImSchG vor Veränderungen zu bewahren, noch ist es gelungen, die IVU-Richtlinie auf überzeugende Weise in das deutsche Recht einzufügen.

651 Siehe Teil 2, § 4 A. II. 2.

Literaturverzeichnis

ALBIN, SILKE/MÜLLER-KRAENNER, SASCHA:
Deutsche Umweltpolitik in Europa – Abschied von einer Vorreiterrolle, Studie für die Bundestagsfraktion Bündnis 90/DIE GRÜNEN, Berlin (ohne Jahresangabe)

APPEL, IVO: Emissionsbegrenzung und Umweltqualität, DVBl. 1995, 399-408

BACHOF, OTTO: Beurteilungsspielraum, Ermessen und Rechtsbegriff im Verwaltungsrecht, JZ 1955, 97-102

BADURA, PETER: Gestaltungsfreiheit und Beurteilungsspielraum der Verwaltung, bestehend aufgrund und nach Maßgabe des Gesetzes, in: PÜTTNER, GÜNTER u.a. (Hrsg.): Festschrift für Otto Bachof, München 1984, S. 169-189

BALLA, STEFAN/MÜLLER-PFANNENSTIEL, KLAUS:
- „Wechselwirkungen" in planerischer und behördlicher Praxis, Teil A: Begriffsdefinition, UVP-report 1997 Nr. 4+5, 243-246
- „Wechselwirkungen" in planerischer und behördlicher Praxis, Teil B: Planungsmethodische Umsetzung, UVP-report 1998 Nr. 1, 32-36

BECKER, BERND:
Integrierte Vermeidung und Verminderung der Umweltverschmutzung (IVU/IPPC) Richtlinie 96/61/EG des Rates der Europäischen Union – Kommentar –, Loseblatt-Ausgabe, Starnberg Stand 5/2000

BECKMANN, MARTIN, Die Umweltverträglichkeitsprüfung und das rechtssystematische Verhältnis von Planfeststellungsbeschlüssen und Genehmigungsentscheidungen, DÖV 1987, 944-953

BELL, STUART: Ball & Bell on Environmental Law, 4. Auflage, London 1997

BENDER, BERND/SPARWASSER, JÜRGEN/ENGEL, RÜDIGER:
Umweltrecht, 4. Auflage, Heidelberg 2000

BEYER, PETER:
Die Umsetzung der materiellen Anforderungen der IVU-Richtlinie im Gesetzentwurf der Bundesregierung, UPR 2000, 434-438

BÖHM-AMTMANN, EDELTRAUD: Konkretisierung der materiellrechtlichen Anforderungen der IVU-Richtlinie durch untergesetzliche Regelwerke (Art. 16, 18 IVU-RL) sowie damit zusammenhängende Aktivitäten,
in: RENGELING, Auf dem Weg zum Umweltgesetzbuch I, S. 153-165

BOHNE, EBERHARD: Die integrierte Genehmigung als Grundlage der Vereinheitlichung und Vereinfachung des Zulassungsrechts und seiner Verknüpfung mit dem Umweltaudit,
in: RENGELING, Integrierter und betrieblicher Umweltschutz, S. 105-161

BREUER, RÜDIGER:

- Die Fortentwicklung des Wasserrechts auf europäischer und deutscher Ebene, DVBl. 1997, 1211-1223
- Das Umweltgesetzbuch – über das Problem der Kodifikation in der Gegenwart, UPR 1995, 365-369
- Zunehmende Vielgestaltigkeit der Instrumente im deutschen und europäischen Umweltrecht – Probleme der Stimmigkeit und des Zusammenwirkens, NVwZ 1997, 833-845
- Empfiehlt es sich, ein Umweltgesetzbuch zu schaffen, gegebenenfalls mit welchen Regelungsbereichen?,
Gutachten für den 59. Deutschen Juristentag, Band I, Teil B, 1992
- Entwicklungen des europäischen Umweltrechts – Ziele, Wege und Irrwege, Schriftenreihe der Juristischen Gesellschaft zu Berlin, Heft 134, Berlin 1993
- Anlagengenehmigung und Grundpflichten, in: CZAJKA, FS Feldhaus, S. 49-82
- Gefahrenabwehr und Risikovorsorge im Atomrecht, DVBl. 1978, 829-839
- Gerichtliche Kontrolle der Technik, NVwZ 1988, 104-115

BRUIJNES, CHRIS: The integral assessment of BAT, in: UMWELTBUNDESAMT, Workshop on the assessment of cross-media aspects

BUND: Anforderungen an die Umsetzung der IVU-Richtlinie aus Sicht des BUND, UVP-report 1997 Nr. 4+5, 247-250,
(identisch mit: KGV-Rundbrief 1997 Nr. 3 und 4, S. 5-10)

BUNDESMINISTERIUM FÜR UMWELT, NATURSCHUTZ UND REAKTORSICHERHEIT:
- IPC-Planspiel zur europaeinheitlichen Zulassung von Industrieanlagen am 5. Mai 1994 in Bonn – Dokumentation –, Bonn 1994
- Umweltgesetzbuch (UGB-KomE): Entwurf der Unabhängigen Sachverständigenkommission zum Umweltgesetzbuch beim Bundesministerium für Umwelt, Naturschutz und Reaktorsicherheit, Berlin 1998
- Bericht des *ad-hoc* Bund/Länder Arbeitskreises „Fachübergreifendes Umweltrecht" an die 43. Umweltministerkonferenz: Zum Verhältnis medienübergreifender Regelungen für Industrieanlagen im Recht der Europäischen Union, Umwelt Nr. 2/1995 – Sonderteil

BUNDESMINISTERIUM FÜR WIRTSCHAFT (Hrsg.):
- Neue Technologien, 1997
- Investitionsförderung durch flexible Genehmigungsverfahren: Bericht der Unabhängigen Expertenkommission zur Vereinfachung und Beschleunigung von Planungs- und Genehmigungsverfahren (Schlichter-Gutachten), Baden-Baden 1994

BUNDESREGIERUNG:
- Stellungnahme der Regierung der Bundesrepublik Deutschland vom 6.1.1994
- Sechster Immissionsschutzbericht der Bundesregierung, BT-Drucksache 13/4825

BUNDESVERBAND DER DEUTSCHEN INDUSTRIE: Stellungnahme zum Entwurf eines Gesetzes zur Umsetzung der UVP-Änderungsrichtlinie, der IVU-Richtlinie und weiterer EG-Richtlinien zum Umweltschutz, Drs. 14/458 des Bundestagsausschusses für Umwelt, Naturschutz und Reaktorsicherheit, Teil 1, S. 110-126

CALLIESS, CHRISTIAN/RUFFERT, MATTHIAS, Kommentar zum EU- und EG-Vertrag, Neuwied 1999

CASTLE, PAMELA/HARRISON, HELEN: Integrated Pollution Control, London 1996

COENEN, REINHARD /KLEIN-VIELHAUER, SIGRID/MEYER, ROLF: Integrierte Umwelttechnik – Chancen erkennen und nutzen, Studien des Büros für Technikfolgen-Abschätzung beim Deutschen Bundestag, Berlin 1996

CONSERVATION FOUNDATION: Controlling Cross-Media Pollutants, Washington D.C. 1984

CZAJKA, DIETER/HANSMANN, KLAUS/REBENTISCH, MANFRED, Immissionsschutzrecht in der Bewährung, Festschrift für Gerhard Feldhaus, Heidelberg 1999

DEPARTMENT OF THE ENVIRONMENT, TRANSPORT AND THE REGIONS:

- UK Implementation of EC Directive 96/61 on Integrated Pollution Prevention and Control - Consultation Paper -, London Juli 1997
- UK Implementation of EC Directive 96/61 on Integrated Pollution Prevention and Control - Second Consultation Paper -, London Januar 1998
- Third Consultation Paper on the Implementation of the IPPC Directive, London Dezember 1998
- Fourth Consultation Paper on the Implementation of the IPPC Directive, London August 1999

DELLA ROCCA, CARLO: „Integration" at sector and local level: a common denominator, in: UMWELTBUNDESAMT, Workshop on the assessment of cross-media aspects

DI FABIO, UDO/HAIGH, NIGEL: Integratives Umweltrecht: Bestand, Ziele Möglichkeiten, Dokumentation zur 21. wissenschaftlichen Fachtagung der Gesellschaft für Umweltrecht e.V., Berlin 1997

DI FABIO, UDO:

- Integratives Umweltrecht, NVwZ 1998, 329-337 (weitestgehend identisch mit DI FABIO in: DI FABIO/HAIGH, Dokumentation zur 21. wissenschaftlichen Fachtagung der Gesellschaft für Umweltrecht, S. 27-56
- Wege zur Materialisierung des europäischen Umweltrechts, in: RENGELING, Integrierter und betrieblicher Umweltschutz, S. 183-202

DIJKMANS, ROGER: BAT analysis in Flandres: expert evaluation guided by a simple multicriteria analysis, in: UMWELTBUNDESAMT, Workshop on the assessment of cross-media aspects

DOLDE, KLAUS-PETER: Die EG-Richtlinie über die integrierte Vermeidung und Verminderung der Umweltverschmutzung (IVU-Richtlinie) - Auswirkungen auf das deutsche Umweltrecht, NVwZ 1997, 313-320

DOOLITTLE, IAN/SECKER, TONIA: Integrated Pollution Control - EC proposals and UK practice, Environmental Law and Management 1994, 168-174

DREIER, HORST (Hrsg.): Grundgesetz-Kommentar, Band 1, Tübingen 1996

DÜRKOP, JÜRGEN/KRACHT, HARALD/WASIELEWSKI, ANDREAS: Die künftige EG-Richtlinie über die integrierte Vermeidung und Verminderung der Umweltverschmutzung (IVU-Richtlinie), UPR 1995, 425-434

EMMOTT, NEIL/HAIGH, NIGEL: Integrated Pollution Prevention and Control: UK and EC approaches and possible next steps, Journal of Environmental Law 1996 Vol 8 No 2, 301-311

ENVIRONMENT AGENCY: Best Practicable Environmental Option Assessments for Integrated Pollution Control, London 1997

EPINEY, ASTRID/PFENNINGER, HANS-PETER/ GRUBER, RETO: Europäisches Umweltrecht und die Schweiz: neuere Entwicklungen und ihre Implikationen, Bern 1999

EPINEY, ASTRID: Umweltrecht in der Europäischen Union, Köln/Berlin/Bonn/München 1997

- Integrierter Umweltschutz im Anlagengenehmigungsrecht - die Anforderungen der IVU-Richtlinie, in: KOCH, Aktuelle Probleme des Immissionsschutzrechts, S. 7-27

ERBGUTH, WILFRIED: Integrierter Umweltschutz, DÖV 1984, 699-706

ERBGUTH, WILFRIED/SCHINK, ALEXANDER: Gesetz über die Umweltverträglichkeitsprüfung: Kommentar, 2. Auflage, München 1996

ERBGUTH, WILFRIED/STOLLMANN, FRANK: Die Verzahnung der integrativen Elemente von IVU- und UVP-Änderungs-Richtlinie, ZUR 2000, 379-383

FAURE, MICHAEL/LEFEVRE, JÜRGEN: The Draft Directive on Integrated Pollution Prevention and Control: An Economic Perspective, European Environmental Law Review 1996 Vol 5 No 1, 112-122

FEHRMANN, INES/WASIELEWSKI, ANDREAS: Organisation der Industrieanlagenzulassung im Land Brandenburg, ZUR 1998, 232-236

FELDHAUS, GERHARD:
- Entwicklung des Immissionsschutzrechts, NVwZ 1995, 963-972

- Zum Inhalt und zur Anwendung des Standes der Technik im Immissionsschutzrecht, DVBl. 1981, 165-173

- Bundesimmissionsschutzgesetz, Kommentar, Band 1, 2. Auflage, Heidelberg Stand Juli 1999

- Der Vorsorgegrundsatz des Bundes-Immissionsschutzgesetzes, DVBl. 1980, 133-139

FELDMANN, FRANZ-JOSEF: Die Umsetzung der UVP-Änderungsrichtlinie im Ersten Buch zum UGB,
in: RENGELING, Auf dem Weg zum Umweltgesetzbuch I, S. 193-212

- Umweltverträglichkeitsprüfung: Die EG-Richtlinie und ihre Umsetzung in Deutschland, in: RENGELING, Handbuch zum europäischen und deutschen Umweltrecht, Band 1, § 34, S. 1035-1069

FESER, HANS-DIETER/FLIEGER, WOLFGANG/VON HAUFF, MICHAEL: Integrierter Umweltschutz Umwelt- und Ressourcenschonung in der Industriegesellschaft, Regensburg 1996

FESER, HANS-DIETER: Vom End-of-the-Pipe zum integrierten Umweltschutz? Die volkswirtschaftliche Perspektive, in: FESER, Integrierter Umweltschutz, S. 41-56

FLUCK, JÜRGEN: Änderungen genehmigungsbedürftiger Anlagen nach §§ 15, 16 BImSchG i.d.F. der Beschleunigungsnovelle, VerwArch Band 88 (1997), 265-297

- Das Konzept der Vorhabengenehmigung - Eine Stellungnahme zum UGB I aus der Sicht der Industrie -, ZAU 1998, 23-26

- Die Konzentrationswirkung der immissionsschutzrechtlichen Genehmigung und ihre Grenzen, NVwZ 1992, 114-121

FÖRSTNER, ULRICH:
Integrated Pollution Control, Berlin/Heidelberg/New York 1998

FRENZ, WALTER: Europäisches Umweltrecht, München 1997

FÜHR, MARTIN:
- Anlagenänderung durch Anzeige, UPR 1997, 421-431

- TA-Luft - Rechtsgüterschutz durch Verwaltungsvorschrift, IUR 1991, 131-136

GALLAS, ANDREAS: Innerstaatliche Umsetzung der IVU-Richtlinie und der UVP-Änderungsrichtlinie durch ein erstes Buch zum Umweltgesetzbuch, in: RENGELING, Auf dem Weg zum Umweltgesetzbuch I, S. 17-29

GAẞNER, HARTMUT: Stellungnahme zum Entwurf eines Gesetzes zur Umsetzung der UVP-Änderungsrichtlinie, der IVU-Richtlinie und weiterer EG-Richtlinien zum Umweltschutz, Drs. 14/458 des Bundestagsausschusses für Umwelt, Naturschutz und Reaktorsicherheit, Teil 1, S. 2-20

GEIS, MAX-EMANUEL: Josefine Mutzenbacher und die Kontrolle der Verwaltung, NVwZ 1992, 25-31

GELLERMANN, MARTIN/SZCZEKALLA, PETER: Gemeinschaftskonforme Umsetzung von Umweltrichtlinien der EG, NuR 1993, 54-62

GÖRLITZ, AXEL/VOIGT, RÜDIGER (Hrsg.): Jahresschrift für Rechtspolitologie, Regulative Umweltpolitik, Pfaffenweiler 1991

GRABITZ, EBERHARD/HILF, MEINHARD: Kommentar zur Europäischen Union, München Stand Oktober 1999

GRIEM, NIELS: Produktionsintegrierter Umweltschutz, Berlin 2000

GROEBEN, HANS VON DER/THIERING, JOCHEN/EHLERMANN, CLAUS-DIETER: Kommentar zum EU-, EG-Vertrag, 5. Auflage Baden-Baden 1999

GURUSWAMY, LAKSHAM/TROMANS, S.R.:
Towards an Integrated Approach to Pollution Control,
Journal of Planning and Environmental Law 1986, 643-655

GURUSWAMY, LAKSHAM: Integrating thoughtways: Re-opening of the environmental mind, Wisconsin Law Review 1989, 463-537

GUSY, CHRISTOPH: Probleme der Verrechtlichung technischer Standards, NVwZ 1995, 105-112

- Administrativer Vollzugsauftrag und justizielle Kontrolldichte im Recht der Technik, DVBl. 1987, 497-505

HAIGH, NIGEL/IRWIN, FRANCES (Hrsg.): Integrated Pollution Control in Europe and North America, Washington D.C. 1990

HAIGH, NIGEL:
Integratives Umweltrecht – Bestand, Ziele, Möglichkeiten –,
in: DI FABIO/HAIGH, Dokumentation zur 21. wissenschaftlichen Fachtagung der Gesellschaft für Umweltrecht, S. 57-67

HANSMANN, KLAUS:
- Das Konzept der Vorhabengenehmigung - Eine Stellungnahme zum UGB I aus der Sicht des Vertreters eines Landesumweltministeriums -, ZAU 1998, 14-19
- Änderungen von genehmigungsbedürftigen Anlagen im Sinne des Immissionsschutzrechts, DVBl. 1997, 1421-1427
- Inhalt und Reichweite der Reststoffvorschrift des § 5 I Nr. 3 BImSchG, NVwZ 1990, 409-414
- Beschleunigung und Vereinfachung immissionsschutzrechtlicher Genehmigungsverfahren? NVwZ 1997, 105-111
- Prüfung wasserrechtlicher Fragen im integrierten Anlagenzulassungsverfahren, ZfW 1999, 238-247

HAUFF, MICHAEL VON/ SOLBACH, DANIEL: Perspektiven integrierter Umweltschutztechnik in der Bundesrepublik Deutschland, ZfU 1999, 67-85

HEITSCH, CHRISTIAN: Durchsetzung der materiellrechtlichen Anforderungen der UVP-Richtlinie im immissionsschutzrechtlichen Genehmigungsverfahren, NuR 1996, 453-461

HERDEGEN, MATTHIAS: Beurteilungsspielraum und Ermessen im strukturellen Vergleich, JZ 1991, 747-751

HEZEL, CARSTEN: Konkretisierung materiellrechtlicher Anforderungen der IVU-Richtlinie durch untergesetzliche Regelwerke (Art. 16, 18 IVU-RL) sowie damit zusammenhängende Aktivitäten (IMPEL, Umweltaudit),
in: RENGELING, Auf dem Weg zum Umweltgesetzbuch I, S. 179-188

HIEN, ECKART: Die Umweltverträglichkeitsprüfung in der gerichtlichen Praxis, NVwZ 1997, 422-428

HOFFMANN-RIEM, WOLFGANG: Von der Antragsbindung zum konsentierten Optionenermessen, DVBl. 1994, 605-610

HOPPE, WERNER (Hrsg.): Gesetz über die Umweltverträglichkeitsprüfung (UVPG) Kommentar, Köln/Berlin/Bonn/München 1995

HOPPE, WERNER /PÜCHEL, GERALD: Zur Anwendung der Art. 3 und 8 EG-Richtlinie zur UVP bei der Genehmigung nach dem Bundes-Immissionsschutzgesetz, DVBl. 1988, 1-12

HOWARTH, WILLIAM: Umweltrecht und Vollzug des Umweltrechts in England und Wales, in: LÜBBE-WOLFF, Der Vollzug des europäischen Umweltrechts, S. 37-69

IRWIN, FRANCES:
- An Integrated Framework for Preventing Pollution and Protecting the Environment, Environmental Law Northwestern School of Law of Lewis and Clark College 1992 Vol 22 No 1, 1-76
- Introduction to Integrated Pollution Control, in: HAIGH/IRWIN, Integrated Pollution Control in Europe and North America, S. 3-30

JANKOWSKI, KLAUS:
- Eine Einführung in das System der Integrated Pollution Control im englischen Umweltrecht, NuR 1997, 113-121
- Die Neustrukturierung der britischen Umweltverwaltung, ZUR 1998, 237-245
- Der Fragebogen der EG-Kommission zur IVU-Richtlinie, UPR 1999, 437-440

JARASS, HANS D.:
- Bundes-Immissionsschutzgesetz (BImSchG), - Kommentar -, 4. Auflage München 1999
- Neue (und alte) Probleme bei der Änderung immissionsschutzrechtlicher Anlagen, NJW 1998, 1097-1102
- Bindungswirkung von Verwaltungsvorschriften, JuS 1999, 105-112

JUNKERNHEINRICH, MARTIN/KLEMMER, P. /WAGNER G.R. (Hrsg.): Handbuch zur Umweltökonomie, Berlin 1995

KARL, HELMUT/ORWAT, CARSTEN: Ökonomische Analyse der EU-Richtlinie zur integrierten Vermeidung und Verminderung der Umweltverschmutzung, ZfU 1997, 343-372

KLOEPFER, MICHAEL: Umweltrecht, 2. Auflage München 1998

KLOEPFER, MICHAEL/DURNER, WOLFGANG: Der Umweltgesetzbuch-Entwurf der Sachverständigenkommission (UGB-KomE), DVBl. 1997, 1081-1107

KLOEPFER, MICHAEL/KROEGER, HERIBERT: Zur Konkretisierung der immissionsschutzrechtlichen Vorsorgepflicht, NuR 1990, 8-16

KNOEPFEL, PETER: Ökologische Vernetzung versus rechtsstaatliche Handlungsmaximen - Möglichkeiten zur Überwindung eines gespannten Grundverhältnisses, in: GÖRLITZ/VOIGT, Jahresschrift für Rechtspolitologie, 1991, 107-148

KOCH, HANS-JOACHIM: Die IPPC-Richtlinie: Umsturz im deutschen Anlagengenehmigungsrecht?
in: MARBURGER, PETER/REINHARDT, MICHAEL/SCHRÖDER, MEINHARD (Hrsg.), Jahrbuch für Umwelt- und Technikrecht, Band 40, Heidelberg 1997, S. 31-53 (identisch mit KOCH, HANS-JOACHIM/JANKOWSKI, KLAUS, ZUR 1998, 57-64)

- Aktuelle Probleme des Immissionsschutzrechts, Baden-Baden 1998

KOCH, HANS-JOACHIM/LECHELT, RAINER:
Zwanzig Jahre Bundes-Immissionsschutzgesetz, Baden-Baden 1994

KOCH, HANS-JOACHIM/SCHEUING, DIETER H. (Hrsg.): Gemeinschaftskommentar zum Bundes-Immissionsschutzgesetz, Düsseldorf Stand April 1998

KÖCK, WOLFGANG:
- Umweltqualitätsziele und Umweltrecht, ZUR 1997, 79-87

- Integrativer Umweltschutz im Industrieanlagenrecht: zur Organisation der Entscheidungsprozesse, ZUR 1998, 225-227

KRACHT, HARALD/WASIELEWSKI, ANDREAS, Integrierte Vermeidung und Verminderung der Umweltverschmutzung, in: RENGELING, Handbuch zum europäischen und deutschen Umweltrecht, Band 1, § 35, S. 1070-1131

KRÄMER, LUDWIG:
- Der Richtlinienvorschlag über die integrierte Vermeidung und Verminderung der Umweltverschmutzung,
in: RENGELING, Integrierter und betrieblicher Umweltschutz, S. 51-78

- Das "hohe Schutzniveau" für die Umwelt im EG-Vertrag,
ZUR 1997, 303-308

KREIKEBAUM, HARTMUT (Hrsg.): Integrierter Umweltschutz - Eine Herausforderung an das Innovationsmanagement, 2. Auflage, Wiesbaden 1991

KRIER, JAMES E./BROWNSTEIN, MARK:
On Integrated Pollution Control, Environmental Law Northwestern School of Law of Lewis and Clark College 1992 Vol 22, 119-138

KRINGS, MICHAEL:
Immissionsschutzrechtliche Aspekte der Umsetzung der IVU- und UVP-Richtlinie durch ein Erstes Buch zum Umweltgesetzbuch, in: MARBURGER, PETER/REINHARDT, MICHAEL/SCHRÖDER, MEINHARD (Hrsg.), Jahrbuch des Umwelt- und Technikrechts, Band 45, Berlin 1998, S. 47-91

KÜHLING, JÜRGEN/RÖCKINGHAUSEN, MARC: Legislative Umsetzungsdefizite und exekutive Schadensbegrenzung, DVBl. 1999, 1614-1625

KÜHLING, JÜRGEN: Fachplanungsrecht, Düsseldorf 1988

KUNERT, FRANZ-JOSEF: Alte und neue Probleme beim Lärmschutz, NuR 1999, 430-434

KUNIG, PHILIP/PAETOW, STEFAN/VERSTEYL, LUDGER-ANSELM: Kommentar zum Kreislaufwirtschafts- und Abfallgesetz, 2. Auflage, München 1998

KUTSCHEID, ERNST:
- Die wesentliche Änderung industrieller Anlagen, NVwZ 1997, 111-116
- Die Neufassung der TA Lärm, NVwZ 1999, 577-583

LADEUR, KARL-HEINZ:
- Die Umsetzung der EG-Richtlinie zur Umweltverträglichkeitsprüfung in nationales Recht und ihre Koordination mit dem allgemeinen Verwaltungsrecht, UPR 1996, 419-428
- Integrierter Umweltschutz im Genehmigungsverfahren, ZUR 1998, 245-250

LANDMANN, ROBERT VON/ROHMER, GUSTAV: Umweltrecht, Band I, Bundes-Immissionsschutzgesetz, Kommentar, Hrsg.: HANSMANN, KLAUS, München Stand Oktober 2000

LANGE, KLAUS (Hrsg.): Gesamtverantwortung statt Verantwortungsparzellierung im Umweltrecht, Baden-Baden 1997

LANGE, KLAUS/KARTHAUS, ARNIM: Medienübergreifende Verantwortung - Wege zu einem integrierten Umweltschutz, in: LANGE, KLAUS, Gesamtverantwortung statt Verantwortungsparzellierung, S. 15-42

LINDEMANN, JÜRGEN: Stellungnahme zum Entwurf eines Gesetzes zur Umsetzung der UVP-Änderungsrichtlinie, der IVU-Richtlinie und weiterer EG-Richtlinien zum Umweltschutz, Drs. 14/458 des Bundestagsausschusses für Umwelt, Naturschutz und Reaktorsicherheit, Teil 1, S. 21-43

LITTEN, DON: Cross media issues arising from the initial BAT work under IPPC and some thoughts on possible ways forward in assessment of issues at European and local level, in: UMWELTBUNDESAMT, Workshop on the assessment of cross-media aspects

LOMAS, OWEN: Umweltrecht in Großbritannien: Ein Rechtsgebiet im Aufbau, DVBl. 1992, 949-956

LOWE, PHILIP/WARD, STEPHEN (Hrsg.): British Environmental Policy and Europe Politics and policy in transition, London/New York 1998

LÜBBE-WOLFF, GERTRUDE:

- IVU-Richtlinie und Europäisches Vorsorgeprinzip, NVwZ 1998, 777-785
- Anforderungen an das Umweltgesetzbuch - Zum UGB-Entwurf der Unabhängigen Sachverständigenkommission -, ZAU 1998, 43-62
- Der Vollzug des europäischen Umweltrechts, Berlin 1996
- Stand und Instrumente der Implementation des Umweltrechts in Deutschland, in: LÜBBE-WOLFF, Der Vollzug des europäischen Umweltrechts, S. 77-106
- Modernisierung des umweltbezogenen Ordnungsrechts, in: ROßNAGEL/NEUSER, Reformperspektiven im Umweltrecht, S. 97-118
- Integrierter Umweltschutz - Brauchen die Behörden mehr Flexibilität? NuR 1999, 241-247
- Erstes Gesetz zur Verwaltungsstrukturreform, NWVBl. 1994, 211-215

LUDWIG, HERBERT:
Die Fortschreibung der TA Luft, in: CZAJKA, FS Feldhaus, S. 181-197

MARTINI, MARIO: Integrierte Regelungsansätze im Immissionsschutzrecht, Köln/Berlin/Bonn/München 2000

MASING, JOHANNES:
Kritik des integrierten Umweltschutzes, DVBl. 1998, 549-559

MAURER, HARTMUT: Allgemeines Verwaltungsrecht, 13. Auflage München 2000

MAUNZ, THEODOR/DÜRIG, GÜNTHER:
Grundgesetz-Kommentar, München Stand 1997

MEHTA, ALEX/HAWKINS, KEITH: Integrated Pollution Control and its Impact: Perspectives from Industry, Journal of Environmental Law 1998 Vol 10 No 1, 61-77

MEINKEN, LUTZ: Best Practicable Environmental Option, NuR 1999, 616-621

MENTZINIS, PABLO: Die Durchführbarkeit des europäischen Umweltrechts, Reihe für Umwelt- und Technikrecht, Band 52, Berlin 2000

MOORMANN, FRANZ-JOSEF:
- Die Novellierung des Bundes-Immissionsschutzgesetzes, in: RENGELING, Beschleunigung von Planungs- und Genehmigungsverfahren - Deregulierung, S. 159-203
- Die Änderung des Bundes-Immissionsschutzgesetzes durch das Gesetz zur Beschleunigung und Vereinfachung immissionsschutzrechtlicher Genehmigungsverfahren, UPR 1996, 408-419

MURSWIEK, DIETRICH:
Die staatliche Verantwortung für die Risiken der Technik, Berlin 1985

Ó CLÉIRIGH, LIAM: Selecting BAT on an Integrated Basis, Outcome of a study for European Community, DG XI, in: UMWELTBUNDESAMT, Workshop on the assessment of cross-media aspects

OECD: Recommendation of the Council on Integrated Pollution Prevention and Control, C (90) 164 (FINAL), Paris 1991
- OECD Working Papers Vol IV No 15, Pollution Prevention and Control, Paris 1996

OPPERMANN, THOMAS: Europarecht, 2. Auflage, München 1999

OSSENBÜHL, FRITZ: Vorsorge als Rechtsprinzip im Gesundheits-, Arbeits- und Umweltschutz, NVwZ 1986, 161-171

- Zur Renaissance der administrativen Beurteilungsermächtigung, DÖV 1972, 401-405

OTTO, SANDRA: Die UVP-Änderungs- und die IVU-Richtlinie der EU: Probleme aus der Nichtumsetzung nach Ablauf der Fristen, NVwZ 2000, 531-534

PALLEMAERTS, MARC: The Proposed IPPC Directive: Re-Regulation or De-Regulation, European Environmental Law Review 1996, 174-179

PAPIER, HANS-JÜRGEN: Rechtsschutzgarantie gegen die öffentliche Gewalt, in: ISENSEE, JOSEF/KIRCHHOF, PAUL (Hrsg.), Handbuch des Staatsrechts Band VI, Heidelberg 1989, § 154

- Anmerkung zu OVG Berlin, Urt. v. 17.7.1978 - OVG I B 157.25, DVBl. 1979, 162-164

- Zur verwaltungsgerichtlichen Kontrolldichte, DÖV 1986, 621-628

PETERS, HEINZ-JOACHIM:

- Die Vorhabengenehmigung nach dem künftigen Umweltgesetzbuch, ZUR 1998, 295-299

- Die UVP-Richtlinie der EG und die Umsetzung in das deutsche Recht, Baden-Baden 1994

PRESCHEL, CHRISTINA: Zur Umsetzung des integrierten Umweltschutzes im deutschen Recht, Neue Justiz 1999, 404-407

RAT VON SACHVERSTÄNDIGEN FÜR UMWELTFRAGEN:

- Umweltgutachten 1996, Stuttgart 1996

- Umweltgutachten 1998, Stuttgart 1998

REBENTISCH, MANFRED: Die immissionsschutzrechtliche Genehmigung - ein Instrument integrierten Umweltschutzes? NVwZ 1995, 949 (identisch mit: REBENTISCH, MANFRED, in: RENGELING, Integrierter und betrieblicher Umweltschutz, S. 167-182)

REDEKER, KONRAD: Verfassungsgerichtliche Vorgaben zur Kontrolldichte verwaltungsgerichtlicher Rechtsprechung, NVwZ 1992, 302-309

- Fragen der Kontrolldichte verwaltungsgerichtlicher Rechtsprechung, DÖV 1971, 757-762

RENGELING, HANS-WERNER/GELLERMANN, MARTIN:
Gestaltung des europäischen Umweltrechts und seine Implementation im deutschen Rechtsraum, in: MARBURGER, PETER/REINHARDT, MICHAEL/SCHRÖDER, MEINHARD (Hrsg.), Jahrbuch des Umwelt- und Technikrechts, Band 36, Heidelberg 1996, S. 1-32

RENGELING, HANS-WERNER: Die Bundeskompetenzen für das „UGB I", in: RENGELING, Auf dem Weg zum Umweltgesetzbuch I, S. 237-265

- Immissionsschutz und integrierter Umweltschutz, in: CZAJKA, FS Feldhaus, S. 313-325
- Die immissionsschutzrechtliche Vorsorgepflicht als Genehmigungsvoraussetzung, DVBl. 1982, 622-629
- Anlagenbegriff, Schadensvorsorge und Verfahrensstufung im Atomrecht, DVBl. 1986, 265-271

RENGELING, HANS-WERNER (Hrsg.):
- Integrierter und betrieblicher Umweltschutz, Dritte Osnabrücker Gespräche zum deutschen und europäischen Umweltrecht am 18./19. Mai 1995, Köln/Berlin/Bonn/München 1996
- Beschleunigung von Planungs- und Genehmigungsverfahren - Deregulierung, Vierte Osnabrücker Gespräche zum deutschen und europäischen Umweltrecht, Köln/Berlin/Bonn/München 1997
- Auf dem Weg zum Umweltgesetzbuch I: zur Umsetzung der IVU- und der UVP-Änderungsrichtlinie, Sechste Osnabrücker Gespräche zum deutschen und europäischen Umweltrecht, Köln/Berlin/Bonn/München 1999
- Handbuch zum europäischen und deutschen Umweltrecht, Band 1-2, Köln/Berlin/Bonn/München, 1999

RENTZ, OTTO: Integrierter Umweltschutz, in: JUNKERNHEINRICH/KLEMMER/WAGNER, Handbuch zur Umweltökonomie, S. 64-69

RID, URBAN: Die Vorsorgepflicht bei genehmigungsbedürftigen Anlagen im Bundes-Immissionsschutzgesetz, Tübingen 1985

RITTER, ERNST-HASSO: Von den Schwierigkeiten des Rechts mit der Ökologie, DVBl. 1992, 641-649

RÖCKINGHAUSEN, MARC: Integrierter Umweltschutz im EG-Recht, Berlin 1998

ROßNAGEL, ALEXANDER/NEUSER, UWE:
Reformperspektiven im Umweltrecht, Baden-Baden 1995

ROYAL COMMISSION ON ENVIRONMENTAL POLLUTION:
- Fifth Report: Air Pollution Control: an Integrated Approach, London 1976
- Twelfth Report: Best Practicable Environmental Option, London 1988

SCHÄFER, KURT:
Zum integrierten Konzept der IVU-Richtlinie, UPR 1997, 444-448
- Die Novellierung des BImSchG, in: RENGELING, Beschleunigung von Planungs- und Genehmigungsverfahren - Deregulierung, S. 147-158
- Zur effizienten Verwendung von Energie nach der IVU-Richtlinie, in: CZAJKA, FS Feldhaus, S. 327-340

SCHINK, ALEXANDER: Die Umweltverträglichkeitsprüfung - eine Bilanz, NuR 1998, 173-180

SCHMIDT, REINER: Stellungnahme zum Entwurf eines Gesetzes zur Umsetzung der UVP-Änderungsrichtlinie, der IVU-Richtlinie und weiterer EG-Richtlinien zum Umweltschutz, Drs. 14/458 des Bundestagsausschusses für Umwelt, Naturschutz und Reaktorsicherheit, Teil 1, S. 44-63

SCHMIDT-PREUß, MATTHIAS:
- Der verfahrensrechtliche Charakter der Umweltverträglichkeitsprüfung, DVBl. 1995, 485-495
- Veränderungen grundlegender Strukturen des deutschen (Umwelt-) Rechts durch das „Umweltgesetzbuch I", in: RENGELING, Auf dem Weg zum Umweltgesetzbuch I, S. 115-145 (identisch mit DVBl. 1998, 857-868)
- Integrative Anforderungen an das Verfahren der Vorhabenzulassung - Anwendung und Umsetzung der IVU-Richtlinie, NVwZ 2000, 252-260
- Die Entwicklung des deutschen Umweltrechts als verfassungsgeleitete Umsetzung der Maßgaben supra- und internationaler Umweltpolitik, JZ 2000, 581-591

- Stellungnahme zum Entwurf eines Gesetzes zur Umsetzung der UVP-Änderungsrichtlinie, der IVU-Richtlinie und weiterer EG-Richtlinien zum Umweltschutz, Drs. 14/458 des Bundestagsausschusses für Umwelt, Naturschutz und Reaktorsicherheit, Teil 2, S. 2-23

SCHNABL, GERNOT: Die Richtlinie 96/61/EG des Rates über die integrierte Vermeidung und Verminderung der Umweltverschmutzung, in: RENGELING, Auf dem Weg zum Umweltgesetzbuch I, S. 1-6

SCHNUTENHAUS, JÖRN:

- Die IPPC-Richtlinie, ZUR 1994, 299-304

- Stand der Beratungen des IPPC-Richtlinienvorschlages der Europäischen Union, NVwZ 1994, 671-673

SCHOLTEN, CHRISTOPH: Integrierte Vorhabengenehmigung und naturschutzrechtliche Eingriffsregelung, DÖV 1997, 701-709

SCHRADER, CHRISTIAN:

- Das Konzept der Vorhabengenehmigung - Eine Stellungnahme aus der Sicht des BUND -, ZAU 1998, 19-23

- Die Vorhabengenehmigung im Kommissionsentwurf für ein Umweltgesetzbuch, NuR 1998, 285-290

SCHREIBER, FRANK: Das Regelungsmodell der Genehmigung im integrierten Umweltschutz, Berlin 2000

SCHULZE, HENNING ALEXANDER: Medienübergreifendes Industrieanlagenzulassungsrecht nach europäischem und deutschem Recht, Berlin 1997

SCHULZE-FIEHLITZ, HELMUTH: Neue Kriterien für die verwaltungsgerichtliche Kontrolldichte bei der Anwendung unbestimmter Rechtsbegriffe, JZ 1993, 772-781

SELLNER, DIETER: Immissionsschutzrecht und Industrieanlagen, 2. Auflage München 1988

- Die integrierte Genehmigung als neues Instrument für die Zulassung raumbedeutsamer Anlagen, in: RENGELING, Integrierter und betrieblicher Umweltschutz, S. 79-104

- Zum Vorsorgegrundsatz im Bundes-Immissionsschutzgesetz, NJW 1980, 1255-1261

- Änderungen des Bundes-Immissionsschutzgesetzes, - Allgemeine und anlagebezogene Neuerungen, NVwZ 1991, 305-310
- Gestuftes Verwaltungsverfahren, Schadensvorsorge, verwaltungsgerichtliche Kontrolldichte, NVwZ 1986, 616-620

SELLNER, DIETER/SCHNUTENHAUS, JÖRN: Die geplante EG-Richtlinie zu "Integrated Pollution Prevention and Control (IPC)", NVwZ 1993, 828-834

SENDLER, HORST:
- Umweltgesetzbuch I mit dem Konzept der Vorhabengenehmigung: Eine Möglichkeit zur Umsetzung der IVU- und der UVP-Richtlinie! ZAU 1998, 9-14
- Rechtssicherheit bei Investitionen und normative Anforderungen des modernen Umweltschutzrechts, UPR 1990, 41-49
- Die neue Rechtsprechung des Bundesverfassungsgerichts zu den Anforderungen an die verwaltungsgerichtliche Kontrolle, DVBl. 1994, 1089-1101
- Normkonkretisierende Verwaltungsvorschriften im Umweltrecht, UPR 1993, 321-329
- Wer gefährdet wen: Eigentum und Bestandsschutz den Umweltschutz - oder umgekehrt? UPR 1983, 33-46
- Stand der Überlegungen zum Umweltgesetzbuch, NVwZ 1996, 1145-1151
- Umweltgesetzbuch und Umweltschutz, Neue Justiz 1997, 506-511
- Was bleibt für das UGB? in: KOCH/LECHELT, Zwanzig Jahre Bundes-Immissionsschutzgesetz, S. 217-225

SIEDER, FRANK/ZEITLER, HERBERT/DAHME, HEINZ: Wasserhaushaltsgesetz und Abwasserabgabengesetz, Kommentar, Stand August 1999, München

SKEA, JIM/SMITH, ADRIAN: Integrating Pollution Control, in: LOWE/WARD, British Environmental Policy and Europe, S. 265-303

SMITH, ADRIAN: Integrated Pollution Control: Change and Continuity in the UK industrial pollution policy network, Aldershot 1997

SOELL, HERMANN/DIRNBERGER, FRANZ: Wieviel Umweltverträglichkeit garantiert die UVP? NVwZ 1990, 705- 713

SOLBACH, DANIEL: Integrierter Umweltschutz, internationale Wettbewerbsfähigkeit und Standortqualität, Regensburg 1998

STAPELFELDT, ALFRED: Die immissionsschutzrechtliche Anlagenzulassung nach europäischem Recht, Köln/Berlin/Bonn/München 2000

STAUPE, JÜRGEN: Die vollständige Koordination des Behördenhandelns gemäß IVU-Richtlinie, ZUR 2000, 368-372

STEARN, STUART: Cross media pollution control as implemented by the United Kingdom Environment Agency, in: UMWELTBUNDESAMT, Workshop on the assessment of cross-media aspects

STEGER, ULRICH: Integrierter Umweltschutz als Gegenstand eines Umweltmanagements, in: KREIKEBAUM, Integrierter Umweltschutz, S. 33-44

STEIGER, HEINHARD:
Umweltschutz durch planende Gestaltung, ZRP 1971, 133-139

STEINBERG, RUDOLF/KOEPFER, ISABELL: IVU-Richtlinie und Immissionsschutzrechtliche Genehmigung, DVBl. 1997, 973-982

STEINBERG, RUDOLF:
- Zulassung von Industrieanlagen im deutschen und europäischen Recht, NVwZ 1995, 209-219 (identisch mit STEINBERG, RUDOLF, in: Gesellschaft für Umweltrecht, Dokumentation zur 18. wissenschaftlichen Fachtagung der Gesellschaft für Umweltrecht e.V., Berlin 1995, S. 34-83)
- Standards des integrierten Umweltschutzes, NuR 1999, 192-198
- Die Bewertung der Umweltauswirkungen eines Vorhabens nach dem Gesetz über die Umweltverträglichkeitsprüfung (UVPG), DVBl. 1990, 1369-1375

STIEF-TAUCH, PETER: Der IPC-Richtlinienvorschlag der Kommission - Regelungsbedürfnis und Regelungsansatz in: BMU, IPC-Planspiel zur europaeinheitlichen Zulassung von Industrieanlagen am 5. Mai 1994 in Bonn - Dokumentation -

STREBEL, HEINZ: Integrierter Umweltschutz - Merkmale, Voraussetzungen, Chancen -, in: KREIKEBAUM, Integrierter Umweltschutz, S. 3-72

STRÜMPEL, BURKHARD/LONGOLIUS, STEFAN: Leitbilder des integrierten Umweltschutzes zwischen Handlungsprogramm und Leerformel, in: KREIKEBAUM, Integrierter Umweltschutz, S. 73-85

TRUTE, HANS-HEINRICH: Vorsorgestrukturen und Luftreinhalteplanung im Bundesimmissionsschutzgesetz, Heidelberg 1989

ULE, CARL HERMANN/LAUBINGER, HANS-WERNER: Bundesimmissionsschutzgesetz, Neuwied Stand November 2000,

ULE, CARL-HERMANN: Zur Anwendung unbestimmter Rechtsbegriffe im Verwaltungsrecht, in: BACHOF/DRATH/GÖNNENWEIN/WALZ (Hrsg.), Forschungen und Berichte aus dem öffentlichen Recht, Band 6, Gedächtnisschrift für Walter Jellinek, München 1985, S. 309-330

- Rechtsstaat und Verwaltung, VerwArch Band 76 (1985), 1-23

UMWELTBUNDESAMT: Workshop on the assessment of cross-media aspects relevant for the determination of "Best Available Techniques" in the frame of the implementation of Article 16 (2) of the IPPC-Directive (Manuscripts), Berlin 1998

VERBAND DER CHEMISCHEN INDUSTRIE: Stellungnahme zum Entwurf eines Gesetzes zur Umsetzung der UVP-Änderungsrichtlinie, der IVU-Richtlinie und weiterer EG-Richtlinien zum Umweltschutz, Drs. 14/458 des Bundestagsausschusses für Umwelt, Naturschutz und Reaktorsicherheit, Teil 1, S. 140-158

VIEREGGE, RUDOLF: Integrierter Umweltschutz aus der Sicht der Umweltpolitik, in: KREIKEBAUM, Integrierter Umweltschutz, S. 87-103

VIERHAUS, HANS-PETER: Das Bundes-Bodenschutzgesetz, NJW 1998, 1262-1269

VOLKMANN, UWE:

- Qualitätsorieniertes Umweltrecht - Leistungsfähigkeit, Probleme und Grenzen, DVBl. 1999, 579-588
- Umweltrechtliches Integrationsprinzip und Vorhabengenehmigung, VerwArch Band 89 (1998), 363-399

WAGNER, OLAV A.: Die umweltrechtliche Anlagenaufsicht in England und Wales (integrated Pollution Control), Karlsruhe 1996

WAHL, RAINER (Hrsg.):

Prävention und Vorsorge, Von der Staatsaufgabe zu den verwaltungsrechtlichen Instrumenten, Bonn 1995

- Thesen zur Umsetzung der Umweltverträglichkeitsprüfung nach dem EG-Recht in das deutsche öffentliche Recht, DVBl. 1988, 86-89

– Genehmigung und Planungsentscheidung, DVBl. 1982, 51-62

– Risikobewertung der Exekutive und richterliche Kontrolldichte - Auswirkungen auf das Verwaltungs- und das gerichtliche Verfahren, NVwZ 1991, 409-418

– Materiell-integrative Anforderungen an die Vorhabenzulassung - Anwendung und Umsetzung der IVU-Richtlinie, NVwZ 2000, 502-508

– Die Normierung der materiell-integrativen (medienübergreifenden) Genehmigungsanforderungen, ZUR 2000, 360-367

WAHL, RAINER/APPEL, IVO: Prävention und Vorsorge: Von der Staatsaufgabe zur rechtlichen Ausgestaltung, in: WAHL, Prävention und Vorsorge, S. 1-216

WASIELEWSKI, ANDREAS: Der Integrationsgedanke im untergesetzlichen Regelungswerk – Fiktion und Aufgabe im Vollzug, ZUR 2000, 373-378

WEBER, ANETTE: The Planned "Integrated Pollution Prevention and Control" Framework Directive, elni Newsletter 1/1993, 25- 27

WEINREICH, DIRK: Integration versus Flexibilisierung der umweltrechtlichen Zulassungsverfahren: Menü oder à la carte? NVwZ 1997, 949-956

WELTKOMMISSION FÜR UMWELT UND ENTWICKLUNG: Brundtland-Bericht der Weltkommission für Umwelt und Entwicklung, Hrsg. Volker Hauff, Greven 1987

WEYREUTHER, FELIX: Rechtliche Bindungen und gerichtliche Kontrolle planender Verwaltung im Bereich des Bodenrechts, BauR 1977, 293-309

WICKEL, MARTIN: Bestandsschutz im Umweltrecht: Entwicklung einer einheitlichen Bestandsschutzkonzeption für genehmigte Anlagen, Baden-Baden 1995

– Die Zulassung von Industrieanlagen und die „gebundene" Vorhabengenehmigung, UPR 2000, 92-99

WICKS, PETER: The IPPC Directive and the BAT Information Exchange, in: UMWELTBUNDESAMT, Workshop on the assessment of cross-media aspects

WILKE, DIETER, Die gerichtliche Kontrolle unbestimmter Rechtsbegriffe im Umweltrecht, insbes. im Atomrecht, Jura 1992, 186-193

WORLD WILDLIFE FOUNDATION:
A WWF International Discussion Paper, London 1993

ZIEROCK, KARL-HEINZ/SALOMON, NORBERT: Die Umsetzung des Art. 16 Abs. 2 der EG-IVU-Richtlinie auf internationaler und nationaler Ebene, ZUR 1998, 227-231

ZIEROCK, KARL-HEINZ:
- The relevance of cross media aspects in the frame of the EC-Directive on Integrated Pollution Control, in: UMWELTBUNDESAMT, Workshop on the assessment of cross-media aspects
- Die Umsetzung des Artikels 16 Abs. 2 der EG-IVU-Richtlinie, in: RENGELING, Auf dem Weg zum Umweltgesetzbuch I, S. 167-178

ZÖTTL, JOHANNES:
- Integrierter Umweltschutz in der neuesten Rechtsentwicklung: Die EG-Richtlinie über die integrierte Vermeidung und Verminderung der Umweltverschmutzung und ihre Umsetzung in deutsches Recht, Baden-Baden 1998
- Die EG-Richtlinie über die integrierte Vermeidung und Verminderung der Umweltverschmutzung, NuR 1997, 157-166
- Die Mitteilung über die immissionsschutzrechtliche Genehmigungsbedürftigkeit einer Anlagenänderung, NVwZ 1998, 234-239

Kolibri 360 GmbH
Ferdinand-Jühlke-Straße 7
99095 Erfurt, Deutschland
produktsicherheit@kolibri360.de

Druck:
CPI Druckdienstleistungen GmbH
im Auftrag der
Kolibri 360 GmbH
Ferdinand-Jühlke-Str. 7
99095 Erfurt